高等职业教育精品课程新形态系列教材

高等数学

主　编　熊　莉　张　丽

副主编　文　青　唐　艳

华中科技大学出版社

中国·武汉

内 容 简 介

本书共 9 章,系统地介绍了函数与极限、导数与微分、中值定理与导数的应用、不定积分、定积分及其应用、微分方程、多元函数微积分、无穷级数和拉普拉斯变换.每章附有与章节内容相关的数学文化知识,旨在激发学生学习数学的兴趣.此外,每章都配有练习题,并附有习题参考答案的二维码,读者可以扫码查看.附录部分提供了函数相关内容.

本书结构合理、详略得当,语言准确、精练,内容通俗易懂、条理清晰,针对性、适用性和实用性强,既可作为高职高专院校学生学习高等数学课程的教材,也可作为相关人士学习高等数学的参考书.

图书在版编目(CIP)数据

高等数学 / 熊莉,张丽主编. -- 武汉 : 华中科技大学出版社,2025.7. -- ISBN 978-7-5772-1853-3

Ⅰ. O13

中国国家版本馆 CIP 数据核字第 20250H0N42 号

高等数学
Gaodeng Shuxue

熊 莉 张 丽 主编

策划编辑:陈舒淇 严心彤
责任编辑:刘艳花
封面设计:原色设计
责任校对:李 弋
责任监印:曾 婷
出版发行:华中科技大学出版社(中国·武汉)　　　电话:(027)81321913
　　　　　武汉市东湖新技术开发区华工科技园　　　邮编:430223
录　　排:武汉市洪山区佳年华文印部
印　　刷:武汉科源印刷设计有限公司
开　　本:787mm×1092mm　1/16
印　　张:15.25
字　　数:378 千字
版　　次:2025 年 7 月第 1 版第 1 次印刷
定　　价:59.00 元

前言

为适应高职高专教育的特点，满足各专业对数学知识的具体需求，以培养可持续发展的高技能型人才为目标，湖北交通职业技术学院数学教研室在总结多年数学课程改革经验的基础上，遵循"必需、够用"的原则，在原有教材的基础上，适当调整教学内容，共同编写了这本适用于我校的高等数学教材。在确保教材自身逻辑的前提下，本书力求语言准确、精练，内容通俗易懂、条理清晰，便于学生掌握关键的知识点。本书旨在培养学生形成严谨的数学思维习惯与良好的学习习惯，从而提升学生的职业素养。

本书共9章，分别介绍了函数与极限、导数与微分、中值定理与导数的应用、不定积分、定积分及其应用、微分方程、多元函数微积分、无穷级数和拉普拉斯变换。

本书具有以下特点：

（1）本书在内容和结构方面，突出了针对性、适用性和实用性，立足于高职高专人才培养目标；在知识应用方面，充分体现了对学生能力的培养。

（2）本书侧重基本概念、基本计算及其应用，注重数学思想的渗透。

（3）本书引进概念追求自然、顺畅，讲述概念力求清楚并尽量给出几何解释，加强几何直观。

（4）本书配有较多的例题，旨在通过例题讲述解题的基本方法和技巧，培养学生应用数学知识解决实际问题的能力；每章都配有练习题，旨在通过练习题检查学生的学习效果，力图在复习方面发挥作用，对参加专升本的同学有所帮助。

（5）本书理论推导点到为止，重在应用，适当地根据数学知识体系编进了一些现有课时难以涵盖的拓展内容，供学有余力的学生进一步学习和参考。

（6）本书增加了中学与大学衔接的一些基本数学知识，有利于提高学生认识、应用数学的能力。

参与本书编写的教师有熊莉（副教授）、张丽（讲师）、文青（副教授）、唐艳（讲师）、丁勇（副教授）、罗筱雅（助教）、丁霞（助教）、戴江南（助教）。大家认真研讨，团结协作，完成了本书的编写。在此表示感谢。

本书在编写过程中，充分听取了专业教师的意见，特别是罗星海教授、刘艳副教授、孔德斌副教授、汤名权副教授。他们均提出了宝贵意见，在此一并表示衷心的感谢。

限于编者的水平和经验，书中难免存在疏漏和不足之处，诚恳地希望读者批评、指正。

编　者

于湖北交通职业技术学院

二〇二五年七月十九日

目录

第1章　函数与极限

在自然科学、工程技术及某些社会科学中,函数是被广泛应用的数学概念之一. 高等数学是研究变量以及变量间依赖关系,即函数关系的一门学科,它的主要研究对象是函数.极限方法是高等数学的基础,它从方法论上突出地表现了高等数学不同于初等数学的特点.本章将介绍函数和极限的基本概念,建立极限的运算法则,给出函数连续性的定义及性质.

1.1　函数的概念

一、函数

1. 函数概念

定义 1　设 D 是非空实数集,如果对于 D 中的每一个 x,按照某个对应法则 f,都有唯一确定的 y 与之对应,则称 y 是定义在 D 上的 x 的函数,记作 $y=f(x)$. D 称为函数的定义域,x 称为自变量,y 称为因变量.

函数的概念

如果 x_0 是函数 $y=f(x)$ 定义域中的一个值,则称函数 $y=f(x)$ 在点 x_0 有定义.函数在点 x_0 对应的值称为函数在该点的函数值,记作 $f(x_0)$ 或 $y|_{x=x_0}$.当自变量 x 在定义域内取每一个数值时,对应的函数值的全体称为函数的值域,记作 W.

函数的定义域

例 1　函数 $y=\dfrac{1}{x}$ 的定义域 $D=(-\infty,0)\bigcup(0,+\infty)$,值域 $W=(-\infty,0)\bigcup(0,+\infty)$,其图象为等轴双曲线,如图 1-1 所示.

例 2　函数 $y=x^3$ 的定义域 $D=(-\infty,+\infty)$,值域 $W=(-\infty,+\infty)$,其图象为立方抛物线,如图 1-2 所示.

例 3　求下列函数的定义域.

（1）$y=\sqrt{x+1}+\dfrac{2}{x-3}$；

（2）$y=\dfrac{\lg x}{x^2-1}$.

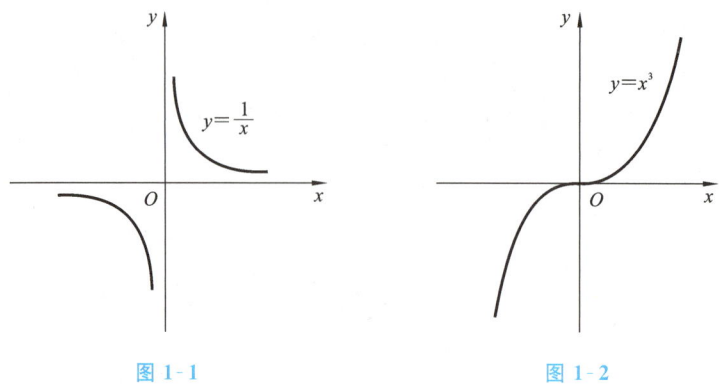

图 1-1   图 1-2

解（1）要使函数有意义,需满足

$$\begin{cases} x+1 \geqslant 0, \\ x-3 \neq 0, \end{cases}$$

得

$$\begin{cases} x \geqslant -1, \\ x \neq 3, \end{cases}$$

故函数的定义域为 $[-1,3) \cup (3,+\infty)$.

（2）要使函数有意义,需满足

$$\begin{cases} x > 0, \\ x^2-1 \neq 0, \end{cases}$$

得

$$\begin{cases} x > 0, \\ x \neq \pm 1, \end{cases}$$

故函数的定义域为 $(0,1) \cup (1,+\infty)$.

注意：函数定义域需考虑分式的分母不等于零,偶次根式的被开方式大于或等于零,对数的真数大于零等.

例 4 下列各对函数是否相同？为什么？

（1）$f(x)=\lg x^2, g(x)=2\lg x$;

（2）$f(x)=x, g(x)=\sqrt{x^2}$;

（3）$f(x)=\sqrt[3]{x^4-x^3}, g(x)=x\sqrt[3]{x-1}$;

（4）$f(x)=1-\cos^2 x, g(x)=\sin x$.

判断函数
是否相同

解（1）不相同. $D_f=(-\infty,0) \cup (0,+\infty), D_g=(0,+\infty)$,两个函数的定义域不同,因此 $f(x)$ 与 $g(x)$ 不相同.

（2）不相同. $f(-1)=-1, g(-1)=1$,两个函数对应的法则不同,因此 $f(x)$ 与 $g(x)$ 不相同.

（3）相同. 其定义域均为 $(-\infty,+\infty)$,对应法则也相同,因此 $f(x)$ 与 $g(x)$ 相同.

（4）不相同. 虽然两个函数的定义域都是 $(-\infty,+\infty)$,但它们对应的法则不同,因此 $f(x)$ 与 $g(x)$ 不相同.

通过函数的定义和以上例题的分析不难发现,确定一个函数的主要因素有以下两点:

（1）定义域 D（自变量 x 的变化范围）；

（2）对应法则 f（因变量 y 对自变量 x 的依存关系）．

如果两个函数"定义域 D"和"对应法则 f"都相同，那么这两个函数就是相同的（或称相等的）；否则就是不相同的．

2. 函数的表示方法

函数有 3 种表示方法：解析法、列表法和图象法．

在解决实际问题的过程中，上述 3 种表示方法常结合应用．

函数的表示方法

3. 分段函数

有时一个函数要用几个式子表示，这种在自变量的不同变化范围中对应法则用不同的式子表示的函数称为分段函数．

例 5　函数

$$y = |x| = \begin{cases} x, & x \geqslant 0, \\ -x, & x < 0 \end{cases}$$

分段函数

的定义域 $D = (-\infty, +\infty)$，值域 $W = [0, +\infty)$，它的图象如图 1-3 所示，该函数称为绝对值函数．

例 6　函数

$$y = f(x) = \begin{cases} 2\sqrt{x}, & 0 \leqslant x \leqslant 1, \\ 1 + x, & x > 1 \end{cases}$$

是一个分段函数，它的定义域 $D = [0, +\infty)$．当 $x \in [0, 1]$ 时，对应的函数值 $f(x) = 2\sqrt{x}$；当 $x \in (1, +\infty)$ 时，对应的函数值 $f(x) = 1 + x$．例如，$\frac{1}{2} \in [0, 1]$，所以 $f\left(\frac{1}{2}\right) = 2\sqrt{\frac{1}{2}} = \sqrt{2}$；$1 \in [0, 1]$，所以 $f(1) = 2\sqrt{1} = 2$；$3 \in (1, +\infty)$，所以 $f(3) = 1 + 3 = 4$．该函数的图象如图 1-4 所示．

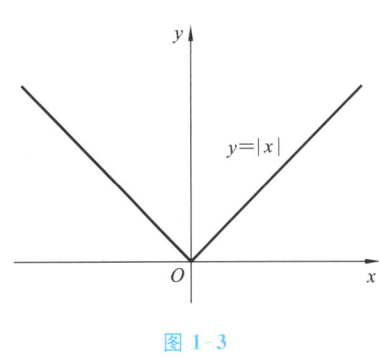

图 1-3

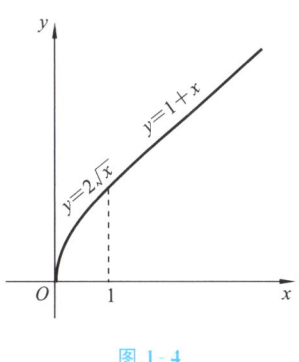

图 1-4

二、函数的几种特性

1. 函数的单调性

设函数 $f(x)$ 的定义域为 D，区间 $I \subset D$．如果对于 I 上任意两点 x_1 及 x_2，当 $x_1 < x_2$ 时，总有 $f(x_1) \leqslant f(x_2)$（或 $f(x_1) \geqslant f(x_2)$），则称 $f(x)$ 在区间 I 上单调递增（或单调递减）．单调递增函数或单调递减函数统称为单调函数．

函数的单调性

例如,函数 $y=x^3$ 在 $(-\infty,+\infty)$ 上是单调递增的;$y=x^2$ 在 $(-\infty,0)$ 上是单调递减的,在 $(0,+\infty)$ 上是单调递增的,但在整个定义域上不是单调的. 因此,单调性是对定义域内某个区间而言的.

2. 函数的奇偶性

函数的奇偶性

设函数 $f(x)$ 的定义域 I 关于原点对称(若 $x\in I$,则必有 $-x\in I$),如果对于任意 $x\in I$,总有 $f(-x)=f(x)$,则称 $f(x)$ 为偶函数;若总有 $f(-x)=-f(x)$,则称 $f(x)$ 为奇函数.既不是偶函数也不是奇函数的函数称为非奇非偶函数.

偶函数的图象关于 y 轴对称,奇函数的图象关于原点对称.

例7 判断函数 $f(x)=\mathrm{e}^x+\mathrm{e}^{-x}$ 的奇偶性.

解 函数的定义域为 $(-\infty,+\infty)$,关于原点对称,且 $f(-x)=\mathrm{e}^{-x}+\mathrm{e}^{-(-x)}=\mathrm{e}^{-x}+\mathrm{e}^x=f(x)$,故函数 $f(x)=\mathrm{e}^x+\mathrm{e}^{-x}$ 是偶函数.

3. 函数的周期性

函数的周期性

设 x 是函数 $y=f(x)$ 定义域内的任意一点,若存在一个不等于零的常数 k,使得当 $x+k$ 也属于定义域时,有 $f(x+k)=f(x)$,则称 $y=f(x)$ 为周期函数,其中 k 称为函数 $y=f(x)$ 的周期.通常所说的周期是指函数的最小正周期. 例如,函数 $y=\sin(\omega x)(\omega\neq0,x\in(-\infty,+\infty))$ 是以 $k=\dfrac{2\pi}{|\omega|}$ 为周期的函数.

例8 函数 $y=\cos^2 x$ 是否为周期函数? 若是,指出其周期.

解 由倍角公式 $\cos 2x=2\cos^2 x-1$ 可得

$$y=\cos^2 x=\frac{\cos 2x+1}{2},$$

故函数 $y=\cos^2 x$ 是以 $k=\dfrac{2\pi}{2}=\pi$ 为周期的函数.

4. 函数的有界性

函数的有界性

设函数 $y=f(x)$ 定义在区间 I 上,若存在某一常数 k,对一切 $x\in I$,恒有
$$f(x)\leqslant k \quad (f(x)\geqslant k),$$
则称 $f(x)$ 在 I 上有上(下)界,常数 k 为它的一个上(下)界.

若函数 $f(x)$ 在 I 上既有上界,又有下界,则称 $f(x)$ 为 I 上的有界函数.

例如,对任意 x,恒有 $|\sin x|\leqslant1$,$|\cos x|\leqslant1$,则函数 $y=\sin x$ 和 $y=\cos x$ 在整个数轴上是有界的.$y=x^3$ 在 $(-\infty,+\infty)$ 上无界,但在 $[-1,1]$ 上有界. 因此,称一个函数是有界或无界的应指明自变量的相应范围.

三、反函数

反函数

一般地,设函数 $y=f(x)$ 的定义域是 D,值域是 W,如果对于 W 中的每一个值 y,都可通过关系式 $y=f(x)$ 确定 D 中唯一的一个值 x 与之对应,就得到了定义在 W 上以 y 为自变量、x 为因变量的函数 $x=\varphi(y)$,它称为函数 $y=f(x)$ 的反函数.习惯上,用 x 表示自变量,用 y 表示因变量,所以函数 $y=f(x)$ 的反函数可改写为 $y=$

$f^{-1}(x)$.

互为反函数的两个函数图象关于直线 $y=x$ 对称,且定义域和值域互换.

因此,求反函数的一般方法如下:

(1) 由 $y=f(x)$ 解出 $x=f^{-1}(y)$;

(2) 将 $x=f^{-1}(y)$ 中 x、y 的互换位置,得 $y=f^{-1}(x)$;

(3) 求 $y=f(x)$ 的值域得 $y=f^{-1}(x)$ 的定义域.

例 9 求函数 $y=x^2(x\geqslant 0)$ 的反函数.

解 由 $y=x^2(x\geqslant 0)$ 得 $x=\sqrt{y}$,将 x 与 y 互换,得 $y=\sqrt{x}$,即 $y=x^2(x\geqslant 0)$ 的反函数为 $y=\sqrt{x}(x\geqslant 0)$.

求反函数

四、初等函数

1. 基本初等函数

在中学已经学过常数函数、幂函数、指数函数、对数函数、三角函数和反三角函数,这些函数统称为基本初等函数(见附录).

基本初等函数

2. 复合函数

在实际问题中,经常遇到两个变量之间的联系不是直接的,即因变量不直接依赖于自变量,而是通过另一个变量联系起来.

例如,将质量为 m 的物体以初速度 v_0 竖直上抛,由物理学知其动能 E 是速度 v 的函数,即

$$E=\frac{1}{2}mv^2.$$

复合函数、初等函数

当不计空气阻力时,$v=v_0-gt$,g 是重力加速度,因此 E 通过 v 成为 t 的函数,即

$$E=\frac{1}{2}m(v_0-gt)^2.$$

它是由函数 $E=\frac{1}{2}mv^2$ 和 $v=v_0-gt$ 复合而成的复合函数.

定义 2 设 y 是 u 的函数,即 $y=f(u)$,定义域为 U_1,而 u 又是 x 的函数 $u=\varphi(x)$,值域为 U_2,其中 $U_2\subseteq U_1$,则 y 通过变量 u 成为 x 的函数,这个函数称为由函数 $y=f(u)$ 与函数 $u=\varphi(x)$ 构成的复合函数,记为

$$y=f[\varphi(x)].$$

其中变量 u 称为中间变量.

形成复合函数的中间变量可以是两个或多个. 例如,函数 $y=\lg u$,$u=\tan v$,$v=x^2+5$ 经二次复合构成 x 的复合函数 $y=\lg\tan(x^2+5)$.

需要注意,并不是任何两个函数都可复合成一个复合函数. 例如,函数 $y=\arccos u$ 和 $u=2+x^2$ 就不能复合成 $y=\arccos(2+x^2)$,因为 u 总是大于 1,使 $y=\arccos u$ 没有意义.

我们不仅要学会把若干个简单的函数"复合"成一个复合函数,而且要善于把一个复合函数"分解"为若干个简单的函数. 这种分解方法在后面的微积分运算中经常用到,应该得到足够的重视.

例 10 将下列函数分解为较简单的函数.

(1) $y=\sin(3x+1)$;　　　　　　　(2) $y=\cos^2 x$;

(3) $y=e^{\sin\frac{1}{x}}$;　　　　　　　(4) $y=\arcsin\left(\ln\dfrac{x}{10}\right)$.

解　(1) $y=\sin(3x+1)$ 是由 $y=\sin u,u=3x+1$ 复合而成的;

(2) $y=\cos^2 x$ 是由 $y=u^2,u=\cos x$ 复合而成的;

(3) $y=e^{\sin\frac{1}{x}}$ 是由 $y=e^u,u=\sin v,v=\dfrac{1}{x}$ 复合而成的;

(4) $y=\arcsin\left(\ln\dfrac{x}{10}\right)$ 是由 $y=\arcsin u,u=\ln v,v=\dfrac{x}{10}$ 复合而成的.

注意:复合函数的分解要从外到内,逐层分解为若干个基本初等函数,或由基本初等函数的四则运算组成的简单函数,如 $y=ax+b$ 就是简单函数.

3. 初等函数的定义

定义 3　由基本初等函数经过有限次四则运算及有限次复合运算所构成的能用一个式子表示的函数称为初等函数.

例如,$y=\arcsin\dfrac{1}{x^2}+5$,$y=\tan t-\sqrt{t}\sin t^2$ 都是初等函数.

后文讨论的函数绝大多数都是初等函数.

4. 建立函数关系举例

建立函数
关系举例

在用数学方法解决实际问题时要先建立数学模型,如建立函数关系这种数学模型需明确问题中的因变量与自变量,根据题意建立等式,从而得出函数关系,再根据实际问题的要求,确定函数定义域.

例 11　某工厂位于 A 点,与铁路的垂直距离为 a(单位为 km),它的垂足 B 到火车站 C 的铁路长为 b(单位为 km),如图 1-5 所示,工厂的产品必须经火车站 C 方能转销到外地,已知汽车运费是 m(单位为 元/(t·km)),火车运费是 n(单位为 元/(t·km))$(m>n)$. 为节省运费,计划在铁路上修一小站 M 作为转运站,将运费表示为距离 $|BM|$ 的函数.

解　设 $|BM|=x$,运费为 y.

根据题意,有 $|AM|=\sqrt{a^2+x^2}$,$|MC|=b-x$,则 $y=$

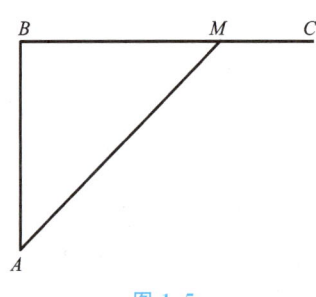

图 1-5

$m\sqrt{a^2+x^2}+n(b-x),x\in[0,b]$.

例 12　某厂生产某种产品 1600 t,定价为 150 元/t,当销售量不超过 800 t 时,按原价出售;当销售量超过 800 t 时,超出部分按 8 折出售.试求销售收入与销售量之间的函数关系.

解　按题意,设销售量为 x t,销售收入为 R 元.

当 $0\leqslant x\leqslant 800$ 时,$R=150x$.

当 $800<x\leqslant 1600$ 时,收入由两部分组成:

未超过 800 t 的部分的收入为 150×800;

超过 800 t 的部分的收入为 $150\times 0.8(x-800)$.

从而,$R=150\times 800+150\times 0.8(x-800)=24000+120x$.

于是 R 与 x 之间的函数关系为

$$R=\begin{cases}150x, & 0\leqslant x\leqslant 800,\\ 24000+120x, & 800<x\leqslant 1600.\end{cases}$$

习题 1-1

1. 求下列函数的定义域.

(1) $y=\sqrt{x-2}$；

(2) $y=\ln(x+2)+\dfrac{1}{x^2-9}$；

(3) $y=\sqrt{x^2-4x+3}$；

(4) $y=\sqrt{4-x^2}+\dfrac{1}{\sqrt{x+1}}$；

(5) $y=\lg(\sin x)$；

(6) $y=\arcsin\dfrac{x-1}{2}$.

2. 下列各题中，$f(x)$ 与 $\varphi(x)$ 是否表示同一个函数？说明理由.

(1) $f(x)=\dfrac{x}{x},\varphi(x)=1$；

(2) $f(x)=\dfrac{x^2-1}{x-1},\varphi(x)=x+1$；

(3) $f(x)=\ln(-x+\sqrt{x^2+1}),\varphi(x)=-\ln(x+\sqrt{x^2+1})$.

3. 填空题.

(1) 设 $f(x)=1+x^2$，$\varphi(x)=\sin 3x$，求 $f(0)=$ ＿＿＿＿＿＿＿＿，$f\left(\dfrac{1}{a}\right)=$ ＿＿＿＿＿＿＿＿，$f(t^2-1)=$ ＿＿＿＿＿＿＿＿，$f[\varphi(x)]=$ ＿＿＿＿＿＿＿＿.

(2) 设 $f(x)=\begin{cases}1+x, & x\leqslant 0,\\ 2-x, & x>0,\end{cases}$ 则 $f(0)=$ ＿＿＿＿＿＿＿＿，$f\left(\dfrac{1}{2}\right)=$ ＿＿＿＿＿＿＿＿，$f(-1)=$ ＿＿＿＿＿＿＿＿，$f(1)=$ ＿＿＿＿＿＿＿＿.

(3) 函数 $y=|2x-4|+5$ 用分段函数的形式表示为＿＿＿＿＿＿＿＿.

4. 某地出租车按以下方法收费：起步价为 10 元，超过 4 km 而不超过 10 km 的部分按 2 元/km 计价，超过 10 km 的部分按 3 元/km 计价．试表示车费 y（元）与路程 x（km）的函数关系.

5. 设 $f(x)=ax^2+bx+5$，且 $f(x+1)-f(x)=8x+3$，试确定 a,b 的值.

6. 如果 $f(x)=a^x$，证明 $f(x)f(y)=f(x+y)$，$\dfrac{f(x)}{f(y)}=f(x-y)$.

7. 判断下列函数的单调性.

(1) $y=2x+1$；

(2) $y=\left(\dfrac{1}{2}\right)^x$；

(3) $y=\log_a x(a>0,a\neq 1)$.

8. 判断下列函数的奇偶性.

(1) $f(x)=\dfrac{a^x+a^{-x}}{2}$；

(2) $f(x)=x^5+6x^3+10x$；

(3) $f(x)=x+\sin x$.

9. 下列函数中,哪些是周期函数? 对于周期函数,指出其周期.

(1) $y=\cos 3x$;　　　　　　　　　　(2) $y=\sin^2 x$.

10. 求下列函数的反函数.

(1) $y=\sin\left(x+\dfrac{\pi}{4}\right),x\in\left[-\dfrac{3\pi}{4},\dfrac{\pi}{4}\right]$;　　　　(2) $y=x^2-4x,x\in[2,+\infty)$.

11. 下列函数是由哪些简单函数复合而成的?

(1) $y=\sin(2x^2+3)$;　　　　　　　　(2) $y=\sqrt{\cos 3x}$;

(3) $y=2^{\tan x}$;　　　　　　　　　　(4) $y=(1+\sin x)^3$;

(5) $y=\arctan(x^2+1)$;　　　　　　　(6) $y=\ln[\sin^2(3x+1)]$.

12. 用铁皮做一个容积为 V 的圆柱形罐头筒,将它的全面积 S 表示成底面半径 r 的函数,并确定此函数的定义域.

1.2 数列的极限

在高等数学中几乎所有的概念都离不开极限,因此极限的概念是高等数学中最基本的概念之一. 极限方法是研究函数和解决许多问题的基本方法之一.

数列是定义于正整数集合上的函数,它的极限只是一种特殊函数(整标函数)的极限.

数列的极限

一、数列极限的定义

数列就是按一定顺序排列起来的一列数:

$$x_1,x_2,x_3,\cdots,x_n,\cdots$$

第 n 项 x_n 称为数列的通项,这个数列可简记 $\{x_n\}$. 例如,

$$1,-\frac{1}{2},\frac{1}{3},-\frac{1}{4},\cdots,(-1)^{n+1}\frac{1}{n},\cdots \tag{1-1}$$

$$0,\frac{3}{2},\frac{2}{3},\frac{5}{4},\cdots,\frac{n+(-1)^n}{n},\cdots \tag{1-2}$$

$$0.3,0.33,0.333,\cdots,0.\underbrace{33\cdots3}_{n\uparrow},\cdots \tag{1-3}$$

$$1,-1,1,-1,\cdots,(-1)^{n-1},\cdots \tag{1-4}$$

$$2,4,8,\cdots,2^n,\cdots \tag{1-5}$$

都是数列,它们的通项分别为 $(-1)^{n+1}\dfrac{1}{n},\dfrac{n+(-1)^n}{n},0.\underbrace{33\cdots3}_{n\uparrow},(-1)^{n-1},2^n$.

考察 n 变化时数列 x_n 的变化情况,容易看出,当 n 无限增大(记作 $n\to\infty$)时,不同数列的变化情况是有所不同的. 有的数列当 $n\to\infty$ 时,x_n 能与某一个常数 a 无限接近,如数列 (1-1),当 $n\to\infty$ 时,x_n 与 0 无限接近;数列 (1-2),当 $n\to\infty$ 时,$\dfrac{n+(-1)^n}{n}$ 无限接近于 1;数列

(1-3),当 $n \to \infty$ 时,$0.33\underbrace{\cdots}_{n\uparrow}3$ 无限接近于 $\frac{1}{3}$.数列(1-4),当 $n \to \infty$ 时,x_n 在 1 与 -1 间摆动;数列(1-5),当 $n \to \infty$ 时,x_n 不断增大,但不和任何一个常数接近.数列(1-1)~数列(1-3)反映了一类数列的某种共同特性,即对于数列 $\{x_n\}$,存在一个常数 a,随着 n 的无限增大,x_n 无限地接近于 a,也就是说,要使 x_n 与 a 的差的绝对值任意小,只要 n 充分大即可.因此,给出数列极限的定义如下.

定义　若对于预先给定的任意小的正数 ε,总存在一个正整数 N,使得当 $n > N$ 时,不等式

$$|x_n - a| < \varepsilon \quad (a \text{ 是一个确定常数})$$

成立,则称 a 为数列 $\{x_n\}$ 当 $n \to \infty$ 时的极限,记为

$$\lim_{n \to \infty} x_n = a_n \quad \text{或} \quad x_n \to a_n \quad (n \to \infty).$$

这时我们说数列是收敛的,否则数列是发散的.

例　证明数列

$$2, \frac{1}{2}, \frac{4}{3}, \frac{3}{4}, \cdots, \frac{n + (-1)^{n-1}}{n}, \cdots$$

的极限是 1.

证
$$|x_n - a| = \left| \frac{n + (-1)^{n-1}}{n} - 1 \right| = \frac{1}{n}.$$

为了使 $|x_n - a|$ 小于任意给定的正数 ε,只要

$$\frac{1}{n} < \varepsilon \quad \text{或} \quad n > \frac{1}{\varepsilon}.$$

所以对于任意给定的正数 ε,取正整数 $N = \left[\frac{1}{\varepsilon}\right]$,则当 $n > N$ 时,就有

$$\left| \frac{n + (-1)^{n-1}}{n} - 1 \right| < \varepsilon,$$

即
$$\lim_{n \to \infty} \frac{n + (-1)^{n-1}}{n} = 1.$$

二、收敛数列的性质

定理1(极限的唯一性)　数列 $\{x_n\}$ 不能收敛于两个不同的极限.

定理2(收敛数列的有界性)　如果数列 $\{x_n\}$ 收敛,那么数列 $\{x_n\}$ 一定有界.

定理3(收敛数列与其子数列间的关系)　如果数列 $\{x_n\}$ 收敛于 a,那么它的任意一个子数列也收敛,且极限也是 a.

习题 1-2

观察下列数列 $\{x_n\}$ 的变化趋势,写出它们的极限.

(1) $x_n = \dfrac{1}{2^n}$;

(2) $x_n = 2 + \dfrac{1}{n^2}$;

(3) $x_n = \dfrac{n-1}{n+1}$;

(4) $x_n = n(-1)^n$.

1.3 函数的极限

研究函数的极限就是研究函数的变化趋势,但函数值的变化是由自变量的变化决定的,因此必须先指出自变量的变化趋势,下面研究两种情况:一种是自变量 $x \to \infty$,另一种是 $x \to x_0$(x_0 为某一定值).

一、$x \to \infty$ 时函数 $f(x)$ 的极限

类似数列的极限定义,有 $x \to \infty$ 时函数 $f(x)$ 的极限的定义.

定义 1 若对于预先给定的任意小正数 ε,总存在一个正数 M,使得当 $|x| > M$ 时,不等式

$$|f(x) - A| < \varepsilon \quad (A \text{ 是一个确定的常数})$$

恒成立,则称 A 是函数 $y = f(x)$ 当 $x \to \infty$ 时的极限,记作 $\lim\limits_{x \to \infty} f(x) = A$ 或 $f(x) \to A(x \to \infty)$.

$x \to \infty$ 包含 x 沿着正方向趋向于无穷大,记作 $x \to +\infty$,以及沿着负方向趋向于无穷大,记作 $x \to -\infty$.

当 $x \to +\infty$ 时,$f(x)$ 以常数 A 为极限,记为

$$\lim\limits_{x \to +\infty} f(x) = A \quad \text{或} \quad f(x) \to A(x \to +\infty);$$

当 $x \to -\infty$ 时,$f(x)$ 以常数 A 为极限,记为

$$\lim\limits_{x \to -\infty} f(x) = A \quad \text{或} \quad f(x) \to A(x \to -\infty).$$

定义 1 告诉我们,当自变量的绝对值 $|x|$ 无限增大时,如果函数 $f(x)$ 与某确定常数 A 无限接近,则常数 A 就是 x 趋向于无穷大时 $f(x)$ 的极限.

例 1 对于函数 $f(x) = 1 + \dfrac{1}{x}$,当 $|x|$ 无限增大时,$\dfrac{1}{x}$ 无限接近于常数 0,函数 $f(x) = 1 + \dfrac{1}{x}$ 就无限接近于常数 1,所以 $\lim\limits_{x \to \infty}\left(1 + \dfrac{1}{x}\right) = 1$.

例 2 对于函数 $\varphi(x) = \arctan x$,当 $x \to +\infty$ 时,它所对应的函数值 $\varphi(x)$ 无限接近于常数 $\dfrac{\pi}{2}$,即 $\lim\limits_{x \to +\infty} \arctan x = \dfrac{\pi}{2}$;当 $x \to -\infty$ 时,$\varphi(x)$ 无限接近于常数 $-\dfrac{\pi}{2}$,即 $\lim\limits_{x \to -\infty} \arctan x = -\dfrac{\pi}{2}$.

有的函数 $f(x)$,当自变量 $|x|$ 无限增大时,函数 $f(x)$ 的绝对值也无限增大,在这种情况下,虽然 $f(x)$ 的极限不存在,但也可记为

$$\lim\limits_{x \to \infty} f(x) = \infty \quad \text{或} \quad f(x) \to \infty \quad (x \to \infty).$$

例 3 $\lim\limits_{x \to +\infty} x^2 = +\infty$,$\lim\limits_{x \to -\infty} x^2 = +\infty$,故 $\lim\limits_{x \to \infty} x^2 = +\infty$.

二、$x \to x_0$ 时函数 $f(x)$ 的极限

现在讨论 x 无限接近于某一个确定的数 $x_0(x \neq x_0)$ 时,函数 $f(x)$ 的变化趋势.

定义 2 设函数在点 x_0 的附近有定义(点 x_0 可除外),若对于预先给定的任意小的正

函数的极限

数 ε,总存在一个正数 δ,使得当 $0<|x-x_0|<\delta$ 时,不等式

$$|f(x)-A|<\varepsilon \quad (A \text{ 是确定的常数})$$

恒成立,则称 A 是函数 $y=f(x)$ 当 $x \to x_0$ 时的极限,记作

$$\lim_{x \to x_0} f(x)=A \quad \text{或} \quad f(x) \to A \quad (x \to x_0).$$

由定义 2 可知,对于一个在点 x_0 附近有定义的函数 $f(x)$,当 x 无限接近 x_0 时,如果函数 $f(x)$ 无限接近于一个常数 A,则常数 A 就是 x 趋向于 x_0 时函数 $f(x)$ 的极限.

例 4 求当 $x \to 2$ 时,函数 $f(x)=3x-1$ 的极限.

解 由图 1-6 看到,当 x 无限接近于 2 时,$f(x)$ 无限接近于 5,因此 $\lim\limits_{x \to 2}(3x-1)=5$.

例 5 求当 $x \to 1$ 时,函数 $f(x)=\dfrac{x^2-1}{x-1}$ 的极限.

解 函数 $\dfrac{x^2-1}{x-1}$ 在 $x=1$ 处没有定义,但是它的极限存在.事实上,当 $x \neq 1$ 时,$f(x)=\dfrac{(x+1)(x-1)}{x-1}=x+1$,从图 1-7 可看到,当 $x \to 1$ 时,$f(x) \to 2$,故 $\lim\limits_{x \to 1}\dfrac{x^2-1}{x-1}=2$.

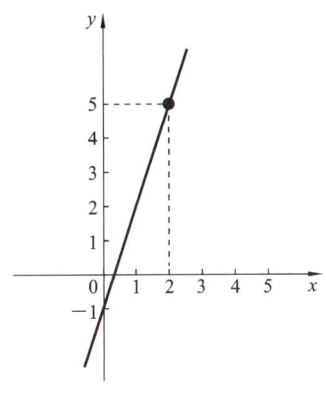

图 1-6

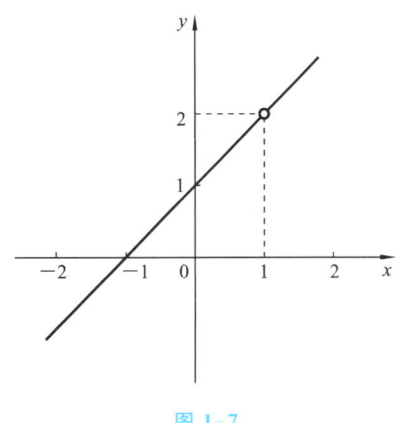

图 1-7

例 6 试求函数

$$f(x)=\begin{cases} x+1, & x<0, \\ 0, & x=0, \\ x-1, & x>0, \end{cases}$$

当 $x \to 0$ 时的极限.

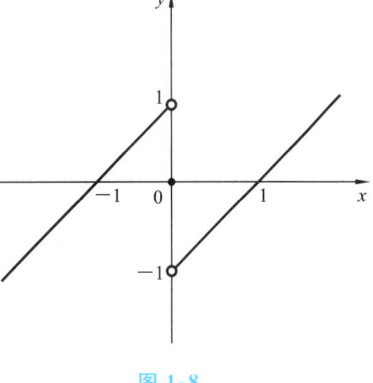

解 从图 1-8 看到,当 x 从 0 的左边趋向于 0 时,$f(x)$ 趋向于 1;当 x 从 0 的右边趋向于 0 时,$f(x)$ 趋向于 -1.因此,当 x 趋向于 0 时,函数值没有确定的变化趋势.

故在 $x \to 0$ 时,函数 $f(x)$ 的极限不存在.

从这个例子我们看到,虽然函数 $f(x)$ 在 $x=0$ 处

图 1-8

没有极限,但当 x 从点 $x=0$ 的某一侧趋近于 0 时,函数 $f(x)$ 分别趋近于确定的常数,由此引出单侧极限的定义.

定义 3 如果当 x 从 $x=x_0$ 的左侧($x<x_0$)无限趋近于 x_0 时,函数 $f(x)$ 无限趋近于常

数 A，则称 A 是函数 $f(x)$ 在点 x_0 处的左极限，记作

$$\lim_{x \to x_0^-} f(x) = A \quad 或 \quad f(x_0^-) = A;$$

类似地，定义右极限

$$\lim_{x \to x_0^+} f(x) = B \quad 或 \quad f(x_0^+) = B.$$

根据极限、左极限和右极限的定义，可以得出下面的定理.

定理　函数 $f(x)$ 在点 x_0 处极限存在的充分必要条件是函数在该点处左、右极限都存在并且相等，即

$$\lim_{x \to x_0} f(x) = \lim_{x \to x_0^-} f(x) = \lim_{x \to x_0^+} f(x) = A.$$

这个定理可以用来判别函数的极限是否存在.

例 7　判断函数 $f(x) = \dfrac{|x|}{x}$ 在 $x \to 0$ 时的极限.

解　因为

$$\lim_{x \to 0^-} f(x) = \lim_{x \to 0^-} \frac{|x|}{x} = \lim_{x \to 0^-} \frac{-x}{x} = -1, \quad \lim_{x \to 0^+} f(x) = \lim_{x \to 0^+} \frac{|x|}{x} = \lim_{x \to 0^+} \frac{x}{x} = 1,$$

虽然函数左、右极限都存在，但不相等，所以 $f(x) = \dfrac{|x|}{x}$ 在 $x \to 0$ 时极限不存在.

习题 1-3

1. 求下列函数的极限.

(1) $\lim\limits_{x \to 3}(3x - 1)$；

(2) $\lim\limits_{x \to -2} \dfrac{x^2 - 4}{x + 2}$.

2. 求当 $x \to \infty$ 时，$y = \dfrac{x^2 - 1}{x^2 + 3}$ 的极限.

3. 证明：函数 $f(x) = |x|$ 在 $x \to 0$ 时极限为零.

4. 求 $f(x) = \dfrac{x}{x}$，$\varphi(x) = \dfrac{|x|}{x}$ 在 $x \to 0$ 时的左、右极限，并说明它们在 $x \to 0$ 时的极限是否存在.

1.4　无穷小量与无穷大量

一、无穷小量

我们常会遇到极限是零的变量，如 $\lim\limits_{x \to 2}(x - 2) = 0$，$\lim\limits_{n \to \infty} \dfrac{1}{2^n} = 0$.

定义 1　如果函数 $f(x)$ 在 $x \to x_0$（或 $x \to \infty$）时的极限为零，则称函数 $f(x)$ 是在 $x \to x_0$

（或 $x \to \infty$）时的无穷小量，简称无穷小，记作

$$\lim_{x \to x_0} f(x) = 0 \quad (\text{或} \lim_{x \to \infty} f(x) = 0).$$

应当注意，绝对值很小的常数不是无穷小；但零是无穷小，因为它的极限为零.

从函数的极限及无穷小的定义可以看出函数与无穷小的关系：若函数 $f(x)$ 以常数 A 为极限，即 $f(x)$ 无限接近于 A，则 $f(x) - A$ 为无穷小，记作 $a = f(x) - A$，于是 $f(x) = A + a$（a 为无穷小量）；反之，若 $f(x) = A + a$（a 为无穷小量），则 $f(x) - A = a$ 为无穷小，即 $f(x)$ 无限接近 A，故 $f(x)$ 以常数 A 为极限.

所以，函数与无穷小的这种关系可以叙述为下面的定理.

定理 1 当 $x \to x_0$（或 $x \to \infty$）时，函数 $f(x)$ 以 A 为极限的充分必要条件是函数 $f(x)$ 可以表示为 A 与一个无穷小 a 的和，即 $f(x) = A + a$.

无穷小量有以下性质：

（1）有限个无穷小的和、差、积，以及常数与无穷小的乘积均为无穷小；

（2）有界函数与无穷小的乘积仍为无穷小.

例如，因为 $\sin \dfrac{1}{x}$ 是有界函数，且当 $x \to 0$ 时 x 是无穷小，所以 $\lim\limits_{x \to 0}\left(x \sin \dfrac{1}{x}\right) = 0$.

二、无穷大量

有一类函数，从变化规律来看，也有一定的趋势，但不是趋近于某一常数，而是在变化过程中其绝对值无限变大，如 $\lim\limits_{x \to 1} \dfrac{1}{x-1} = \infty$，$\lim\limits_{x \to \infty} x^3 = \infty$.

定义 2 若当 $x \to x_0$（或 $x \to \infty$）时，$|f(x)|$ 无限增大，则称函数 $f(x)$ 为当 $x \to x_0$（或 $x \to \infty$）时的无穷大量，简称为无穷大，记作

$$\lim_{x \to x_0} f(x) = \infty \quad (\text{或} \lim_{x \to \infty} f(x) = \infty).$$

无穷小与无穷大的判断

如果当 $x \to x_0$（或 $x \to \infty$）时，$f(x)$ 保持正值且无限增大，则称 $f(x)$ 为正无穷大，记作

$$\lim_{x \to x_0} f(x) = +\infty \quad (\text{或} \lim_{x \to \infty} f(x) = +\infty);$$

同样，如果 $f(x)$ 保持负值，但绝对值无限增大，则称 $f(x)$ 为负无穷大，记作

$$\lim_{x \to x_0} f(x) = -\infty \quad (\text{或} \lim_{x \to \infty} f(x) = -\infty).$$

例如，$\lim\limits_{x \to 1} \dfrac{1}{x-1} = \infty$，$\lim\limits_{x \to \infty} 3x^3 = \infty$，$\lim\limits_{x \to 0^+} \lg x = -\infty$，$\lim\limits_{x \to 0^+} \mathrm{e}^{\frac{1}{x}} = +\infty$.

注意：切不可把无穷大理解为"很大的一个数".

无穷大与无穷小之间有以下简单的关系.

定理 2 在自变量的同一变化过程中，如果 $f(x)$ 为无穷大，则 $\dfrac{1}{f(x)}$ 为无穷小；反之，如果 $f(x)$ 为无穷小且 $f(x) \neq 0$，则 $\dfrac{1}{f(x)}$ 为无穷大.

关于无穷小和无穷大，还应注意：当说一个函数是无穷小或无穷大时，必须指明自变量的变化趋势. 例如，同一函数 $\dfrac{1}{x-1}$，当 $x \to 1$ 时，它是无穷大；当 $x \to \infty$ 时，它是无穷小；当 $x \to$

0 时,它的极限是 -1,既不是无穷小,也不是无穷大.

习题 1-4

1. 当 $x \to 0$ 时,下列变量中为无穷小量的是(　　).

A. $\dfrac{1}{x}$　　　　B. 2^x　　　　C. $\cos x - 1$　　　　D. $\sin x + 2$

2. 观察下列函数,哪些是无穷小?哪些是无穷大?

(1) $\dfrac{1+2x}{x^2}$,当 $x \to \infty$ 时;　　　　(2) e^{-x},当 $x \to +\infty$ 时;

(3) $2^x - 1$,当 $x \to 0$ 时;　　　　(4) $2^{\frac{1}{x}}$,当 $x \to 0$ 时.

3. 函数 $f(x) = \dfrac{x+1}{x-1}$ 在什么条件下是无穷大?在什么条件下是无穷小?

4. 函数 $y = x \sin x$ 当 $x \to \infty$ 时是无穷大吗?

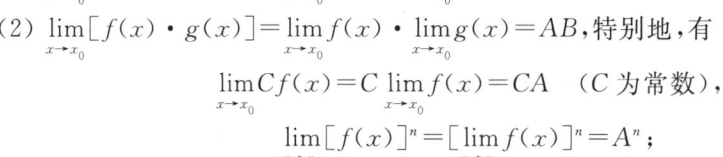

1.5　极限运算法则

一、极限的四则运算法则

求比较复杂的函数极限时,往往要用到极限的四则运算法则.

设 $\lim\limits_{x \to x_0} f(x) = A$,$\lim\limits_{x \to x_0} g(x) = B$,则

(1) $\lim\limits_{x \to x_0}[f(x) \pm g(x)] = \lim\limits_{x \to x_0} f(x) \pm \lim\limits_{x \to x_0} g(x) = A \pm B$;

(2) $\lim\limits_{x \to x_0}[f(x) \cdot g(x)] = \lim\limits_{x \to x_0} f(x) \cdot \lim\limits_{x \to x_0} g(x) = AB$,特别地,有

$$\lim_{x \to x_0} Cf(x) = C \lim_{x \to x_0} f(x) = CA \quad (C \text{ 为常数}),$$

$$\lim_{x \to x_0} [f(x)]^n = [\lim_{x \to x_0} f(x)]^n = A^n;$$

极限运算法则

(3) $\lim\limits_{x \to x_0} \dfrac{f(x)}{g(x)} = \dfrac{\lim\limits_{x \to x_0} f(x)}{\lim\limits_{x \to x_0} g(x)} = \dfrac{A}{B} (B \neq 0)$.

其中,(1)(2)可推广到有限个函数的情形.

注意:当上述运算法则中的自变量 x 以其他方式变化时,如 $x \to \infty$,$x \to x_0^+$ 等,结论仍成立,上述法则也适用于求数列极限的情况.

例 1　求 $\lim\limits_{x \to 2}(4x^2 + 3)$.

解　　$\lim\limits_{x \to 2}(4x^2 + 3) = \lim\limits_{x \to 2} 4x^2 + \lim\limits_{x \to 2} 3 = 4(\lim\limits_{x \to 2} x)^2 + 3 = 4 \times 2^2 + 3 = 19$.

一般地,$p(x) = a_n x^n + a_{n-1} x^{n-1} + \cdots + a_1 x + a_0$,则有

$$\lim_{x \to x_0} p(x) = a_n x_0^n + a_{n-1} x_0^{n-1} + \cdots + a_1 x_0 + a_0.$$

即多项式函数在 x_0 处的极限等于该函数在 x_0 处的函数值.

例 2 求 $\lim\limits_{x\to-1}\dfrac{4x^2-3x+1}{2x^2-6x+4}$.

解 $\lim\limits_{x\to-1}(2x^2-6x+4)=2\times(-1)^2-6\times(-1)+4=12\neq0$,即当 $x\to-1$ 时,分母的极限不为 0,所以由商的极限运算法则可得

$$\lim_{x\to-1}\frac{4x^2-3x+1}{2x^2-6x+4}=\frac{\lim\limits_{x\to-1}(4x^2-3x+1)}{\lim\limits_{x\to-1}(2x^2-6x+4)}=\frac{8}{12}=\frac{2}{3}.$$

例 3 求 $\lim\limits_{x\to\infty}\dfrac{3}{x^2+2x}$.

解 当 $x\to\infty$ 时,分母的极限为 ∞,根据无穷小与无穷大的关系得

$$\lim_{x\to\infty}\frac{3}{x^2+2x}=0.$$

例 4 求 $\lim\limits_{x\to2}\dfrac{5x}{x^2-4}$.

解 当 $x\to2$ 时,分母的极限为 0,不能用商的极限运算法则,而其倒数的极限 $\lim\limits_{x\to2}\dfrac{x^2-4}{5x}$ $=\dfrac{0}{10}=0$,所以由无穷小与无穷大的关系得

$$\lim_{x\to2}\frac{5x}{x^2-4}=\infty.$$

例 5 求 $(1)\ \lim\limits_{x\to2}\dfrac{x^2-5x+6}{x^2-4}$;$(2)\ \lim\limits_{x\to4}\dfrac{x^2-16}{x-4}$.

解 (1) 当 $x\to2$ 时,分子、分母的极限都为 0,所以不能直接应用商的极限运算法则,但当 $x\to2$ 时,$x-2\neq0$,因此可以先约去分子、分母中的公因式 $x-2$,再求极限,则有

$$\lim_{x\to2}\frac{x^2-5x+6}{x^2-4}=\lim_{x\to2}\frac{(x-3)(x-2)}{(x+2)(x-2)}=\lim_{x\to2}\frac{x-3}{x+2}=-\frac{1}{4}.$$

(2) 当 $x\to4$ 时,分子、分母的极限都为 0,所以不能直接应用商的极限运算法则,先约去分子、分母中极限为零的公因式 $x-4$,则

$$\lim_{x\to4}\frac{x^2-16}{x-4}=\lim_{x\to4}\frac{(x+4)(x-4)}{x-4}=\lim_{x\to4}(x+4)=8.$$

说明:这样一类极限在自变量的某个趋向下,分子、分母的极限都为 0,人们常称这类极限为 $\dfrac{0}{0}$ 型极限.对它们求极限不能直接应用极限的运算法则,可先约去分子、分母中极限为零的公因式,再求极限.

约零因式
法求极限

例 6 求 $(1)\ \lim\limits_{x\to\infty}\dfrac{3x^3-5x+1}{8x^3+4x-3}$;$(2)\ \lim\limits_{x\to\infty}\dfrac{3x^2-5x+1}{8x^3+4x-3}$;$(3)\ \lim\limits_{x\to\infty}\dfrac{3x^3-5x+1}{8x^2+4x-3}$.

解 (1) 当 $x\to\infty$ 时,分子、分母的极限都为 ∞,所以不能直接应用商的极限运算法则.此时可以先用分子、分母中 x 的最高次幂 x^3 同除分子、分母,然后再求极限,即

$$\lim_{x\to\infty}\frac{3x^3-5x+1}{8x^3+4x-3}=\lim_{x\to\infty}\frac{3-\dfrac{5}{x^2}+\dfrac{1}{x^3}}{8+\dfrac{4}{x^2}-\dfrac{3}{x^3}}=\frac{3}{8}.$$

(2) 当 $x \to \infty$ 时,分子、分母的极限都为 ∞,先用分子、分母中 x 的最高次幂 x^3 同除分子、分母,即

$$\lim_{x \to \infty} \frac{3x^2 - 5x + 1}{8x^3 + 4x - 3} = \lim_{x \to \infty} \frac{\dfrac{3}{x} - \dfrac{5}{x^2} + \dfrac{1}{x^3}}{8 + \dfrac{4}{x^2} - \dfrac{3}{x^3}} = 0.$$

(3) 当 $x \to \infty$ 时,分子、分母的极限都为 ∞,由于

$$\lim_{x \to \infty} \frac{8x^2 + 4x - 3}{3x^3 - 5x + 1} = \lim_{x \to \infty} \frac{\dfrac{8}{x} + \dfrac{4}{x^2} - \dfrac{3}{x^3}}{3 - \dfrac{5}{x^2} + \dfrac{1}{x^3}} = 0,$$

根据无穷大与无穷小的关系可得

$$\lim_{x \to \infty} \frac{3x^3 - 5x + 1}{8x^2 + 4x - 3} = \infty.$$

说明:这样一类极限当 $x \to \infty$ 时,其分子、分母的极限都为 ∞,这类极限称为 $\dfrac{\infty}{\infty}$ 型极限. 对它们求极限可用以下公式:

设 $a_0 \neq 0, b_0 \neq 0, m, n$ 为正整数,则有

$$\lim_{x \to \infty} \frac{a_0 x^m + a_1 x^{m-1} + \cdots + a_{m-1} x + a_m}{b_0 x^n + b_1 x^{n-1} + \cdots + b_{n-1} x + b_n} = \begin{cases} \dfrac{a_0}{b_0}, & m = n, \\ 0, & m < n, \\ \infty, & m > n. \end{cases}$$

注意:此公式只适用于 $x \to \infty$,或 $x \to +\infty, x \to -\infty$ 的情形.

例 7 求 $\lim\limits_{x \to \infty} \dfrac{(4x+1)^3 (3x^2-7)^2}{(6x-11)^7}$.

解 因为分子、分母的最高次幂都为 x^7,极限为分子、分母最高次幂的系数之比,而分子、分母最高次幂的系数分别为 $4^3 \times 3^2$ 和 6^7,所以

$$\lim_{x \to \infty} \frac{(4x+1)^3 (3x^2-7)^2}{(6x-11)^7} = \frac{4^3 \times 3^2}{6^7} = \frac{1}{486}.$$

例 8 求 $\lim\limits_{x \to 1} \left(\dfrac{1}{x-1} - \dfrac{3}{x^3-1} \right)$.

解 当 $x \to 1$ 时,上式两项极限均为无穷大(称为 $\infty - \infty$ 型),所以不能用极限的运算法则,此时可以先通分,再求极限,即

$$\lim_{x \to 1} \left(\frac{1}{x-1} - \frac{3}{x^3-1} \right) = \lim_{x \to 1} \left[\frac{x^2 + x + 1}{(x-1)(x^2+x+1)} - \frac{3}{(x-1)(x^2+x+1)} \right]$$

$$= \lim_{x \to 1} \frac{x^2 + x - 2}{(x-1)(x^2+x+1)} = \lim_{x \to 1} \frac{(x-1)(x+2)}{(x-1)(x^2+x+1)}$$

$$= \lim_{x \to 1} \frac{x+2}{x^2+x+1} = 1.$$

例 9 求 $\lim\limits_{n \to \infty} \left(\dfrac{1}{n^2} + \dfrac{2}{n^2} + \dfrac{3}{n^2} + \cdots + \dfrac{n}{n^2} \right)$.

解 因为有无穷多项,所以不能用极限的运算法则,此时可先变形,再求极限,即

$$\lim_{n\to\infty}\left(\frac{1}{n^2}+\frac{2}{n^2}+\frac{3}{n^2}+\cdots+\frac{n}{n^2}\right)=\lim_{n\to\infty}\frac{1+2+3+\cdots+n}{n^2}=\lim_{n\to\infty}\frac{\frac{n}{2}(n+1)}{n^2}$$

$$=\lim_{n\to\infty}\frac{n+1}{2n}=\frac{1}{2}.$$

二、复合函数的极限法则

设函数 $y=f[\varphi(x)]$ 由函数 $y=f(u),u=\varphi(x)$ 复合而成,若 $\lim\limits_{x\to x_0}\varphi(x)=u_0$,且在点 x_0 的一个邻域内(点 x_0 除外)$\varphi(x)\neq u_0$,又有 $\lim\limits_{u\to u_0}f(u)=A$,则 $\lim\limits_{x\to x_0}f[\varphi(x)]=\lim\limits_{u\to u_0}f(u)=A$.

此法则可以看作用变量替换的方法计算函数的极限.

例 10 求 $\lim\limits_{x\to\infty}2^{\frac{1}{x}}$.

解 令 $u=\dfrac{1}{x}$,因为 $\lim\limits_{x\to\infty}\dfrac{1}{x}=0$,且 $\lim\limits_{u\to0}2^u=1$,所以 $\lim\limits_{x\to\infty}2^{\frac{1}{x}}=1$.

例 11 求 $\lim\limits_{x\to0^+}2^{-\frac{1}{x}}$.

解 因为 $\lim\limits_{x\to0^+}\dfrac{1}{x}=+\infty$,所以 $\lim\limits_{x\to0^+}2^{\frac{1}{x}}=+\infty$,因此,由无穷大量与无穷小量的关系可知

$$\lim_{x\to0^+}2^{-\frac{1}{x}}=\lim_{x\to0^+}\frac{1}{2^{\frac{1}{x}}}=0.$$

习题 1-5

1. 填空题.

(1) $\lim\limits_{x\to0}(2x+1)=$ _____ ;　　(2) $\lim\limits_{x\to3}\dfrac{1}{x^2-4}=$ _____ ;

(3) $\lim\limits_{x\to-2}(3x^2-5x+2)=$ _____ ; (4) $\lim\limits_{x\to\sqrt{3}}\dfrac{x^2-3}{x^4+x^2+1}=$ _____ ;

(5) $\lim\limits_{x\to2}\dfrac{x^2-3}{x-2}=$ _____ ;　　(6) $\lim\limits_{x\to0}\dfrac{3}{2x+1}=$ _____ ;

(7) $\lim\limits_{x\to\infty}\dfrac{2x^2+x-6}{3x^2+2x-8}=$ _____ ; (8) $\lim\limits_{x\to\infty}\dfrac{x^2+x}{x^4-3x^2+1}=$ _____ ;

(9) $\lim\limits_{x\to\infty}\dfrac{x^3+x-2}{x^2+2x-1}=$ _____ ; (10) $\lim\limits_{x\to\infty}\dfrac{(2x-3)^{20}(3x+2)^{30}}{(5x+1)^{50}}=$ _____ .

2. 求下列极限.

(1) $\lim\limits_{x\to3}\dfrac{x-3}{x^2-9}$;　　　　　　　(2) $\lim\limits_{x\to1}\dfrac{x^2-3x+2}{x-1}$;

(3) $\lim\limits_{x\to1}\dfrac{x^2-1}{2x^2-x-1}$;　　　　　(4) $\lim\limits_{x\to2}\dfrac{x^2-3x+2}{x^2-x-2}$;

(5) $\lim\limits_{h\to0}\dfrac{(x+h)^3-x^3}{h}$;　　　　(6) $\lim\limits_{n\to\infty}\dfrac{2^{n+1}+3^{n+1}}{2^n+3^n}$;

(7) $\lim\limits_{n\to\infty}\dfrac{1+\dfrac{1}{2}+\dfrac{1}{4}+\cdots+\dfrac{1}{2^n}}{1+\dfrac{1}{3}+\dfrac{1}{9}+\cdots+\dfrac{1}{3^n}}$;

(8) $\lim\limits_{n\to\infty}\left(\dfrac{1+2+3+\cdots+n}{n+2}-\dfrac{n}{2}\right)$;

(9) $\lim\limits_{x\to0}\dfrac{x^2}{1-\sqrt{1+x^2}}$;

(10) $\lim\limits_{x\to1}\left(\dfrac{2}{x^2-1}-\dfrac{1}{x-1}\right)$;

(11) $\lim\limits_{x\to\infty}(\sqrt{x^2+x+1}-\sqrt{x^2-x+1})$;

(12) $\lim\limits_{x\to\infty}\dfrac{(x^2+x)\arctan x}{x^3-x+3}$.

3. 若 $\lim\limits_{x\to3}\dfrac{x^2-2x+k}{x-3}=4$,求 k 的值.

4. 若 $\lim\limits_{x\to\infty}\left(\dfrac{x^2+1}{x+1}-ax-b\right)=0$,求 a,b 的值.

1.6　极限存在的两个定理及两个重要极限

一、极限存在的两个定理

定理 1　若对于 $x\in\dot{U}(x_0,\delta)$(注:点 x_0 的去心 δ 邻域 $\dot{U}(x_0,\delta)=\{x\mid 0<\mid x-x_0\mid<\delta\}$)
或 $\mid x\mid>M(M>0)$ 有

$$g(x)\leqslant f(x)\leqslant h(x)\quad\text{且}\quad\lim\limits_{\substack{x\to x_0\\(x\to\infty)}}g(x)=\lim\limits_{\substack{x\to x_0\\(x\to\infty)}}h(x)=A,$$

则

$$\lim\limits_{\substack{x\to x_0\\(x\to\infty)}}f(x)=A.$$

此定理称为函数极限的夹逼定理.

定理 2　单调有界数列必有极限.

二、两个重要极限

1. 第一个重要极限

$$\lim\limits_{x\to0}\dfrac{\sin x}{x}=1.$$

函数 $\dfrac{\sin x}{x}$ 的定义域为 $x\neq0$ 的全体实数. 当 $\mid x\mid$ 任取一系列趋向于零的数值时,得到 $\dfrac{\sin x}{x}$ 的一系列对应值,如表 1-1 所示.

表 1-1

x	$\pm\dfrac{\pi}{9}$	$\pm\dfrac{\pi}{18}$	$\pm\dfrac{\pi}{36}$	$\pm\dfrac{\pi}{72}$	$\pm\dfrac{\pi}{144}$	$\pm\dfrac{\pi}{288}$	$\cdots$
$\dfrac{\sin x}{x}$	0.97982	0.99493	0.99873	0.99968	0.99992	0.99998	$\cdots$

由表 1-1 可见,当 $|x|$ 无限趋向于零时,函数 $\dfrac{\sin x}{x}$ 的值无限接近于常数 1,于是有

$$\lim_{x \to 0}\frac{\sin x}{x}=1.$$

注意:(1) 这个重要极限是 $\dfrac{0}{0}$ 型;(2) 推广形式为 $\lim\limits_{\varphi(x) \to 0}\dfrac{\sin[\varphi(x)]}{\varphi(x)}=1.$

例 1 求 $\lim\limits_{x \to 0}\dfrac{\sin 5x}{x}.$

解 当 $x \to 0$ 时,$5x \to 0$,于是

$$\lim_{x \to 0}\frac{\sin 5x}{x}=\lim_{x \to 0}\frac{\sin 5x}{5x} \cdot 5 = 5 \cdot \lim_{x \to 0}\frac{\sin 5x}{5x}=5 \times 1 = 5.$$

例 2 求 $\lim\limits_{x \to 0}\dfrac{\tan x}{x}.$

解
$$\lim_{x \to 0}\frac{\tan x}{x}=\lim_{x \to 0}\left(\frac{\sin x}{x} \cdot \frac{1}{\cos x}\right)=\lim_{x \to 0}\frac{\sin x}{x} \cdot \lim_{x \to 0}\frac{1}{\cos x}=1 \times 1 = 1.$$

例 3 求 $\lim\limits_{x \to 0}\dfrac{1-\cos 2x}{x^2}.$

解
$$\lim_{x \to 0}\frac{1-\cos 2x}{x^2}=\lim_{x \to 0}\frac{2\sin^2 x}{x^2}=2\lim_{x \to 0}\left(\frac{\sin x}{x}\right)^2=2 \times 1 = 2.$$

例 4 求 $\lim\limits_{x \to \pi}\dfrac{\sin x}{\pi - x}.$

解 当 $x \to \pi$ 时,$\pi - x \to 0$,于是

$$\lim_{x \to \pi}\frac{\sin x}{\pi - x}=\lim_{t \to 0}\frac{\sin(\pi - x)}{\pi - x}=1.$$

例 5 求 $\lim\limits_{x \to 0}\dfrac{\sin 3x - \sin x}{x}.$

解
$$\lim_{x \to 0}\frac{\sin 3x - \sin x}{x}=\lim_{x \to 0}\frac{2\cos 2x \sin x}{x}=2\lim_{x \to 0}\left(\frac{\sin x}{x} \cdot \cos 2x\right)$$
$$=2\lim_{x \to 0}\frac{\sin x}{x} \cdot \lim_{x \to 0}(\cos 2x)=2 \times 1 \times 1 = 2.$$

2. 第二个重要极限

$$\lim_{x \to \infty}\left(1+\frac{1}{x}\right)^x=\mathrm{e}.$$

首先计算函数 $\left(1+\dfrac{1}{x}\right)^x$ 的值,如表 1-2 所示.

表 1-2

x	…	10	10^2	10^3	10^4	10^5	10^6	…
$\left(1+\dfrac{1}{x}\right)^x$	…	2.59374	2.70481	2.71692	2.71815	2.71827	2.71828	…
x	…	-10	-10^2	-10^3	-10^4	-10^5	-10^6	…
$\left(1+\dfrac{1}{x}\right)^x$	…	2.86797	2.73200	2.71964	2.71842	2.71830	2.71828	…

从表 1-2 可以看出,当 $x \to \infty$ 时,函数 $\left(1+\dfrac{1}{x}\right)^x$ 的值无限地接近于一个常数 2.71828…. 记这个常数为 e,即

$$\lim_{x \to \infty}\left(1+\frac{1}{x}\right)^x = \mathrm{e}.$$

在自然科学中,常以这个数作为对数的底,以 e 为底的对数 $\log_{\mathrm{e}} x$ 称为自然对数,记作 $\ln x$.

若令 $\dfrac{1}{x} = \alpha$,则 $x = \dfrac{1}{\alpha}$,且当 $x \to \infty$ 时,$\alpha \to 0$,于是这个极限又可写成另一种形式

$$\lim_{\alpha \to 0}(1+\alpha)^{\frac{1}{\alpha}} = \mathrm{e}.$$

注意:(1) 这个重要极限是 1^∞ 型;(2) 推广形式为 $\lim\limits_{\varphi(x) \to 0}[1+\varphi(x)]^{\frac{1}{\varphi(x)}} = \mathrm{e}$.

例 6 求 $\lim\limits_{x \to \infty}\left(1+\dfrac{2}{x}\right)^x$.

解 当 $x \to \infty$ 时,$\dfrac{2}{x} \to 0$,所以

$$\lim_{x \to \infty}\left(1+\frac{2}{x}\right)^x = \lim_{x \to \infty}\left[\left(1+\frac{2}{x}\right)^{\frac{x}{2}}\right]^2 = \mathrm{e}^2.$$

例 7 求 $\lim\limits_{x \to \infty}\left(1-\dfrac{1}{x}\right)^{2x+3}$.

解 当 $x \to \infty$ 时,有 $-\dfrac{1}{x} \to 0$,所以

$$\lim_{x \to \infty}\left(1-\frac{1}{x}\right)^{2x+3} = \lim_{x \to \infty}\left[\left(1-\frac{1}{x}\right)^{-x}\right]^{-2} \cdot \lim_{x \to \infty}\left(1-\frac{1}{x}\right)^3 = \mathrm{e}^{-2} \cdot 1^3 = \mathrm{e}^{-2}.$$

例 8 求 $\lim\limits_{x \to \infty}\left(\dfrac{x+1}{x-1}\right)^x$.

解 $\lim\limits_{x \to \infty}\left(\dfrac{x+1}{x-1}\right)^x = \lim\limits_{x \to \infty}\left(\dfrac{x-1+2}{x-1}\right)^x = \lim\limits_{x \to \infty}\left(1+\dfrac{2}{x-1}\right)^x$,当 $x \to \infty$ 时,$\dfrac{2}{x-1} \to 0$,所以

$$\lim_{x \to \infty}\left(\frac{x+1}{x-1}\right)^x = \lim_{x \to \infty}\left[\left(1+\frac{2}{x-1}\right)^{\frac{x-1}{2}}\right]^2 \cdot \lim_{x \to \infty}\left(1+\frac{2}{x-1}\right) = \mathrm{e}^2 \times 1 = \mathrm{e}^2.$$

例 9 求 $\lim\limits_{x \to 0}\dfrac{\ln(1+x)}{x}$.

解 $\lim\limits_{x \to 0}\dfrac{\ln(1+x)}{x} = \lim\limits_{x \to 0}\ln(1+x)^{\frac{1}{x}} = \ln\left[\lim\limits_{x \to 0}(1+x)^{\frac{1}{x}}\right] = \ln \mathrm{e} = 1.$

例 10 求 $\lim\limits_{x \to 0}\dfrac{\mathrm{e}^x - 1}{x}$.

解 令 $\alpha = \mathrm{e}^x - 1$,则 $x = \ln(1+\alpha)$,当 $x \to 0$ 时,有 $\alpha \to 0$,所以

$$\lim_{x \to 0}\frac{\mathrm{e}^x - 1}{x} = \lim_{\alpha \to 0}\frac{\alpha}{\ln(1+\alpha)} = \lim_{\alpha \to 0}\left[\frac{\ln(1+\alpha)}{\alpha}\right]^{-1} = \lim_{\alpha \to 0}\frac{1}{\frac{1}{\alpha}\ln(1+\alpha)}$$

$$= \lim_{\alpha \to 0}\left[\frac{1}{\ln(1+\alpha)}\right]^{\frac{1}{\alpha}} = \frac{1}{\ln \mathrm{e}} = 1.$$

注意:例 9、例 10 的计算结果可以作为公式使用.

1. 求下列极限.

(1) $\lim\limits_{x \to 0} \dfrac{\sin 3x}{x}$;

(2) $\lim\limits_{x \to 0} \dfrac{\sin x}{x(x+4)}$;

(3) $\lim\limits_{x \to 0} \dfrac{\sin 2x}{\sin 5x}$;

(4) $\lim\limits_{x \to 0} \dfrac{\tan 2x}{\sin 4x}$;

(5) $\lim\limits_{x \to \infty} x \sin \dfrac{1}{x}$;

(6) $\lim\limits_{x \to 1} \dfrac{\sin(x-1)}{x^2-1}$;

(7) $\lim\limits_{n \to \infty} \dfrac{n}{2} R^2 \sin \dfrac{2\pi}{n}$;

(8) $\lim\limits_{x \to 0^+} \dfrac{x}{\sqrt{1-\cos x}}$;

(9) $\lim\limits_{x \to 0} \dfrac{1-\cos 4x}{x \sin x}$;

(10) $\lim\limits_{x \to 0} x \cot x$.

2. 求下列极限.

(1) $\lim\limits_{x \to \infty} \left(1 + \dfrac{1}{2x}\right)^x$;

(2) $\lim\limits_{x \to \infty} \left(\dfrac{x+1}{x}\right)^{2x}$;

(3) $\lim\limits_{x \to 0} (1-3x)^{\frac{1}{x}}$;

(4) $\lim\limits_{x \to \infty} \left(\dfrac{x}{1+x}\right)^{x+2}$;

(5) $\lim\limits_{x \to \infty} \left(\dfrac{2x-1}{2x+1}\right)^x$;

(6) $\lim\limits_{n \to \infty} \left(\dfrac{n+2}{n+1}\right)^{n+1}$;

(7) $\lim\limits_{x \to \frac{\pi}{2}} (1+2\cos x)^{-\sec x}$;

(8) $\lim\limits_{x \to \infty} \dfrac{e^{2x}-1}{x}$.

1.7　无穷小的比较

无穷小虽然都是以零为极限的函数,但是不同的无穷小趋向于零的"速度"不一定相同,有时可能差别很大.

例如,当 $x \to 0$ 时,$x, 2x, x^2$ 都是无穷小,但它们趋向于零的"速度"却不一样,如表 1-3 所示.

表 1-3

无穷小的比较

x	1	0.5	0.1	0.01	0.001	...
$2x$	2	1	0.2	0.02	0.002	...
x^2	1	0.25	0.01	0.0001	0.000001	...

显然,x^2 比 x 与 $2x$ 趋向于零的"速度"快得多.然而,快慢是相对的.下面考查两个无穷小之比的极限的各种不同情况,以此作为判断的依据,特引入以下定义.

定义 设 $\alpha=\alpha(x),\beta=\beta(x)$ 都是当 $x\to x_0$ 时的无穷小.

(1) 如果 $\lim\limits_{x\to x_0}\dfrac{\beta}{\alpha}=0$,则称 β 是比 α 高阶的无穷小,记作 $\beta=o(\alpha)$;

(2) 如果 $\lim\limits_{x\to x_0}\dfrac{\beta}{\alpha}=\infty$,则称 β 是比 α 低阶的无穷小;

(3) 如果 $\lim\limits_{x\to x_0}\dfrac{\beta}{\alpha}=C(C\neq0)$,则称 β 与 α 是同阶的无穷小.

特别地,当 $C=1$ 时,称 β 与 α 是等价无穷小,记作 $\alpha\sim\beta$.

当 x 以其他方式变化时,如 $x\to\infty,x\to x_0^+$ 等,定义中的结论仍成立.

因为 $\lim\limits_{x\to0}\dfrac{x^2}{x}=0$,所以当 $x\to0$ 时,x^2 是比 x 高阶的无穷小.

因为 $\lim\limits_{x\to0}\dfrac{x}{2x}=\dfrac{1}{2}$,所以当 $x\to0$ 时,x 与 $2x$ 是同阶无穷小.

因为 $\lim\limits_{x\to0}\dfrac{\sin x}{x}=1$,所以当 $x\to0$ 时,$\sin x$ 与 x 是等价无穷小,即 $\sin x\sim x$.

关于等价无穷小,有下面两个定理.

定理 1 β 与 α 是等价无穷小的充分必要条件为 $\beta=\alpha+o(\alpha)$.

常用的等价无穷小有:当 $x\to0$ 时,$\sin x\sim x,\tan x\sim x,1-\cos x\sim\dfrac{1}{2}x^2,\ln(1+x)\sim x$,

$e^x-1\sim x$. 所以,当 $x\to0$ 时,有 $\sin x=x+o(x),\tan x=x+o(x),1-\cos x=\dfrac{1}{2}x^2+o(x^2)$,

$\ln(1+x)=x+o(x),e^x-1=x+o(x)$.

当 $x\to0$ 时,等价无穷小还有以下几种形式:

$$\sqrt[n]{1+x}-1\sim\frac{x}{n},\quad \arcsin x\sim x,\quad \arctan x\sim x.$$

定理 1 表明,当由 $\alpha(x)\sim\beta(x)$ 时,由 $\beta(x)$ 代替 $\alpha(x)$ 引起的误差相比 $\alpha(x)$ 要小得多. 因此,当 $|x|$ 很小时(记为 $|x|\ll1$),下列近似公式的误差很小:

$$\sin x\approx x,\quad \tan x\approx x,\quad 1-\cos x\approx\frac{1}{2}x^2,\quad \ln(1+x)\approx x,\quad e^x-1\approx x.$$

定理 2 设当 $x\to x_0$ 时,$\alpha\sim\alpha',\beta\sim\beta'$,且 $\lim\limits_{x\to x_0}\dfrac{\beta'}{\alpha'}$ 存在,则 $\lim\limits_{x\to x_0}\dfrac{\beta}{\alpha}=\lim\limits_{x\to x_0}\dfrac{\beta'}{\alpha'}$.

定理 2 表明,在求两个无穷小之比的极限时,分子及分母都可用等价无穷小代替. 因此,如果用来代替的无穷小选择得适当,可以使计算简化.

当 x 以其他方式变化时,如 $x\to\infty,x\to x_0^+$ 等,定理中的结论仍成立.

例 1 求 $\lim\limits_{x\to0}\dfrac{\sin3x}{\tan2x}$.

解 当 $x\to0$ 时,$\sin3x\sim3x,\tan2x\sim2x$,于是

$$\lim_{x\to0}\frac{\sin3x}{\tan2x}=\lim_{x\to0}\frac{3x}{2x}=\frac{3}{2}.$$

例 2 求 $\lim\limits_{x\to0}\dfrac{x(2x+1)}{\sin4x}$.

解 当 $x\to0$ 时,$\sin4x\sim4x$,于是

$$\lim_{x \to 0} \frac{x(2x+1)}{\sin 4x} = \lim_{x \to 0} \frac{x(2x+1)}{4x} = \lim_{x \to 0} \frac{2x+1}{4} = \frac{1}{4}.$$

例 3 求 $\lim\limits_{x \to 0} \dfrac{1-\cos x}{x^2}$.

解 当 $x \to 0$ 时，$1-\cos x \sim \dfrac{1}{2}x^2$，于是

$$\lim_{x \to 0} \frac{1-\cos x}{x^2} = \lim_{x \to 0} \frac{\frac{1}{2}x^2}{x^2} = \frac{1}{2}.$$

例 4 求 $\lim\limits_{x \to 0} \dfrac{\ln(1+x)}{e^x-1}$.

解 当 $x \to 0$ 时，$\ln(1+x) \sim x$，$e^x-1 \sim x$，于是

$$\lim_{x \to 0} \frac{\ln(1+x)}{e^x-1} = \lim_{x \to 0} \frac{x}{x} = 1.$$

例 5 求 $\lim\limits_{x \to 0} \dfrac{\tan x - \sin x}{\sin^3 x}$.

解
$$\lim_{x \to 0} \frac{\tan x - \sin x}{\sin^3 x} = \lim_{x \to 0} \frac{\sin x(1-\cos x)}{\sin^3 x \cos x} = \lim_{x \to 0} \frac{1}{\cos x} \cdot \frac{1-\cos x}{\sin^2 x}$$

$$= 1 \cdot \lim_{x \to 0} \frac{\frac{1}{2}x^2}{x^2} = \frac{1}{2}.$$

在例 4 中，我们对分子和分母采用整体的无穷小替换. 对于例 5，若一开始就用 $\sin x \sim x$，$\tan x \sim x$ 对原式作无穷小替换，将导致 $\lim\limits_{x \to 0} \dfrac{\tan x - \sin x}{\sin^3 x} = \lim\limits_{x \to 0} \dfrac{x-x}{x^3} = 0$ 的错误结果，读者应注意.

习题 1-7

等价无穷小的替换
求极限（习题课）

1. 试比较下列各对无穷小的阶.

(1) 当 $x \to 0$ 时，x^3 与 x；

(2) 当 $x \to \infty$ 时，$\dfrac{1}{x}$ 与 $\dfrac{1}{x^2}$；

(3) 当 $x \to 0$ 时，x 与 $x\cos x$；

(4) 当 $x \to 1$ 时，$\dfrac{1-x}{1+x}$ 与 $1-\sqrt[3]{x}$.

2. 利用等价无穷小求下列极限.

(1) $\lim\limits_{x \to 0} \dfrac{\sin 5x}{\sin 3x}$；

(2) $\lim\limits_{x \to 3} \dfrac{\sin(x-3)}{x^2-4x+3}$；

(3) $\lim\limits_{x \to 1} \dfrac{x^2-1}{\tan(x-1)}$；

(4) $\lim\limits_{x \to 0} \dfrac{1-\cos 2x}{x\sin 2x}$；

(5) $\lim\limits_{x \to 0} \dfrac{\ln(1+2x)}{e^{3x}-1}$；

(6) $\lim\limits_{x \to 0} \dfrac{\cos ax - \cos bx}{x^2}$；

(7) $\lim\limits_{x \to 0} \dfrac{\sqrt{1+x\sin x}-1}{x\tan x}$；

(8) $\lim\limits_{x \to 0} \dfrac{(1-\cos x)\arcsin 2x}{x^3}$.

1.8 函数的连续性

现实世界中许多事物的变化是连续不断的. 例如,气温的变化是连续不断的,具体地说,如果气温从 8 ℃升高到 12 ℃,那么它会经过 8 ℃与 12 ℃之间的每一个温度值达到 12 ℃;又如,自由落体运动的路程 h 是时间 t 的函数 $h=\dfrac{1}{2}gt^2$,在 t 连续变化的过程中,h 是连续不断地变化的;再如,随着时间的推移,植物的生长也是连续不断地变化的. 这种现象反映在数学上就是函数的连续性,它是微积分的又一重要概念.

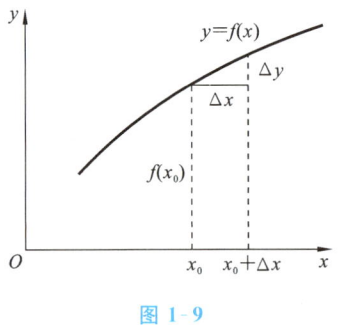

函数的连续性

一、函数连续性的概念

先引入函数改变量的概念.

如图 1-9 所示,设函数 $y=f(x)$ 在点 x_0 的领域内有定义,当自变量 x 在该区间内由 x_0 变到 x_1 时,差 x_1-x_0 称为自变量 x 在点 x_0 处的改变量(或增量),记作 Δx(可正可负),于是 $\Delta x=x_1-x_0,x_1=x_0+\Delta x$,差 $f(x_1)-f(x_0)$ 称为函数 $f(x)$ 对应的改变量,记作 Δy,即

$$\Delta y=f(x_1)-f(x_0)=f(x_0+\Delta x)-f(x_0).$$

下面考察函数 $f(x)$ 在某点 x_0 处连续的特征.

从直观上看,连续函数的图象是一条没有间断的曲线(见图 1-9),设函数 $f(x)$ 的图象在点 x_0 及其附近有定义且

图 1-9

不发生间断,由图 1-9 不难看出,当自变量 x 在点 x_0 处取得极其微小的改变量 Δx 时,函数的改变量 $\Delta y=f(x_0+\Delta x)-f(x_0)$ 也极其微小,即当 $\Delta x\to 0$ 时,$\Delta y\to 0$.

定义 1 设函数 $y=f(x)$ 在点 x_0 及其附近有定义,且有

$$\lim_{\Delta x\to 0}\Delta y=0 \quad \text{或} \quad \lim_{\Delta x\to 0}[f(x_0+\Delta x)-f(x_0)]=0,$$

则称函数 $y=f(x)$ 在点 x_0 处连续,点 x_0 称为函数 $f(x)$ 的连续点.

令 $x_0+\Delta x=x$,则当 $\Delta x\to 0$ 时,$x\to x_0$,因此上述定义中的第二式可改写成

$$\lim_{x\to x_0}[f(x)-f(x_0)]=0,$$

即 $\lim\limits_{x\to x_0}f(x)=f(x_0)$.

所以,函数 $y=f(x)$ 在点 x_0 处连续的定义可叙述如下.

定义 2 设函数 $y=f(x)$ 在点 x_0 及其附近有定义,且有

$$\lim_{x\to x_0}f(x)=f(x_0),$$

则称函数 $y=f(x)$ 在点 x_0 处连续.

例 1 证明 函数 $f(x)=x^3$ 在点 $x=2$ 处连续.

证明 因为 $f(x)=x^3$ 在点 $x=2$ 及其附近有定义,且 $\lim\limits_{x\to 2}x^3=8=f(2)$,所以 $f(x)=x^3$

在点 $x=2$ 处连续.

由定义 2 可知, $f(x)$ 在点 x_0 处连续必须同时满足以下 3 个条件:

(1) 函数 $f(x)$ 在点 x_0 处有定义;

(2) 函数 $f(x)$ 的极限 $\lim\limits_{x \to x_0} f(x)$ 存在;

(3) 这个极限值等于函数值 $f(x_0)$.

如果函数 $f(x)$ 在开区间 (a,b) 内的每一点处连续,则称 $f(x)$ 在开区间 (a,b) 内连续;如果函数 $f(x)$ 在开区间 (a,b) 内连续,且在端点 a 处右连续,在端点 b 处左连续,即

$$\lim_{x \to a^+} f(x) = f(a), \quad \lim_{x \to b^-} f(x) = f(b),$$

则称 $f(x)$ 在闭区间 $[a,b]$ 上连续, $f(x)$ 称为 $[a,b]$ 上的连续函数. 由函数 $f(x)$ 的全部连续点构成的区间称为该函数的连续区间. 在连续区间上,连续函数的图象是一条连续的曲线.

例 2　证明 $y = \sin x$ 在区间 $(-\infty, +\infty)$ 内是连续函数.

证明　对于任意 $x \in (-\infty, +\infty)$,

$$\Delta y = \sin(x + \Delta x) - \sin x = 2\sin\frac{\Delta x}{2}\cos\left(x + \frac{\Delta x}{2}\right).$$

因为

$$\left|\cos\left(x + \frac{\Delta x}{2}\right)\right| \leqslant 1, \quad \lim_{\Delta x \to 0} 2\sin\frac{\Delta x}{2} = 0,$$

所以有

$$\lim_{\Delta x \to 0} \Delta y = \lim_{\Delta x \to 0} 2\sin\frac{\Delta x}{2}\cos\left(x + \frac{\Delta x}{2}\right) = 0.$$

又因为 $x \in (-\infty, +\infty)$,所以 $y = \sin x$ 在 $(-\infty, +\infty)$ 内连续.

连续函数具有下面的运算法则.

法则 1　如果函数 $f(x)$, $g(x)$ 都在点 x_0 处连续,则 $f(x) \pm g(x)$, $f(x) \cdot g(x)$, $\dfrac{f(x)}{g(x)}$ $(g(x) \neq 0)$ 都在点 x_0 处连续.

法则 2　设函数 $y = f(u)$ 在 u_0 处连续,又函数 $u = \varphi(x)$ 在点 x_0 处连续,且 $u_0 = \varphi(x_0)$, 则复合函数 $y = f[\varphi(x)]$ 在点 x_0 处连续.

法则 2 说明了连续函数的复合函数仍为连续函数,并可得到以下结论:

$$\lim_{x \to x_0} f[\varphi(x)] = f[\varphi(x_0)] = f\left[\lim_{x \to x_0} \varphi(x)\right].$$

这表示连续函数的极限符号与函数符号可以交换次序.

法则 3　单调连续函数的反函数在其对应区间上也是单调连续的.

根据法则 3 可以证明初等函数在其定义域内是连续的,因此,当求初等函数在其定义域内某点处的极限时,只需要求出该点的函数值即可.

例 3　求 $\lim\limits_{x \to \frac{\pi}{2}} \ln(\sin x)$.

解　因为 $x = \dfrac{\pi}{2}$ 是函数 $\ln(\sin x)$ 一个定义区间 $(0, \pi)$ 内的点,所以

$$\lim_{x \to \frac{\pi}{2}} \ln(\sin x) = \ln\left(\sin\frac{\pi}{2}\right) = \ln 1 = 0.$$

例 4 求 $\lim\limits_{x \to \frac{1}{2}} \sqrt{1-x^2}$.

解 因为 $x = \dfrac{1}{2}$ 是函数 $\sqrt{1-x^2}$ 定义域 $[-1,1]$ 内的点,所以

$$\lim\limits_{x \to \frac{1}{2}} \sqrt{1-x^2} = \sqrt{1-\left(\frac{1}{2}\right)^2} = \frac{\sqrt{3}}{2}.$$

二、函数的间断点

如果函数 $f(x)$ 在点 x_0 处不满足连续的条件,则称函数 $f(x)$ 在点 x_0 处不连续或间断. 点 x_0 称为函数 $f(x)$ 的不连续点或间断点.

显然,如果函数 $f(x)$ 在点 x_0 处有以下 3 种情形之一,则点 x_0 为 $f(x)$ 的间断点:

(1) $f(x)$ 在点 x_0 处没有定义;

(2) $f(x)$ 在点 x_0 处有定义,但 $\lim\limits_{x \to x_0} f(x)$ 不存在;

(3) 虽然 $f(x_0)$ 有定义,且 $\lim\limits_{x \to x_0} f(x)$ 存在,但 $\lim\limits_{x \to x_0} f(x) \neq f(x_0)$.

例 5 讨论函数 $f(x) = \dfrac{x^2-9}{x-3}$ 的连续性.

解 因为函数 $f(x) = \dfrac{x^2-9}{x-3}$ 在点 $x=3$ 处没有定义,

所以点 $x=3$ 是该函数的间断点(见图 1-10).

对于这个函数需注意的是,当 $x \to 3$ 时极限是存在的.

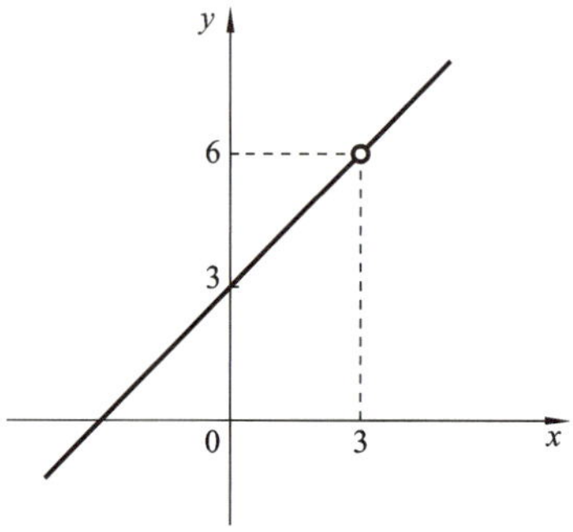

例 6 讨论函数 $f(x) = \begin{cases} \dfrac{\sin 3x}{x}, & x \neq 0, \\ 2, & x = 0 \end{cases}$ 在 $x=0$ 处

的连续性.

图 1-10

解 因为函数 $f(x)$ 在点 $x=0$ 处有定义,且 $f(0)=2$,所以 $\lim\limits_{x \to 0} f(x) = \lim\limits_{x \to 0} \dfrac{\sin 3x}{x} = 3$. 由于 $\lim\limits_{x \to 0} f(x) = 3 \neq f(0) = 2$,所以点 $x=0$ 为该函数的间断点.

在点 x_0 处,函数的极限存在,这样的间断点 x_0 称为可去间断点.

例 7 讨论函数 $f(x) = \begin{cases} x-1, & x<0, \\ 0, & x=0, \\ x+1, & x>0 \end{cases}$ 在点 $x=0$

处的连续性.

解 函数 $f(x)$ 虽在点 $x=0$ 处有定义,但

$$\lim\limits_{x \to 0^-} f(x) = \lim\limits_{x \to 0^-} (x-1) = -1,$$
$$\lim\limits_{x \to 0^+} f(x) = \lim\limits_{x \to 0^+} (x+1) = 1,$$

即在点 $x=0$ 处左、右极限不相等,所以 $\lim\limits_{x \to 0} f(x)$ 不存在.

因此,点 $x=0$ 是该函数的间断点(见图 1-11).

在点 x_0 处,函数的左、右极限存在但不相等,这样的间断点称为跳跃间断点.

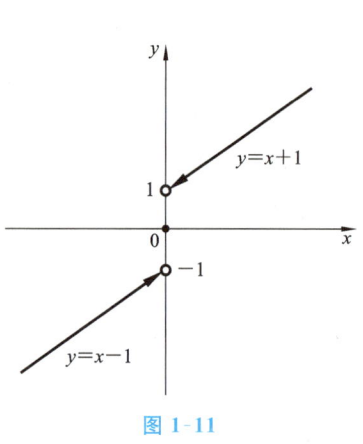

图 1-11

可去间断点与跳跃间断点统称为第一类间断点,其余间断点统称为第二类间断点.

例8　讨论函数 $f(x)=\dfrac{1}{x}$ 在点 $x=0$ 处的连续性.

解　因为函数 $f(x)=\dfrac{1}{x}$ 在点 $x=0$ 处没有定义,所以点 $x=0$ 是该函数的间断点.

对于这个函数, $\lim\limits_{x\to0}\dfrac{1}{x}=\infty$,即当 $x\to0$ 时,函数 $f(x)=\dfrac{1}{x}$ 无穷大.

这样的间断点属于第二类间断点,也称无穷间断点.

三、闭区间上连续函数的性质

定理1(最大值和最小值定理)　如果函数 $f(x)$ 在闭区间 $[a,b]$ 上连续,则函数 $f(x)$ 在 $[a,b]$ 上必有最大值和最小值.

这就是说,在 $[a,b]$ 上至少有一点 ξ_1 和一点 ξ_2 ,使得对于 $[a,b]$ 上的一切 x 值,有
$$f(\xi_2)\leqslant f(x)\leqslant f(\xi_1).$$
这里 $f(\xi_1),f(\xi_2)$ 分别称为函数 $f(x)$ 在闭区间 $[a,b]$ 的最大值和最小值(见图 1-12).

开区间内的连续函数不一定有此性质.

例如, $y=x$ 在开区间 $(1,2)$ 内连续,但它在 $(1,2)$ 内既无最大值,又无最小值.

函数在闭区间上有间断点,也不一定有此性质.

例如,函数 $f(x)=\begin{cases}x+1, & -1\leqslant x<0,\\ 0, & x=0,\\ x-1, & 0<x\leqslant1\end{cases}$ 在闭区间 $[-1,1]$ 上有间断点 $x=0$,但它在闭

区间 $[-1,1]$ 上无最大值和最小值(见图 1-13).

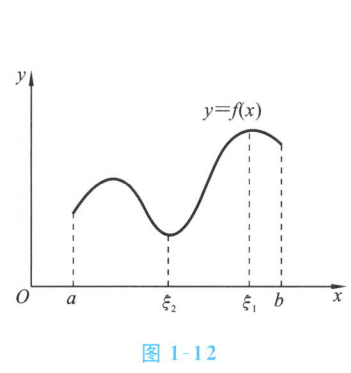

图 1-12

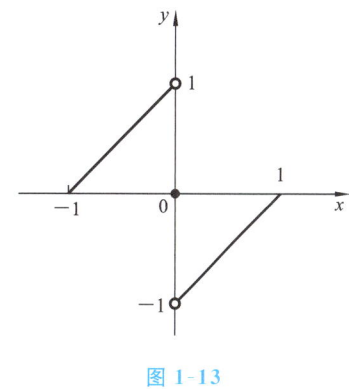

图 1-13

定理2(介值定理)　如果函数 $f(x)$ 在闭区间 $[a,b]$ 上连续, m,M 分别为 $f(x)$ 在 $[a,b]$ 上的最小值和最大值,则对于满足 $m\leqslant\mu\leqslant M$ 的任何实数 μ ,至少存在一点 $\xi\in[a,b]$,使得 $f(\xi)=\mu$.

定理2的几何意义可以由图 1-14 中看出,水平直线 $y=\mu(m\leqslant\mu\leqslant M)$ 与 $[a,b]$ 上的连续曲线 $y=f(x)$ 至少相交一次,如果交点的横坐标 $x=\xi$ (图中 ξ_1,ξ_2 都可取作 ξ),则有 $f(\xi)=\mu$.

推论(零点定理)　如果函数 $f(x)$ 在闭区间 $[a,b]$ 上连续,且 $f(a)$ 与 $f(b)$ 异号,则至少存在一点 $\xi\in(a,b)$,使得 $f(\xi)=0$.

这里因为 $f(a)$ 与 $f(b)$ 异号，$\mu=0$ 就是在 $f(a)$ 与 $f(b)$ 之间的一个值，根据介值定理就可得到这一结论．

其几何意义为：连续曲线 $y=f(x)$ 的端点在 x 轴的两侧时，曲线与 x 轴至少相交一次（见图 1-15）．

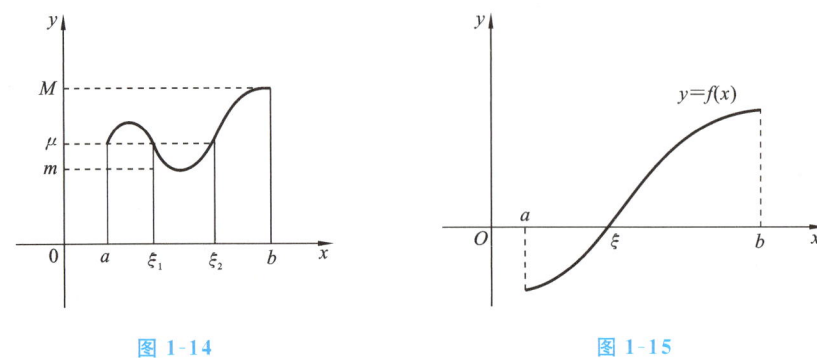

图 1-14　　　　　　　　图 1-15

例 9 证明：三次代数方程 $x^3-4x+1=0$ 在区间 $(0,1)$ 内至少有一个实根．

证明 设 $f(x)=x^3-4x+1$，因为函数 $f(x)$ 是初等函数，定义域是 $(-\infty,+\infty)$，所以它在闭区间 $[0,1]$ 上连续．

又因为函数在区间 $[0,1]$ 的端点处的函数值分别为 $f(0)=1>0$，$f(1)=-2<0$，根据介值定理的推论，至少存在一点 $\xi\in(0,1)$，使得 $f(\xi)=0$．此即说明方程 $x^3-4x+1=0$ 在 $(0,1)$ 内至少有一个实根 ξ．

习题 1-8

函数的连续性
（习题课）

1. 填空题．

（1）已知函数 $f(x)=\begin{cases}\dfrac{x^2-16}{x-4}, & x\neq4 \\ a, & x=4\end{cases}$ 在 $x=4$ 处连续，则 $a=$＿＿＿＿＿＿＿；

（2）已知函数 $f(x)=\begin{cases}a\mathrm{e}^x, & x<0 \\ a^2+x, & x\geqslant0\end{cases}$ 在 $x=0$ 处连续，则 $a=$＿＿＿＿＿＿＿．

2. 设 $f(x)=\begin{cases}x^2, & x<1 \\ 2x+1, & x\geqslant1,\end{cases}$ 讨论 $f(x)$ 在点 $x=1$ 处的连续性．

3. 设 $f(x)=\begin{cases}\dfrac{\sin3x}{x}, & x<0 \\ x^2+3, & x\geqslant0,\end{cases}$ 讨论 $f(x)$ 在点 $x=0$ 处的连续性．

4. 求下列函数的极限．

（1）$\lim\limits_{x\to0}\dfrac{\mathrm{e}^{x^2}\cos x}{\arcsin(1+x)}$;　　　　（2）$\lim\limits_{x\to+\infty}x[\ln(x+1)-\ln x]$;

（3）$\lim\limits_{x\to+\infty}\sin(\arctan x)$;　　　　（4）$\lim\limits_{x\to0}\dfrac{\sqrt{1+x+x^2}-1}{\sin2x}$.

5. 求下列函数的间断点，并判断其类型．

（1）$f(x)=\dfrac{x^2-1}{x^2-3x+2}$；

（2）$f(x)=\dfrac{x}{\sin x}$；

（3）$f(x)=\dfrac{x^2-1}{x^2-3x+2}$；

（4）$f(x)=\begin{cases}3-x^2, & x<0,\\ 0, & x=0,\\ \dfrac{\sin 3x}{x}, & x>0.\end{cases}$

6．证明：$y=\sqrt{x}$ 在 $[0,+\infty)$ 上连续．

7．证明：方程 $x\cdot 2^x-1=0$ 至少有一个小于1的实根．

数 学 实 验

函数与极限例1　　　函数与极限例2　　　函数与极限例3

知识拓展

极限的发展史

公元前770—前221年，在《庄子》"天下篇"中记录："一尺之棰，日取其半，万世不竭."这句话的意思是有一根一尺长的木棍，如果一个人每天取它的一半，那么他永远也取不完．庄子这句话充分体现出了古人对极限的一种思考，也形象地描述出了"无穷小量"的实际范例．

公元3世纪，刘徽（约225—295年）在《九章算术注》中创立了"割圆术"．用现代语言描述他的方法即是：假设一个圆的半径为一尺，在圆中内接一个正六边形，在此后每次将正多边形的边数增加一倍，从而用勾股定理算出内接的正十二边形、正二十四边形、正四十八边形等多边形的面积．随着边数的增加，多边形的面积会越来越接近圆的面积．刘徽运用这种类似极限的思想求出了圆周率的近似值．由于这种方法与现代极限理论的思想非常接近，刘徽也因此被誉为中国史上第一个将极限思想用于数学计算的人．

到了17世纪，牛顿（Newton，1642—1727年）、莱布尼茨（Leibniz，1646—1716年）利用极限的方法创立了微积分．然而，在那个时期，他们的极限理论还不够严密和清晰．

从18世纪到19世纪初，微积分的理论和主要内容基本上已经建立起来，但几乎所有的概念都是基于物理和几何原型的，具有很强的经验性和直观性．

直到19世纪，法国数学家柯西（Cauchy，1789—1857年）才明确地描述了极限的概念及理论，从而揭示了无穷小的本质．

复习题 1

1. 设 $f(x)=2x^2+x+1$，求 $f(x+1)$ 的表达式.

2. 设 $f(x)$ 的定义区间是 $[1,2]$，则 $f(x^2)$，$f(a-2x)$，$f(x+a)+f(x-a)$ 的定义区间各是什么 $(a>0)$？

3. 设 $f(x)$ 为定义在 $[-a,a]$ 上的任意函数，试证明：

(1) $f(x)+f(-x)$ 为偶函数； (2) $f(x)-f(-x)$ 为奇函数.

4. 由 $y=\sin x$ 的图象作下列函数的图象.

(1) $y=\sin 2x$； (2) $y=2\sin 2x$； (3) $y=1-2\sin 2x$.

5. 下列函数中，哪些是初等函数？

(1) $y=\dfrac{x^2-1}{x-1}$； (2) $y=\begin{cases}\dfrac{x^2-4}{x-1}, & x\neq 1 \\ 0, & x=1;\end{cases}$ (3) $y=\left[\dfrac{\sin(e^x-1)}{\lg(1+x^2)}\right]^{\frac{1}{2}}$.

6. 设 $f(x)=x+3$，求一个函数 $g(x)$，使 $f[g(x)]=\sqrt{\dfrac{5x+1}{3}}$.

7. 求极限.

(1) $\lim\limits_{x\to 0}\dfrac{\sqrt{x+1}-1}{\sqrt{x+4}-2}$； (2) $\lim\limits_{x\to +\infty}\dfrac{\sqrt{x^4+2x^2+1}}{2x^2}$；

(3) $\lim\limits_{x\to\infty}\left(\dfrac{2x+3}{2x+1}\right)^{x+1}$； (4) $\lim\limits_{x\to 0^+}\dfrac{2^{\frac{1}{x}}-1}{2^{\frac{1}{x}}+1}$；

(5) $\lim\limits_{x\to 0^-}\dfrac{2^{\frac{1}{x}}-1}{2^{\frac{1}{x}}+1}$； (6) $\lim\limits_{x\to 0}\dfrac{\sin(x^n)}{(\sin x)^m}$（$m,n$ 为正整数）.

8. 求下列函数的间断点，并判别其类型.

(1) $f(x)=\dfrac{x^3-8}{x-2}$； (2) $f(x)=\dfrac{2^{\frac{1}{x}}-1}{2^{\frac{1}{x}}+1}$；

(3) $f(x)=\begin{cases}e^{\frac{1}{x-1}}, & x>0, \\ \ln(1+x), & -1<x\leqslant 0.\end{cases}$

9. 设 $f(x)=\begin{cases}x\sin\dfrac{1}{x}, & x>0, \\ a+x^2, & x\leqslant 0,\end{cases}$ 要使 $f(x)$ 在 $(-\infty,+\infty)$ 内连续，应当怎样选择数 a？

10. 证明：方程 $x^2\cos x-\sin x=0$ 在开区间 $\left(-\dfrac{\pi}{2},\dfrac{\pi}{2}\right)$ 内至少有一个根.

11. 证明：

(1) $\lim\limits_{n\to\infty}\left(\dfrac{1}{\sqrt{n^2+1}}+\dfrac{1}{\sqrt{n^2+2}}+\cdots+\dfrac{1}{\sqrt{n^2+n}}\right)=1$；

(2) $\lim\limits_{n\to\infty}n\left(\dfrac{1}{n^2+\pi}+\dfrac{1}{n^2+2\pi}+\cdots+\dfrac{1}{n^2+n\pi}\right)=1$.

第1章参考答案

自测题 1

1. 选择题.

(1) $f(x)=\dfrac{x^2-4}{x+2}$ 与 $\varphi(x)=x-2$ 是否为同一函数？（　　）.

A. 是　　　　　　　B. 不是　　　　　　　C. 不一定　　　　　　　D. 不能比较

(2) 设 $f(x)=1+x^2,\varphi(x)=\sin 3x$，则（　　）.

A. $f[\varphi(x)]=1+\sin 3x$　　　　　　　B. $f[\varphi(x)]=1+\sin^2 3x$

C. $f[\varphi(x)]=\sin^2 3x$　　　　　　　D. $f[\varphi(x)]=1+\sin 3x^2$

(3) 设 $f(x)=\dfrac{\lg(3-x)}{\sqrt{|x|-1}}$，则 $f(x)$ 的定义域为（　　）.

A. $(-\infty,-1)\bigcup(1,3)$　　　　　　　B. $(-\infty,-3)\bigcup(1,3)$

C. $(-\infty,-1)\bigcup[1,3]$　　　　　　　D. $(-\infty,-1]\bigcup(1,3)$

(4) 将函数 $f(x)=|x-1|+2$ 用分段函数的形式表示为（　　）.

A. $f(x)=\begin{cases}x+3, & x\geqslant 1\\ -x+1, & x<1\end{cases}$　　　　　　　B. $f(x)=\begin{cases}x+1, & x\geqslant 1\\ -x+1, & x<1\end{cases}$

C. $f(x)=\begin{cases}x+1, & x\geqslant 2\\ -x+3, & x<2\end{cases}$　　　　　　　D. $f(x)=\begin{cases}x+1, & x\geqslant 1\\ -x+3, & x<1\end{cases}$

(5) 设函数 $f(x)=\begin{cases}x^2+1, & x<0\\ x, & x>0\end{cases}$，则（　　）.

A. $\lim\limits_{x\to 0}f(x)$ 存在　　　　　　　B. $\lim\limits_{x\to 0}f(x)$ 不存在

C. $\lim\limits_{x\to 0}f(x)=1$　　　　　　　D. $\lim\limits_{x\to 0}f(x)=0$

(6) $\lim\limits_{x\to 1}\dfrac{1-\sqrt{x}}{1-\sqrt[3]{x}}=$（　　）.

A. $\dfrac{3}{2}$　　　　　　　B. $\dfrac{2}{3}$　　　　　　　C. $\dfrac{1}{3}$　　　　　　　D. $\dfrac{1}{2}$

(7) $\lim\limits_{x\to 0}(x^3+x^2)\sin\dfrac{1}{x}=$（　　）.

A. ∞　　　　　　　B. -1　　　　　　　C. 0　　　　　　　D. 1

(8) 设函数 $f(x)=\begin{cases}1-\mathrm{e}^x, & x<0\\ a+x, & x\geqslant 0\end{cases}$，当 $a=$（　　）时，可使 $f(x)$ 在其定义域内连续.

A. 2　　　　　　　B. -1　　　　　　　C. 0　　　　　　　D. 1

(9) 设函数 $f(x)=\begin{cases}4x, & 0\leqslant x\leqslant 2\\ 1+x^2, & 2<x\leqslant 4\end{cases}$，点 $x=2$ 是函数的（　　）.

A. 连续点　　　　　B. 可去间断点　　　　　C. 跳跃间断点　　　　　D. ∞ 型间断点

(10) 当 $x\to 0$ 时，$\ln(1+x)$ 是比（或与）x（　　）.

A. 高阶的无穷小　　　　　　　B. 低阶的无穷小

C. 同阶但不等价无穷的小　　　　　　　D. 等价的无穷小

2. 填空题.

(1) 设 $f(x)=x^2+x+2$,则 $f(x+1)$ 的表达式为_____.

(2) 函数 $y=\dfrac{1}{\sqrt{x^2-1}}+\lg(4-x)$ 的定义域是_____.

(3) 设 $f(x)=\begin{cases}2+x, & x<0,\\0, & x=0,\\x^2-1, & 0<x\leqslant 4,\end{cases}$ 则 $f(x)$ 的定义域为_____,$f(-1)=$ _____,$f(2)=$ _____.

(4) 已知 $f(x)=x^2$,$g(x)=\mathrm{e}^x$,则 $f[g(x)]=$ _____,$g[f(x)]=$ _____.

(5) $y=\cos^2(4x-1)$ 是由哪些简单函数复合而成的? _____.

(6) 已知 $\tan x$,当 $x\to 0$ 时,$\tan x$ 是无穷小还是无穷大? _____.

(7) $\lim\limits_{x\to 3}\dfrac{x-3}{x^2+1}=$ _____.

(8) $\lim\limits_{x\to 3}\left(\dfrac{1}{x-2}-\dfrac{2}{x^2-4}\right)=$ _____.

(9) $\lim\limits_{x\to 1}\dfrac{3x+1}{x^2-2x+1}=$ _____.

(10) $\lim\limits_{x\to\infty}\dfrac{x^3-4x+1}{2x^3+x-1}=$ _____.

(11) $\lim\limits_{x\to\infty}\dfrac{(x-1)^{10}(2x+1)^{20}}{(3x+2)^{30}}=$ _____.

(12) 已知 $y=\begin{cases}\mathrm{e}^{\frac{1}{x}}, & x<0,\\1, & x=0,\\x, & x>0,\end{cases}$ 其中点 $x=0$ 是什么类型的间断点? _____.

3. 计算题.

(1) 求函数 $y=\lg(\cos x)$ 的定义域.

(2) 求 $\lim\limits_{x\to 5}\dfrac{x^2-25}{x-5}$.

(3) 求 $\lim\limits_{x\to 2}\dfrac{x^2-3x+2}{x^2-x-2}$.

(4) 求 $\lim\limits_{x\to 0}\dfrac{\sin x}{x^3+2x}$.

(5) 求 $\lim\limits_{x\to 0}\dfrac{\sin^2 ax}{x^2}$.

(6) 求 $\lim\limits_{x\to\infty}\left(\dfrac{x^2+1}{x^2}\right)^{x^2+1}$.

(7) 求 $\lim\limits_{x\to\infty}\left(1+\dfrac{2}{x}\right)^{x+3}$.

(8) 求 $\lim\limits_{x\to 0}\dfrac{\sin\alpha x+x^2}{\tan\beta x}$ $(\beta\neq 0)$.

(9) 求 $\lim\limits_{x\to 1}\dfrac{\sqrt{3}-\sqrt{2+x}}{1-\sqrt[3]{x}}$.

(10) 设 $f(x)=\begin{cases}3x, & -1<x<1,\\2, & x=1,\\3x^2, & 1<x<2,\end{cases}$ 求 $\lim\limits_{x\to 0}f(x)$,$\lim\limits_{x\to 1}f(x)$,$\lim\limits_{x\to\frac{3}{2}}f(x)$.

4. 综合题.

(1) 有一抛物线形拱桥,跨度 20 m,高 4 m,选择适当的坐标系,将拱桥抛物线上的点的

纵坐标 y 表示成横坐标 x 的函数,并求定义域.

（2）用铁皮做一个容积为 V 的长方体,它的底为正方形,将它的表面积 S 表示成底边 a 的函数,并求其定义域.

（3）确定常数 a 的值,使函数

$$f(x)=\begin{cases} \mathrm{e}^x(\sin x+2\cos^2 x-1), & x\leqslant 0, \\ 2x+a, & x>0 \end{cases}$$

在 $(-\infty,+\infty)$ 内连续.

（4）求极限 $\lim\limits_{x\to 0}(1+|x|)^{\frac{1}{x}}$.

（5）利用当 $x\to 0$ 时 $\mathrm{e}^x-1\sim x$,求极限 $\lim\limits_{x\to 0}\dfrac{\sqrt{1+\sin x}-1}{\mathrm{e}^x-1}$.

第2章　导数与微分

　　导数、微分以及它们的计算和应用统称微分学. 微分学是微积分的重要组成部分,它的基本概念是导数与微分. 导数研究的是函数相对于自变量变化而变化的快慢程度,微分研究的是当自变量有微小变化时,函数大致变化了多少. 在这一章中,我们主要讨论导数与微分的概念以及它们的计算方法.

2.1　导数的概念

一、引例

1. 切线的斜率

导数的概念

　　定义 1　曲线 $y=f(x)$ 在点 $M(x_0,y_0)$ 处连续,在点 M 的邻近处取点 $N(x_0+\Delta x,y_0+\Delta y)$(在曲线 $y=f(x)$ 上),当点 N 沿曲线接近于点 M 时,称割线 MN 的极限位置 MT 为曲线在点 M 处的切线,点 M 称为切点(见图 2-1).

　　设割线 MN 的倾斜角为 φ,则其斜率为

$$\tan\varphi=\frac{\Delta y}{\Delta x}=\frac{f(x_0+\Delta x)-f(x_0)}{\Delta x}$$

　　设切线 MT 的倾斜角为 α,当点 N 沿曲线趋向于点 M 时,$\Delta x\to 0$,$\varphi\to\alpha$,则切线 MT 的斜率是割线 MN 的斜率的极限,即

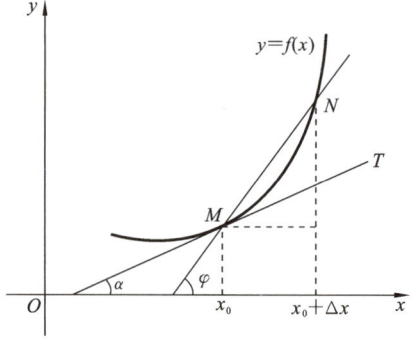

图 2-1

$$k_{MT}=\tan\alpha=\lim_{\varphi\to\alpha}\tan\varphi=\lim_{\Delta x\to 0}\frac{\Delta y}{\Delta x}=\lim_{\Delta x\to 0}\frac{f(x_0+\Delta x)-f(x_0)}{\Delta x}.$$

2. 变速直线运动的瞬时速度

在物理学中,若一质点做直线运动,其位移 s 是时间 t 的函数,记为 $s=s(t)$,则从时刻 t_0 到 $t_0+\Delta t$ 的时间间隔内平均速度为

$$\bar{v}=\frac{\Delta s}{\Delta t}=\frac{s(t_0+\Delta t)-s(t_0)}{\Delta t}.$$

在匀速直线运动中,这个比值是常数,但在变速直线运动中,它不仅与 t_0 有关,而且与 Δt 有关. 当 $|\Delta t|$ 很小时,显然平均速度 $\bar{v}$ 与 t_0 时刻的瞬时速度 $v(t_0)$ 无限接近,则当 $\Delta t \to 0$ 时,质点在 t_0 时刻的瞬时速度是平均速度 $\bar{v}$ 的极限,即

$$v(t_0)=\lim_{\Delta t \to 0}\bar{v}=\lim_{\Delta t \to 0}\frac{\Delta s}{\Delta t}=\lim_{\Delta t \to 0}\frac{s(t_0+\Delta t)-s(t_0)}{\Delta t}.$$

二、导数的定义

上述两个例子,一个是几何问题,一个是物理问题,它们的实际意义不同,但从数量关系分析,却是相同的,都是研究函数的增量与自变量增量之比的极限问题,这类问题在科学技术中经常遇到,也正是这类问题的研究促进了导数概念的诞生.

定义 2　设函数 $y=f(x)$ 在点 x_0 的一个邻域内有定义,当自变量 x 在点 x_0 处有增量 $\Delta x(x_0+\Delta x$ 仍在该邻域内)时,相应的函数的增量 $\Delta y=f(x_0+\Delta x)-f(x_0)$. 若当 $\Delta x \to 0$ 时,$\dfrac{\Delta y}{\Delta x}$ 的极限存在,则称函数 $y=f(x)$ 在点 x_0 处可导,并称这个极限值为函数 $y=f(x)$ 在点 x_0 处的导数,记为 $y'|_{x=x_0}$,即

$$y'|_{x=x_0}=\lim_{\Delta x \to 0}\frac{\Delta y}{\Delta x}=\lim_{\Delta x \to 0}\frac{f(x_0+x)-f(x_0)}{\Delta x}; \tag{2-1}$$

或记为

$$f'(x_0), \quad \frac{\mathrm{d}y}{\mathrm{d}x}\bigg|_{x=x_0}, \quad \frac{\mathrm{d}}{\mathrm{d}x}f(x)\bigg|_{x=x_0}.$$

函数 $y=f(x)$ 在点 x_0 处可导有时也说成函数 $y=f(x)$ 在点 x_0 处具有导数或导数存在. 如果式(2-1)极限不存在,则函数 $y=f(x)$ 在点 x_0 处不可导,或不具有导数,或导数不存在. 如果不可导的原因是 $\Delta x \to 0$ 时,$\dfrac{\Delta y}{\Delta x}\to\infty$,这时为了方便起见,称 $y=f(x)$ 在点 x_0 处的导数为无穷大.

导数的定义式也可以表示为

$$f'(x_0)=\lim_{x \to x_0}\frac{f(x)-f(x_0)}{x-x_0}.$$

由导数的定义,曲线 $y=f(x)$ 在点 x_0 处的切线的斜率 k 就是函数 $y=f(x)$ 在点 x_0 处的导数,即 $k=f'(x_0)$;变速直线运动在 t_0 时刻的瞬时速度就是位移函数 $s=s(t)$ 在 t_0 处的导数,即 $v=s'(t_0)$.

定义 3　如果 $\lim\limits_{\Delta x \to 0^-}\dfrac{f(x_0+\Delta x)-f(x_0)}{\Delta x}$ 存在,则称这个极限值为函数 $y=f(x)$ 在点 x_0 处的左导数,记为 $f'_-(x_0)$.

同样,如果 $\lim\limits_{\Delta x \to 0^+}\dfrac{f(x_0+x)-f(x_0)}{\Delta x}$ 存在,则称这个极限值为函数 $y=f(x)$ 在点 x_0 处的

右导数,记为 $f'_+(x_0)$.

定理 1 函数 $y=f(x)$ 在点 x_0 处可导的充分必要条件是函数 $y=f(x)$ 在点 x_0 处的左、右导数都存在且相等.

定义 4 如果函数 $y=f(x)$ 在开区间 (a,b) 内每一点都可导,则称函数 $f(x)$ 在开区间 (a,b) 内可导,这时函数 $y=f(x)$ 对于开区间 (a,b) 内的每一个确定的值 x,都对应着一个确定的导数,这样就构成了一个新的函数,这个函数称为函数 $y=f(x)$ 的**导函数**,也简称为**导数**,记为 y',$f'(x)$,$\dfrac{\mathrm{d}y}{\mathrm{d}x}$ 或 $\dfrac{\mathrm{d}}{\mathrm{d}x}f(x)$,即

$$y'=\lim_{\Delta x\to 0}\frac{f(x+\Delta x)-f(x)}{\Delta x}. \tag{2-2}$$

当 $x_0\in(a,b)$ 时,函数 $f(x)$ 在点 x_0 处的导数 $f'(x_0)$ 就是函数 $f(x)$ 在开区间 (a,b) 内的导数 $f'(x)$ 在点 x_0 处的函数值,即 $f'(x_0)=f'(x)|_{x=x_0}$.

定义 5 如果函数 $f(x)$ 在 (a,b) 内可导,且 $f'_+(a)$,$f'_-(b)$ 都存在,则称函数 $f(x)$ 在闭区间 $[a,b]$ 上可导.

由导数的定义,求函数 $y=f(x)$ 在 x 处的导数的步骤如下.

(1) 求增量:$\Delta y=f(x+\Delta x)-f(x)$.

(2) 求比值:$\dfrac{\Delta y}{\Delta x}=\dfrac{f(x+\Delta x)-f(x)}{\Delta x}$.

(3) 求极限:$f'(x)=\lim\limits_{\Delta x\to 0}\dfrac{\Delta y}{\Delta x}=\lim\limits_{\Delta x\to 0}\dfrac{f(x+\Delta x)-f(x)}{\Delta x}$.

例 1 求常数 $f(x)=c$(c 为常数)的导数.

解 $\Delta y=f(x+\Delta x)-f(x)=c-c=0$,从而 $\dfrac{\Delta y}{\Delta x}=\dfrac{0}{\Delta x}=0$,所以

$$f'(x)=\lim_{\Delta x\to 0}\frac{\Delta y}{\Delta x}=\lim_{\Delta x\to 0}0=0,$$

即

$$(c)'=0.$$

也就是说,常数的导数等于 0.

例 2 求函数 $y=x^n$(n 为正整数)的导数.

解
$$
\begin{aligned}
\Delta y &=(x+\Delta x)^n-x^n\\
&=[x^n+C_n^1 x^{n-1}(\Delta x)+C_n^2 x^{n-2}(\Delta x)^2+\cdots+C_n^{n-1}x(\Delta x)^{n-1}+C_n^n(\Delta x)^n]-x^n\\
&=C_n^1 x^{n-1}(\Delta x)+C_n^2 x^{n-2}(\Delta x)^2+\cdots+C_n^{n-1}x(\Delta x)^{n-1}+C_n^n(\Delta x)^n,
\end{aligned}
$$

从而
$$
\begin{aligned}
\frac{\Delta y}{\Delta x}&=\frac{C_n^1 x^{n-1}(\Delta x)+C_n^2 x^{n-2}(\Delta x)^2+\cdots+C_n^{n-1}x(\Delta x)^{n-1}+C_n^n(\Delta x)^n}{\Delta x}\\
&=C_n^1 x^{n-1}+C_n^2 x^{n-2}(\Delta x)+\cdots+C_n^{n-1}x(\Delta x)^{n-2}+C_n^n(\Delta x)^{n-1},
\end{aligned}
$$

所以
$$
\begin{aligned}
y'&=\lim_{\Delta x\to 0}\frac{\Delta y}{\Delta x}\\
&=\lim_{\Delta x\to 0}[C_n^1 x^{n-1}+C_n^2 x^{n-2}(\Delta x)+\cdots+C_n^{n-1}x(\Delta x)^{n-2}+C_n^n(\Delta x)^{n-1}]\\
&=C_n^1 x^{n-1}=nx^{n-1},
\end{aligned}
$$

即

$$(x^n)'=nx^{n-1} \quad (n\text{ 为正整数}).$$

推广,对于实数 μ,有 $(x^{\mu})' = \mu x^{\mu-1}$.

注意:对求导过程熟练后,可直接利用导数的定义式(2-1)和式(2-2)求导.

例 3　求函数 $f(x) = \sin x$ 的导数.

解　$f'(x) = \lim\limits_{\Delta x \to 0} \dfrac{f(x + \Delta x) - f(x)}{\Delta x} = \lim\limits_{\Delta x \to 0} \dfrac{\sin(x + \Delta x) - \sin x}{\Delta x}$

$$= \lim\limits_{\Delta x \to 0} \left[\frac{1}{\Delta x} 2\cos\left(x + \frac{\Delta x}{2}\right) \cdot \sin\frac{\Delta x}{2} \right]$$

$$= \lim\limits_{\Delta x \to 0} \left[\cos\left(x + \frac{\Delta x}{2}\right) \cdot \frac{\sin\dfrac{\Delta x}{2}}{\dfrac{\Delta x}{2}} \right] = \lim\limits_{h \to 0} \cos\left(x + \frac{\Delta x}{2}\right) \cdot \lim\limits_{h \to 0} \frac{\sin\dfrac{\Delta x}{2}}{\dfrac{\Delta x}{2}}$$

$$= \cos x \cdot 1 = \cos x,$$

即　$$(\sin x)' = \cos x.$$

读者仿此可证 $(\cos x)' = -\sin x$.

例 4　求函数 $f(x) = \log_a x (a > 0,$ 且 $a \neq 1)$ 的导数.

解　$$f'(x) = \lim\limits_{\Delta x \to 0} \frac{f(x + \Delta x) - f(x)}{\Delta x} = \lim\limits_{\Delta x \to 0} \frac{\log_a(x + \Delta x) - \log_a x}{\Delta x}$$

$$= \lim\limits_{\Delta x \to 0} \log_a\left[\left(1 + \frac{\Delta x}{x}\right)^{\frac{1}{\Delta x}} \right] = \lim\limits_{\Delta x \to 0} \log_a\left[\left(1 + \frac{\Delta x}{x}\right)^{\frac{x}{\Delta x} \cdot \frac{1}{x}} \right]$$

$$= \frac{1}{x}\left[\lim\limits_{\Delta x \to 0} \log_a\left(1 + \frac{\Delta x}{x}\right)^{\frac{x}{\Delta x}} \right] = \frac{1}{x}\log_a e = \frac{1}{x\ln a},$$

即　$$(\log_a x)' = \frac{1}{x\ln a}.$$

特别地,$(\ln x)' = \dfrac{1}{x}$.

三、导数的实际意义

1. 导数的几何意义

从曲线的切线斜率的讨论及导数的定义可以知道,曲线 $y = f(x)$ 在切点 $M(x_0, y_0)$ 处的切线斜率 k 是函数 $y = f(x)$ 在点 x_0 处的导数,这就是导数的几何意义,即 $k = f'(x_0)$.

若 $f'(x_0)$ 存在,则曲线 $y = f(x)$ 在切点 $M(x_0, y_0)$ 处的切线方程为

$$y - y_0 = f'(x_0)(x - x_0).$$

定义 6　过切点 $M(x_0, y_0)$ 且垂直于切线的直线称为曲线 $y = f(x)$ 在切点 $M(x_0, y_0)$ 处的法线.

若 $f'(x_0)$ 存在且 $f'(x_0) \neq 0$,则曲线 $y = f(x)$ 在切点 $M(x_0, y_0)$ 处的法线方程为

$$y - y_0 = -\frac{1}{f'(x_0)}(x - x_0).$$

若 $f'(x_0) = 0$,这时曲线 $y = f(x)$ 在切点 $M(x_0, y_0)$ 处的切线平行于 x 轴,其方程为 $y = y_0$,法线垂直于 x 轴,其方程为 $x = x_0$.

若 $y = f(x)$ 在点 x_0 处的导数为无穷大,这时曲线 $y = f(x)$ 在切点 $M(x_0, y_0)$ 处有垂直

导数的几何意义和物理意义

于 x 轴的切线,其方程为 $x=x_0$,法线平行于 x 轴,其方程为 $y=y_0$(可参考例 6).

例 5 求曲线 $y=\sin x$ 在 $\left(\dfrac{\pi}{3},\dfrac{\sqrt{3}}{2}\right)$ 处的切线与法线方程.

解 根据导数的几何意义,所求切线的斜率为

$$k=y'\big|_{x=\frac{\pi}{3}}=\cos x\big|_{x=\frac{\pi}{3}}=\frac{1}{2},$$

则所求切线方程为

$$y-\frac{\sqrt{3}}{2}=\frac{1}{2}\left(x-\frac{\pi}{3}\right),$$

即

$$x-2y+\sqrt{3}-\frac{\pi}{3}=0.$$

法线方程为

$$y-\frac{\sqrt{3}}{2}=-2\left(x-\frac{\pi}{3}\right),$$

即

$$2x+y-\frac{2\pi}{3}-\frac{\sqrt{3}}{2}=0.$$

2. 导数的物理意义

对于不同的物理量,导数的物理意义不同,如下.

(1) 变速直线运动位移函数 $s=s(t)$ 的导数就是速度,即 $s'(t)=v(t)$.

(2) $Q=Q(t)$ 是通过导体某截面的电量,它是时间 t 的函数,$Q(t)$ 对时间的导数就是电流 $I(t)$,即 $Q'(t)=I(t)$.

(3) $M=M(x)$ 是质量分布函数,它是长度 x 的函数,$M(x)$ 对长度 x 的导数就是质量非均匀分布的细杆在 x 处的线密度 $\rho(x)$,即 $M'(x)=\rho(x)$.

四、函数的可导性与连续性的关系

函数 $y=f(x)$ 在点 x_0 处连续是指 $\lim\limits_{\Delta x\to 0}\Delta y=0$,函数 $y=f(x)$ 在点 x_0 处可导是指 $\lim\limits_{\Delta x\to 0}\dfrac{\Delta y}{\Delta x}$ 存在,那么这两者之间有什么联系呢?

定理 2 如果函数 $y=f(x)$ 在点 x_0 处可导,则函数 $y=f(x)$ 在点 x_0 处连续.

证 因为函数 $y=f(x)$ 在点 x_0 处可导,所以 $\lim\limits_{\Delta x\to 0}\dfrac{\Delta y}{\Delta x}$ 存在,设为 A.

由于

$$\Delta y=\frac{\Delta y}{\Delta x}\cdot \Delta x,$$

则

$$\lim_{\Delta x\to 0}\Delta y=\lim_{\Delta x\to 0}\frac{\Delta y}{\Delta x}\cdot \Delta x=\lim_{\Delta x\to 0}\frac{\Delta y}{\Delta x}\cdot \lim_{\Delta x\to 0}\Delta x=A\cdot 0=0.$$

所以函数 $y=f(x)$ 在点 x_0 处连续. 证毕.

但其逆不真,也就是说如果函数 $y=f(x)$ 在点 x_0 处连续,而函数 $y=f(x)$ 在点 x_0 处不一定可导.

例 6 函数 $y=\sqrt[3]{x}$ 在区间 $(-\infty,+\infty)$ 内处处连续,但在点 $x=0$ 处不可导.这是因为在点 $x=0$ 处有

$$\lim_{\Delta x\to 0}\frac{f(0+\Delta x)-f(0)}{\Delta x}=\lim_{\Delta x\to 0}\frac{\sqrt[3]{\Delta x}}{\Delta x}$$
$$=\lim_{\Delta x\to 0}\frac{1}{\sqrt[3]{(\Delta x)^2}}=\infty.$$

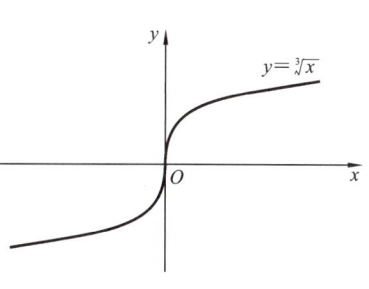

图 2-2

这时曲线 $y=\sqrt[3]{x}$ 在原点处有垂直于 x 轴的切线 $x=0$(见图 2-2).

例 7 讨论函数 $y=|x|$ 在点 $x=0$ 处的连续性与可导性.

解
$$\Delta y=f(0+\Delta x)-f(0)=|\Delta x|=\begin{cases}\Delta x, & \Delta x\geqslant 0,\\ -\Delta x, & \Delta x<0,\end{cases}$$

从而

$$\frac{\Delta y}{\Delta x}=\begin{cases}1, & \Delta x>0,\\ -1, & \Delta x<0,\end{cases}$$

得

$$\lim_{\Delta x\to 0^+}\Delta y=0=\lim_{\Delta x\to 0^-}\Delta y,$$

所以

$$\lim_{\Delta x\to 0}\Delta y=0,$$

即函数 $y=|x|$ 在点 $x=0$ 处连续.

因此

$$f'_+(0)=\lim_{\Delta x\to 0^+}\frac{\Delta y}{\Delta x}=1,\quad f'_-(0)=\lim_{\Delta x\to 0^-}\frac{\Delta y}{\Delta x}=-1,$$

两者不相等,故函数 $y=|x|$ 在点 $x=0$ 处不可导.

习题 2-1

1. 填空题.

(1) 函数 $y=3x+1$,则 $y'=$ _____.

(2) 曲线 $y=\ln x$ 在点 $x=2$ 处的切线的斜率是 _____.

(3) 设 $y=\sqrt{x}$,则 $y'\big|_{x=\frac{1}{4}}=$ _____.

(4) 函数 $y=f(x)$ 在点 x_0 处可导,且曲线 $y=f(x)$ 在点 $(x_0,f(x_0))$ 处的切线平行于 x 轴,则 $f'(x_0)=$ _____.

(5) 函数 $f(x)=\begin{cases}2x\sin x, & x\neq 0,\\ 0, & x=0,\end{cases}$ 则 $f'(0)=$ _____.

2. 选择题.

(1) 函数 $y=\log_2 x$,则 $y'=($).

A. $\dfrac{1}{x}$ B. $\dfrac{\ln 2}{x}$ C. $\dfrac{1}{x\ln 2}$ D. $\dfrac{x}{\ln 2}$

(2) 函数 $y=\dfrac{1}{x}$,则 $y'|_{x=-1}=$（　　）.

A. -1　　　　　　B. 1　　　　　　C. $\dfrac{1}{2}$　　　　　　D. 2

(3) 曲线 $y=x^3$ 在点$(1,1)$处的切线方程是（　　）.

A. $y=x$　　　　B. $3x-y-2=0$　　　C. $x+3y-4=0$　　　D. $y=-x$

(4) 设 $y=\dfrac{x^2}{\sqrt{x}}$,则 $y'=$（　　）.

A. $\sqrt{x}$　　　　　B. $x^{\frac{3}{2}}$　　　　　C. $\dfrac{3}{2}\sqrt{x}$　　　　　D. $\dfrac{3}{2\sqrt{x}}$

(5) 设 $f'(x_0)=A$,则 $\lim\limits_{x\to 0}\dfrac{f(x_0+x)-f(x_0-x)}{x}=$（　　）.

A. $-A$　　　　　B. 0　　　　　C. $-2A$　　　　　D. $2A$

(6) 函数 $y=|x-2|$ 在点$(0,2)$处的导数是（　　）.

A. 1　　　　　　B. 0　　　　　　C. -1　　　　　D. 不存在

3. 求曲线 $y=\cos x$ 上点 $\left(\dfrac{\pi}{3},\dfrac{1}{2}\right)$ 处的切线方程和法线方程.

4. 已知抛物线 $y=x^2$ 上点 M 处的切线斜率为 4,求点 M,并写出该点处的切线方程与法线方程.

5. 讨论函数 $f(x)=\begin{cases}x^2+x, & x\geqslant 0,\\ 2x^3, & x<0\end{cases}$ 在点 $x=0$ 处的连续性与可导性.

6. 将一个物体竖直上抛,经过时间 t(单位:s)后,物体上升高度为 $s=10t-\dfrac{1}{2}gt^2$(单位:m),试求:(1) 物体在 t 时刻的瞬时速度;(2) 物体在 $t=1$ 时刻的瞬时速度.

2.2　函数的求导法则与求导公式

一、导数的四则运算法则

函数的求导法则

定理 1　设函数 $u(x)$、$v(x)$ 在 x 处可导,则 $u(x)\pm v(x)$、$u(x)v(x)$、$\dfrac{v(x)}{u(x)}(u(x)\neq 0)$ 在 x 处也可导,且

$$[u(x)\pm v(x)]'=u'(x)\pm v'(x);\tag{2-3}$$

$$[u(x)v(x)]'=u(x)v'(x)+u'(x)v(x);\tag{2-4}$$

$$\left[\dfrac{v(x)}{u(x)}\right]'=\dfrac{v'(x)u(x)-v(x)u'(x)}{[u(x)]^2}\quad(u(x)\neq 0).\tag{2-5}$$

下面以式(2-4)为例进行证明,式(2-3)、式(2-5)请读者用类似的方法证明.

证　函数 $u(x)$、$v(x)$ 在 x 处可导,则

$$u'(x) = \lim_{\Delta x \to 0} \frac{\Delta u}{\Delta x}, \quad v'(x) = \lim_{\Delta x \to 0} \frac{\Delta v}{\Delta x}.$$

其中 $\Delta u = u(x + \Delta x) - u(x), \Delta v = v(x + \Delta x) - v(x)$，从而可得

$$u(x + \Delta x) = u(x) + \Delta u, \quad v(x + \Delta x) = v(x) + \Delta v.$$

令 $y = u(x) v(v)$，则

$$\begin{aligned}
\Delta y &= u(x + \Delta x) v(x + \Delta x) - u(x) v(x) \\
&= [u(x) + \Delta u][v(x) + \Delta v] - u(x) v(x) \\
&= u(x) \Delta v + v(x) \Delta u + \Delta u \cdot \Delta v,
\end{aligned}$$

故

$$\begin{aligned}
y' &= \lim_{\Delta x \to 0} \frac{\Delta y}{\Delta x} = \lim_{\Delta x \to 0} \left[u(x) \cdot \frac{\Delta v}{\Delta x} + v(x) \cdot \frac{\Delta u}{\Delta x} + \frac{\Delta u}{\Delta x} \cdot \Delta v \right] \\
&= u(x) \lim_{\Delta x \to 0} \frac{\Delta v}{\Delta x} + v(x) \lim_{\Delta x \to 0} \frac{\Delta u}{\Delta x} + \lim_{\Delta x \to 0} \frac{\Delta u}{\Delta x} \cdot \lim_{\Delta x \to 0} \Delta v.
\end{aligned}$$

因为函数 $v(x)$ 可导，所以连续，从而 $\lim\limits_{\Delta x \to 0} \Delta v = 0$，所以

$$y' = \lim_{\Delta x \to 0} \frac{\Delta y}{\Delta x} = u(x) v'(x) + u'(x) v(x),$$

即

$$[u(x) v(x)]' = u(x) v'(x) + u'(x) v(x).$$

推论 1　$[cu(x)]' = cu'(x)$（c 为常数）．

推论 2　$\left[\dfrac{1}{u(x)} \right]' = \dfrac{-u'(x)}{[u(x)]^2}.$

推论 3　$[u(x) v(x) \omega(x)]' = u'(x) v(x) \omega(x) + u(x) v'(x) \omega(x) + u(x) v(x) \omega'(x).$

例 1　设 $f(x) = \sqrt{x} + \dfrac{1}{x} - \ln 2$，求 $f'(1)$．

解　$f'(x) = \left(\sqrt{x} + \dfrac{1}{x} - \ln 2 \right)' = (\sqrt{x})' + \left(\dfrac{1}{x} \right)' - (\ln 2)' = \dfrac{1}{2} x^{-\frac{1}{2}} - \dfrac{1}{x^2}$，

所以

$$f'(1) = \frac{1}{2} \times 1^{-\frac{1}{2}} - \frac{1}{1^2} = -\frac{1}{2}.$$

例 2　设 $f(x) = x^2 \sin x + 4 \ln x$，求 $f'(x)$．

解　$\begin{aligned}[t]
f'(x) &= (x^2 \sin x + 4 \ln x)' = (x^2 \sin x)' + 4(\ln x)' \\
&= (x^2)' \sin x + x^2 (\sin x)' + 4 \cdot \frac{1}{x} = 2x \sin x + x^2 \cos x + \frac{4}{x}.
\end{aligned}$

例 3　设 $f(x) = \tan x$，求 $f'(x)$．

解　$\begin{aligned}[t]
f'(x) &= (\tan x)' = \left(\frac{\sin x}{\cos x} \right)' = \frac{(\sin x)' \cos x - \sin x (\cos x)'}{\cos^2 x} \\
&= \frac{\cos x \cdot \cos x + \sin x \cdot \sin x}{\cos^2 x} = \frac{1}{\cos^2 x} = \sec^2 x,
\end{aligned}$

即

$$(\tan x)' = \sec^2 x.$$

同理可得

$$(\cot x)' = -\csc^2 x.$$

例 4　设 $f(x) = \sec x$，求 $f'(x)$．

解　$f'(x) = (\sec x)' = \left(\dfrac{1}{\cos x} \right)' = \dfrac{-(\cos x)'}{\cos^2 x} = \dfrac{\sin x}{\cos^2 x} = \dfrac{\sin x}{\cos x} \cdot \dfrac{1}{\cos x} = \sec x \tan x$，

即

$$(\sec x)' = \sec x \cdot \tan x.$$

同理可得 $$(\csc x)' = -\csc x \cdot \cot x.$$

二、反函数与复合函数的求导

定理 2 设函数 $x = \Phi(y)$ 在某一区间 I_y 内单调、可导,且 $\Phi'(y) \neq 0$,则其反函数 $y = f(x)$ 在对应的区间 $I_x = \{x \mid x = \Phi(y), y \in I_y\}$ 内也可导,且

$$f'(x) = \frac{1}{\Phi'(y)}, \quad \text{或} \quad \frac{\mathrm{d}y}{\mathrm{d}x} = \frac{1}{\dfrac{\mathrm{d}x}{\mathrm{d}y}}, \quad \text{或} \quad y'_x = \frac{1}{x'_y}.$$

读者可利用求导步骤自己证明.

例 5 求 $y = a^x$ 的导数,其中 $a > 0$ 且 $a \neq 1$.

解 因为 $y = a^x$ 的反函数 $x = \log_a y$ 在 $y \in (0, +\infty)$ 单调、可导,又

$$x'_y = (\log_a y)' = \frac{1}{y \ln a},$$

由定理 2 可知

$$(a^x)' = y'_x = \frac{1}{x'_y} = y \ln a = a^x \ln a,$$

即 $$(a^x)' = a^x \ln a.$$

特别地 $$(\mathrm{e}^x)' = \mathrm{e}^x.$$

例 6 求 $y = \arcsin x$ 的导数.

解 因为 $y = \arcsin x$ 的反函数 $x = \sin y$ 在 $y \in \left(-\dfrac{\pi}{2}, \dfrac{\pi}{2}\right)$ 上单调可导,又

$$x'_y = (\sin y)' = \cos y,$$

由定理 2 可知

$$(\arcsin x)' = y'_x = \frac{1}{x'_y} = \frac{1}{\cos y} = \frac{1}{\sqrt{1 - x^2}} \quad (x \in (-1, 1)),$$

即 $$(\arcsin x)' = \frac{1}{\sqrt{1 - x^2}}.$$

同理可得:

$$(\arccos x)' = -\frac{1}{\sqrt{1 - x^2}}, \quad (\arctan x)' = \frac{1}{1 + x^2}, \quad (\operatorname{arccot} x)' = -\frac{1}{1 + x^2}.$$

综合前面求导,得基本初等函数的导数公式如下:

$(c)' = 0,$　　　　　　　　　　　$(x^\mu)' = \mu x^{\mu - 1},$

$(a^x)' = a^x \ln a,$　　　　　　　　$(\mathrm{e}^x)' = \mathrm{e}^x,$

$(\log_a x)' = \dfrac{1}{x \ln a},$　　　　　　　$(\ln x)' = \dfrac{1}{x},$

$(\sin x)' = \cos x,$　　　　　　　　$(\cos x)' = -\sin x,$

$(\tan x)' = \sec^2 x,$　　　　　　　$(\cot x)' = -\csc^2 x,$

$(\sec x)' = \sec x \cdot \tan x,$　　　　　$(\csc x)' = -\csc x \cdot \cot x,$

$(\arcsin x)' = \dfrac{1}{\sqrt{1 - x^2}},$　　　　　$(\arccos x)' = -\dfrac{1}{\sqrt{1 - x^2}},$

$$(\arctan x)'=\frac{1}{1+x^2}, \qquad\qquad (\text{arccot}\,x)'=-\frac{1}{1+x^2}.$$

定理 3　如果 $u=\varphi(x)$ 在 x 处可导，且 $y=f(u)$ 在 $u=\varphi(x)$ 处也可导，则复合函数 $y=f[\varphi(x)]$ 在 x 处可导，其导数为

$$y'_x=y'_u\cdot u'_x, \quad \text{或} \quad y'_x=f'(u)\cdot\varphi'(x), \quad \text{或} \quad \frac{\mathrm{d}y}{\mathrm{d}x}=\frac{\mathrm{d}y}{\mathrm{d}u}\cdot\frac{\mathrm{d}u}{\mathrm{d}x}$$

证明略.

由定理 3，应用复合函数的求导法则，首先要分析清楚函数是由哪些简单函数复合而成的，选好中间变量，然后分别求出它们的导数，则复合函数的导数等于函数对中间变量的导数乘以中间变量对自变量的导数，这一法则从外到内，一环扣一环，称为链式法则.

另外，复合函数的求导法则还可推广到多个中间变量的情形，以两个中间变量为例，设 $y=f(u)$，$u=\varphi(v)$，$v=\phi(x)$，则

$$\frac{\mathrm{d}y}{\mathrm{d}x}=\frac{\mathrm{d}y}{\mathrm{d}u}\cdot\frac{\mathrm{d}u}{\mathrm{d}v}\cdot\frac{\mathrm{d}v}{\mathrm{d}x},$$

或

$$y'_x=y'_u\cdot u'_v\cdot v'_x,$$

或

$$y'_x=f'(u)\cdot\varphi'(v)\cdot\phi'(x).$$

例 7　求 $y=\ln(x^2+1)$ 的导数.

解　$y=\ln(x^2+1)$ 由 $y=\ln u$ 与 $u=x^2+1$ 复合而成，因此

$$y'_x=y'_u\cdot u'_x=\frac{1}{u}\cdot 2x=\frac{1}{x^2+1}\cdot 2x=\frac{2x}{x^2+1}.$$

例 8　求 $y=\cos\sqrt{x}$ 的导数.

解　$y=\cos\sqrt{x}$ 由 $y=\cos u$ 与 $u=\sqrt{x}$ 复合而成，因此

$$\frac{\mathrm{d}y}{\mathrm{d}x}=\frac{\mathrm{d}y}{\mathrm{d}u}\cdot\frac{\mathrm{d}u}{\mathrm{d}x}=-\sin u\cdot\frac{1}{2\sqrt{x}}=\frac{-\sin\sqrt{x}}{2\sqrt{x}}.$$

对复合函数的求导法则掌握比较熟练后，可不必写出中间变量，直接利用法则，按照函数的复合次序从外到内，层层求导.

例 9　求 $y=\arctan 3x$ 的导数.

解　$y'=(\arctan 3x)'=\frac{1}{1+(3x)^2}\cdot(3x)'=\frac{3}{1+9x^2}.$

例 10　证明 $(x^\mu)'=\mu x^{\mu-1}$（μ 为常数，$x>0$）.

证　因为 $x^\mu=\mathrm{e}^{\mu\ln x}$，所以

$$(x^\mu)'=(\mathrm{e}^{\mu\ln x})'=\mathrm{e}^{\mu\ln x}(\mu\ln x)'=x^\mu\cdot\mu\cdot\frac{1}{x}=\mu x^{\mu-1}.$$

例 11　求 $y=\ln|x|$ 的导数.

解　因为

$$y=\ln|x|=\begin{cases}\ln x, & x>0,\\ \ln(-x), & x<0,\end{cases}$$

所以

$$y'=(\ln|x|)'=\begin{cases}\dfrac{1}{x}, & x>0,\\[2mm] \dfrac{1}{x}, & x<0,\end{cases}$$

即 $$(\ln|x|)' = \frac{1}{x}.$$

例 12 设 $y = \sin^3(x^2-2)$，求 y'。

解 $y' = [\sin^3(x^2-2)]' = \{[\sin(x^2-2)]^3\}' = 3\sin^2(x^2-2) \cdot [\sin(x^2-2)]'$
$= 3\sin^2(x^2-2) \cdot \cos(x^2-2) \cdot (x^2-2)' = 3\sin^2(x^2-2) \cdot \cos(x^2-2) \cdot 2x$
$= 6x\sin^2(x^2-2) \cdot \cos(x^2-2)$。

例 13 求 $y = \dfrac{x}{\sqrt{1+x^2}}$ 的导数。

解 先用商的求导公式，遇到复合时，再用复合函数的求导法则，则

$$y' = \left(\frac{x}{\sqrt{1+x^2}}\right)' = \frac{(x)'\sqrt{1+x^2} - (\sqrt{1+x^2})'x}{(\sqrt{1+x^2})^2}$$

$$= \frac{(x)'\sqrt{1+x^2} - \dfrac{1}{2\sqrt{1+x^2}}(1+x^2)'x}{(\sqrt{1+x^2})^2}$$

$$= \frac{\sqrt{1+x^2} - \dfrac{x^2}{\sqrt{1+x^2}}}{(1+x)^2} = \frac{1}{\sqrt{(1+x^2)^3}}.$$

习题 2-2

复合函数求
导（习题课）

1. 填空题。

(1) 设函数 $f(x) = 3^x + x^3$，则 $f'(-1) = $ ＿＿＿＿＿＿＿＿。

(2) $y = x\sin x$，则 $y'|_{x=0} = $ ＿＿＿＿＿＿＿＿。

(3) 设 $y = \dfrac{1-x}{1+x}$，则 $y'|_{x=1} = $ ＿＿＿＿＿＿＿＿。

(4) 设曲线 $y = \sqrt{2x^2+3}$ 在点 M 处的切线平行于 x 轴，则点 M 的坐标为＿＿＿＿＿＿＿。

(5) 一物体按规律 $s(t) = 3t - t^2$ 做直线运动，速度 $v\left(\dfrac{3}{2}\right) = $ ＿＿＿＿＿＿＿。

2. 选择题。

(1) 函数 $y = \sin x + \cos\dfrac{\pi}{2}$ 的导数为（　　　）。

A. $-\cos x$ 　　　　 B. $-\cos x - \sin\dfrac{\pi}{2}$ 　　　 C. $\cos x$ 　　　 D. $-\cos x + \sin\dfrac{\pi}{2}$

(2) 已知函数 $y = x^2\ln x$，则 $y' = $（　　　）。

A. $2x\ln x + x$ 　　　 B. 2 　　　　　　　 C. x 　　　　 D. $2x\ln x$

(3) 曲线 $y = \sin(x-1)$ 在 $(1,0)$ 处的切线方程为（　　　）。

A. $y = x+1$ 　　 B. $y = x-1$ 　　　 C. $x = 0$ 　　　 D. $y = 0$

(4) 函数 $y = \cos[\cos(\cos x)]$ 的导数为（　　　）。

A. $-\sin[\sin(\sin x)]$ 　　　　　　　　　　 B. $\cos[\sin(\sin x)] \cdot \cos(\sin x)$

C. $-\sin[\cos(\cos x)]$ 　　　　　　　　　 D. $-\sin[\cos(\cos x)] \cdot \sin(\cos x) \cdot \sin x$

(5) 设 $f(t)=\dfrac{1-\sqrt{t}}{1+\sqrt{t}}$,则 $f'(4)=$（　　）.

A. $\dfrac{1}{9}$　　　　　　B. $\dfrac{1}{18}$　　　　　　C. $-\dfrac{1}{18}$　　　D. $-\dfrac{1}{9}$

3. 求下列各函数的导数.

(1) $y=\dfrac{\sqrt{x}+\ln x}{x^3}$;　　　　(2) $y=(2x-1)^{20}$;　　　　(3) $y=x\tan x-\sin 2x$;

(4) $y=\sqrt{x+\sqrt{x}}$;　　　　(5) $y=\sin\sqrt[3]{1-x^2}$;　　　　(6) $y=\sqrt{x}\cdot\cot x\cdot e^x$.

4. 求下列各函数在给定点处的导数值.

(1) $f(x)=\dfrac{3}{5-x}+\dfrac{x^2}{5}$,求 $f'(2)$;

(2) $f(x)=3\sin\left(2x-\dfrac{\pi}{6}\right)$,求 $f'\left(\dfrac{\pi}{6}\right)$;

(3) $f(x)=\arcsin(\sqrt{x-1})$,求 $f'\left(\dfrac{3}{2}\right)$.

5. 在对电容器充电的过程中,电容器充电的电压为 $u=E(1-e^{-\frac{t}{RC}})$,其中 E、R、C 为常数,求电容器的充电速度 $\dfrac{\mathrm{d}u}{\mathrm{d}t}$.

2.3　隐函数的导数及由参数方程所确定的函数的导数

一、隐函数的导数

如果变量 x,y 之间的函数关系可以表示为 $y=f(x)$ 的形式,例如 $y=\sin x$, $y=\ln x+4x$ 等,则这样的函数称为显函数. 但并不是所有的函数都能这样表示,例如,方程 $x+y^2-1=0$ 可以确定 y 为 x 的函数,因为对 $\forall x\in(-\infty,1)$,变量 y 有唯一确定的值与之对应.

一般地,如果 y 是 x 的函数是由方程 $F(x,y)=0$ 确定的,则称 y 是 x 的隐函数.

把隐函数化成显函数的过程称为隐函数显化,例如,由方程 $x+e^y-1=0$ 可得 $y=\ln(1-x)(x\in(-\infty,1))$. 但隐函数显化有时是很困难的,甚至是不可能的,例如方程 $y^5+2y-x-3x^7=0$ 确定了一个隐函数,但是很难显化.

在实际问题中,有时需要计算隐函数的导数. 因此,我们希望有一种方法,不管隐函数能否显化,都能通过方程计算出它所确定的隐函数的导数. 下面我们通过具体例子说明这种方法.

例 1　求由方程 $e^y+xy-e=0$ 所确定的隐函数的导数 $\dfrac{\mathrm{d}y}{\mathrm{d}x}$.

解　设方程 $F(x,y)=e^y+xy-e$,且 $F(x,y)=0$ 确定了函数 $y=y(x)$,方程两边同时对 x 求导得

$$\frac{\mathrm{d}}{\mathrm{d}x}(\mathrm{e}^y + xy - \mathrm{e}) = 0,$$

即

$$\mathrm{e}^y \frac{\mathrm{d}y}{\mathrm{d}x} + y + x \frac{\mathrm{d}y}{\mathrm{d}x} = 0,$$

从而有

$$\frac{\mathrm{d}y}{\mathrm{d}x} = -\frac{y}{x + \mathrm{e}^y} \quad (x + \mathrm{e}^y \neq 0).$$

例 2 设方程 $y^5 + 2y - x - 3x^7 = 0$ 确定了 $y = y(x)$，求 y'.

解 方程两边对 x 求导，得

$$(y^5 + 2y - x - 3x^7)' = 0,$$

即

$$5y^4 \cdot y' + 2y' - 1 - 21x^6 = 0,$$

所以

$$y' = \frac{1 + 21x^6}{5y^4 + 2}.$$

例 3 求曲线 $x^2 + y^4 = 17$ 在点 $(4,1)$ 处的切线方程.

解 在曲线方程两边对 x 求导，得

$$2x + 4y^3 \cdot y' = 0,$$

从而

$$y' = -\frac{x}{2y^3}.$$

由导数的几何意义知所求切线的斜率为

$$k = y'|_{(4,1)} = -\frac{4}{2 \times 1^3} = -2,$$

于是所求切线方程为 $y - 1 = -2(x - 4)$，即 $y + 2x - 9 = 0$.

二、对数求导法

在某些函数求导中，利用对数求导法比用通常的方法简便些. 这种方法是先在函数所表示的等式两边取对数，然后利用隐函数的求导方法求出导数. 下面我们通过具体例子说明这种方法.

形如 $y = [f(x)]^{g(x)}$ 的函数称为幂指函数.

例 4 求 $y = x^{\sin x} \ (x > 0)$ 的导数.

解 在等式 $y = x^{\sin x}$ 两边同时取自然对数，得

$$\ln y = \sin x \cdot \ln x.$$

在式 $\ln y = \sin x \cdot \ln x$ 两边对 x 求导（注意 y 是 x 的函数），得

$$\frac{1}{y} \cdot y' = \cos x \cdot \ln x + \sin x \cdot \frac{1}{x},$$

所以

$$y' = y\left(\cos x \cdot \ln x + \sin x \cdot \frac{1}{x}\right) = x^{\sin x}\left(\cos x \cdot \ln x + \sin x \cdot \frac{1}{x}\right).$$

例 5 求 $y = \sqrt{\dfrac{(x-1)(x-2)}{(x-3)(x-4)}} \ (x \in (4, +\infty))$ 的导数.

解 在等式两边取对数，得

$$\ln y = \frac{1}{2}[\ln(x-1) + \ln(x-2) - \ln(x-3) - \ln(x-4)],$$

在上式两边对 x 求导，得

$$\frac{1}{y}y'=\frac{1}{2}\left(\frac{1}{x-1}+\frac{1}{x-2}-\frac{1}{x-3}-\frac{1}{x-4}\right),$$

于是

$$y'=\frac{1}{2}\left(\frac{1}{x-1}+\frac{1}{x-2}-\frac{1}{x-3}-\frac{1}{x-4}\right)\cdot\sqrt{\frac{(x-1)(x-2)}{(x-3)(x-4)}}.$$

三、由参数方程所确定的函数的导数

定义 如果函数 $y=f(x)$ 的关系是由参数方程

$$\begin{cases} x=\varphi(t) \\ y=\phi(t) \end{cases} \quad (t\in I) \tag{2-6}$$

确定的,则称函数 $y=f(x)$ 是由参数方程(2-6)所确定的函数.

在实际问题中,有时由参数方程消去参数 t 很困难.因此,我们必须找到一种方法能直接由参数方程(2-6)求出它所确定的函数的导数.

定理 设参数方程(2-6)确定了函数 $y=f(x)$,且 $x=\varphi(t)$,$y=\phi(t)$ 都可导,则函数 $y=f(x)$ 也可导,其导数为

$$\frac{dy}{dx}=\frac{dy}{dt}\cdot\frac{dt}{dx}=\frac{dy}{dt}\frac{1}{\frac{dx}{dt}}=\frac{\phi'(t)}{\varphi'(t)} \quad (\varphi'(t)\neq 0).$$

证明略.

例 6 求由参数方程 $\begin{cases} x=\ln(1+t^2), \\ y=\dfrac{1}{1+t^2} \end{cases}$ 所确定的函数的导数 $\dfrac{dy}{dx}$.

解

$$\frac{dy}{dx}=\frac{\dfrac{dy}{dt}}{\dfrac{dx}{dt}}=\frac{\dfrac{-2t}{(1+t^2)^2}}{\dfrac{2t}{1+t^2}}=-\frac{1}{1+t^2}.$$

例 7 已知椭圆的参数方程为 $\begin{cases} x=a\cos t, \\ y=b\sin t, \end{cases}$ 求椭圆在 $t=\dfrac{\pi}{4}$ 处的切线方程.

解 当 $t=\dfrac{\pi}{4}$ 时,椭圆上相应的点 M_0 的坐标是 $\left(a\cos\dfrac{\pi}{4},b\sin\dfrac{\pi}{4}\right)$,即 $\left(\dfrac{\sqrt{2}}{2}a,\dfrac{\sqrt{2}}{2}b\right)$.由导数的几何意义,椭圆在点 M_0 处的切线的斜率为

$$k=\frac{dy}{dx}\bigg|_{x=\frac{\pi}{4}}=\frac{(b\sin t)'_t}{(a\cos t)'_t}\bigg|_{x=\frac{\pi}{4}}=\frac{b\cos t}{-a\sin t}\bigg|_{x=\frac{\pi}{4}}=-\frac{b}{a},$$

所以椭圆在 $t=\dfrac{\pi}{4}$ 处的切线方程为

$$y-\frac{\sqrt{2}b}{2}=-\frac{b}{a}\left(x-\frac{\sqrt{2}a}{2}\right),$$

即

$$bx+ay-\sqrt{2}ab=0.$$

习题 2-3

1. 下列方程确定了函数 $y=y(x)$,求 y'.

(1) $\dfrac{x}{y} = \ln(xy)$;　　　　　　(2) $\mathrm{e}^{x+y} = x - y$;

(3) $2x^2y - xy^2 + y^3 = 0$;　　　　(4) $y = 1 - x\sin y$.

2. 求曲线 $x^{\frac{2}{3}} + y^{\frac{2}{3}} = a^{\frac{2}{3}}$ 在点 $\left(\dfrac{\sqrt{2}}{4}a, \dfrac{\sqrt{2}}{4}a\right)$ 处的切线方程与法线方程.

3. 用对数求导法求下列函数的导数.

(1) $y = x^{x^2}$;　　　　　　　　(2) $y = (1 + \cos x)^{\frac{1}{x}}$;

(3) $y = (3 - x) \cdot \sin x \cdot \mathrm{e}^x$;　　(4) $y = \dfrac{\sqrt{x+1}}{\sqrt[3]{x+2}(x+3)^2}$.

4. 下列参数方程确定了函数 $y = y(x)$,求 y'.

(1) $\begin{cases} x = \theta(1 - \sin\theta), \\ y = \theta\cos\theta; \end{cases}$　　　　(2) $\begin{cases} x = 2\mathrm{e}^t, \\ y = \mathrm{e}^{-t}. \end{cases}$

5. 求曲线 $\begin{cases} x = \dfrac{3t}{1+t^2}, \\ y = \dfrac{3t^2}{1+t^2} \end{cases}$ 在 $t = 2$ 处的切线方程与法线方程.

2.4　高阶导数

一、引例

例 1　已知一物体做直线运动,其路程函数为 $s = 10t + \dfrac{1}{2}t^2$,求 t 时刻的

高阶导数

速度 v 与加速度 a.

解　由导数的物理意义,t 时刻的速度 v 是路程对时间 t 的导数,即

$$v = s'(t) = 10 + t.$$

可以看出 $v = v(t) = 10 + t$ 仍是时间 t 的函数且可导,又 t 时刻的加速度 a 是速度对时间 t 的导数,即

$$a = v'(t) = 1.$$

二、高阶导数的定义

设 $f'(x)$ 是函数 $y = f(x)$ 的导数,则 $f'(x)$ 的导数称为函数 $y = f(x)$ 的二阶导数,记为 y'',或 $f''(x)$,或 $\dfrac{\mathrm{d}^2 y}{\mathrm{d}x^2}$,即

$$y'' = (y')', \quad f''(x) = [f'(x)]', \quad \dfrac{\mathrm{d}^2 y}{\mathrm{d}x^2} = \dfrac{\mathrm{d}}{\mathrm{d}x}\left(\dfrac{\mathrm{d}y}{\mathrm{d}x}\right) = \dfrac{\mathrm{d}y'}{\mathrm{d}x}.$$

类似地,若 $y = f(x)$ 的二阶导数 $f''(x)$ 可导,则称其导数为 $f(x)$ 的三阶导数,三阶导数

的导数称为 $f(x)$ 的四阶导数，$\cdots$，$f(x)$ 的 $n-1$ 阶导数的导数称为 $f(x)$ 的 n 阶导数，分别记为 y'''，$y^{(4)}$，$\cdots$，$y^{(n)}$，或 $f'''(x)$，$f^{(4)}(x)$，$\cdots$，$f^{(n)}(x)$，或 $\dfrac{\mathrm{d}^3 y}{\mathrm{d}x^3}$，$\dfrac{\mathrm{d}^4 y}{\mathrm{d}x^4}$，$\cdots$，$\dfrac{\mathrm{d}^n y}{\mathrm{d}x^n}$，即

$$y^{(n)} = (y^{(n-1)})', \quad f^{(n)}(x) = \left[f^{(n-1)}(x)\right]', \quad \frac{\mathrm{d}^n y}{\mathrm{d}x^n} = \frac{\mathrm{d}}{\mathrm{d}x}\left(\frac{\mathrm{d}^{n-1} y}{\mathrm{d}x^{n-1}}\right) = \frac{\mathrm{d}y^{(n-1)}}{\mathrm{d}x}.$$

二阶及二阶以上的导数通称为高阶导数. 相对于高阶导数来说，$f'(x)$ 称为 $f(x)$ 的一阶导数.

由上述定义可知：(1) 直线运动的加速度就是路程函数对时间的二阶导数；(2) 求高阶导数就是多次接连地求一阶导数.

例 2　设 $y = x^3$，求 y''，$y^{(4)}$.

解　$\qquad y' = 3x^2, \quad y'' = 3 \cdot 2x = 6x, \quad y''' = 3! = 6, \quad y^{(4)} = 0.$

由此可看出，设 $y = x^n$，则 $y^{(n)} = n!$，$y^{(n+1)} = 0$.

例 3　求 $y = \mathrm{e}^x$ 的 n 阶导数.

解　$\qquad y' = \mathrm{e}^x, \quad y'' = \mathrm{e}^x, \quad y''' = \mathrm{e}^x, \quad \cdots, \quad y^{(n)} = \mathrm{e}^x.$

例 4　设 $y = \sin x$，求 $\dfrac{\mathrm{d}^n y}{\mathrm{d}x^n}$.

解

$$\frac{\mathrm{d}y}{\mathrm{d}x} = \cos x = \sin\left(x + \frac{\pi}{2}\right),$$

$$\frac{\mathrm{d}^2 y}{\mathrm{d}x^2} = -\sin x = \sin\left(x + 2 \cdot \frac{\pi}{2}\right),$$

$$\frac{\mathrm{d}^3 y}{\mathrm{d}x^3} = -\cos x = \sin\left(x + 3 \cdot \frac{\pi}{2}\right),$$

$$\frac{\mathrm{d}^4 y}{\mathrm{d}x^4} = \sin x = \sin\left(x + 4 \cdot \frac{\pi}{2}\right),$$

$$\vdots$$

综上可得

$$\frac{\mathrm{d}^n y}{\mathrm{d}x^n} = \sin\left(x + n \cdot \frac{\pi}{2}\right),$$

即

$$(\sin x)^{(n)} = \sin\left(x + n \cdot \frac{\pi}{2}\right).$$

用类似方法，可得

$$(\cos x)^{(n)} = \cos\left(x + n \cdot \frac{\pi}{2}\right).$$

例 5　设 $y = \ln(1+x)$，求 $y'(0)$，$y''(0)$，$y'''(0)$，$\cdots$，$y^{(n)}(0)$.

解　$\qquad y' = \dfrac{1}{1+x}, \quad y'(0) = 1.$

$$y'' = \left[(1+x)^{-1}\right]' = -1(1+x)^{-2}, \quad y''(0) = -1.$$

$$y''' = (-1)(-2)(1+x)^{-3}, \quad y'''(0) = (-1)(-2) = 2!.$$

$$y^{(4)} = (-1)(-2)(-3)(1+x)^{-4}, \quad y^{(4)}(0) = (-1)^3 3!.$$

$$\vdots$$

$$y^{(n)} = (-1)(-2)(-3)\cdots\left[-(n-1)\right](1+x)^{-n},$$

$$y^{(n)}(0) = (-1)(-2)(-3)\cdots\left[-(n-1)\right] = (-1)^{n-1}(n-1)!.$$

下面我们举例说明由隐函数与由参数方程所确定的函数的二阶导数,从而推广到二阶以上的各阶导数(这个由读者自己完成).

例 6 求由方程 $x-y+\dfrac{1}{2}\sin y=0$ 所确定隐函数的二阶导数 y''.

解 在方程两边对 x 求导,得 $1-y'+\dfrac{1}{2}\cos y\cdot y'=0$,于是

$$y'=\frac{2}{2-\cos y}.$$

所以

$$y''=(y')'=\left(\frac{2}{2-\cos y}\right)'=\frac{-2(2-\cos y)'}{(2-\cos y)^2}=\frac{-2\sin y\cdot y'}{(2-\cos y)^2}$$

$$=\frac{-2\sin y\cdot\dfrac{2}{2-\cos y}}{(2-\cos y)^2}=\frac{-4\sin y}{(2-\cos y)^3}.$$

例 7 求由摆线(见图 2-3)的参数方程 $\begin{cases}x=a(t-\sin t)\\y=a(1-\cos t)\end{cases}$ 所确定的函数的二阶导数 $\dfrac{d^2y}{dx^2}$.

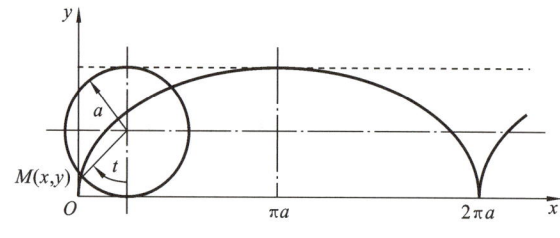

图 2-3

解

$$\frac{dy}{dx}=\frac{\dfrac{dy}{dt}}{\dfrac{dx}{dt}}=\frac{\sin t}{1-\cos t}\quad(t\neq 2n\pi,n\text{ 为整数}),$$

于是

$$\frac{d^2y}{dx^2}=\frac{d}{dt}\left(\frac{\sin t}{1-\cos t}\right)\cdot\frac{1}{\dfrac{dx}{dt}}=\frac{\cos t(1-\cos t)-\sin^2 t}{(1-\cos t)^2}\cdot\frac{1}{a(1-\cos t)}$$

$$=\frac{-1}{a(1-\cos t)^2}\quad(t\neq 2n\pi,n\text{ 为整数}).$$

由上可知,由参数方程所确定的函数的各阶导数仍为参数的函数,所以求导时可仿照一阶导数的求法.

习题 2-4

高阶导数
(习题课)

1. 填空题.

(1) 设 $f(x)=\dfrac{1}{x}+\cos x$,则 $f''(\pi)=$ _____.

(2) 设 $f(x)=x^3+3^x$,则 $f''(0)=$ _____.

（3）设 $f(x) = e^{2x-1}$，则 $f''\left(\dfrac{1}{2}\right) = $ _____.

（4）设 $y = x\ln x$，则 $y'' = $ _____.

（5）已知质点做直线运动，方程为 $s = 9\sin\dfrac{\pi t}{6} + 2t$，则 $t = 1$ 时刻的加速度为 _____.

2. 选择题.

（1）设 $f(x) = x^3 - x^2 + x + 1$，则 $f''(0) = ($ 　　 $)$.

A. 0 　　　　　　　B. 1 　　　　　　　C. 2 　　　　　　　D. -2

（2）设 $y = x^2\sin x$，则 $y''(\pi) = ($ 　　 $)$.

A. $-\pi^2$ 　　　　　B. -4π 　　　　　C. 4π 　　　　　D. $\pi^2 - 2$

（3）设 $y = x^n + e^x$，则 $y^{(n)} = ($ 　　 $)$.

A. e^x 　　　　　　B. $n!$ 　　　　　　C. $n! + ne^x$ 　　　　D. $n! + e^x$

（4）设 $y = \ln(1 - 2x)$，则 $y'' = ($ 　　 $)$.

A. $\dfrac{1}{(1-2x)^2}$ 　　B. $\dfrac{2}{(1-2x)^2}$ 　　C. $\dfrac{-4}{(1-2x)^2}$ 　　D. $\dfrac{4}{(1-2x)^2}$

（5）设 $y = \dfrac{1-x}{1+x}$，则 $y'' = ($ 　　 $)$.

A. $\dfrac{4}{(x+1)^3}$ 　　B. $\dfrac{2}{(x+1)^3}$ 　　C. $-\dfrac{4}{(x+1)^3}$ 　　D. $\dfrac{-2}{(x+1)^3}$

3. 求下列函数的二阶导数：

（1）$y = 2x^2 + \ln 2x$；　　　　　　　（2）$y = (3x-2)^{20}$；

（3）$y = e^{-x}\cos 2x$；　　　　　　　（4）$y = \arcsin 2x$.

4. 求下列函数的 n 阶导数：

（1）$y = xe^x$；　　　　　　　　　　（2）$y = \sqrt[m]{1+x}$.

5. 求由下列方程所确定的隐函数的二阶导数 y''：

（1）$x^2 - y^2 = 1$；　　　　　　　　（2）$y = 1 + xe^y$.

6. 求由下列参数方程所确定的隐函数 $y = y(x)$ 的二阶导数：

（1）$\begin{cases} x = a\cos t, \\ y = b\sin t; \end{cases}$　　　　　　（2）$\begin{cases} x = \ln(1+t^2), \\ y = t - \arctan t. \end{cases}$

2.5　微分及其应用

一、微分的概念

1. 引例

微分

设一正方形金属薄片因温度的变化，其边长由 x_0 变化到 $x_0 + \Delta x$（见图 2-4），问该薄片的面积变化了多少？

因为正方形金属薄片的面积 A 是边长 x_0 的函数,即 $A = x_0^2$,若边长由 x_0 变化到 $x_0 + \Delta x$,则面积的增量为

$$\Delta A = (x_0 + \Delta x)^2 - x_0^2 = 2x_0 \cdot \Delta x + (\Delta x)^2 \quad (2\text{-}7)$$

由式(2-7)可以看出,正方形金属薄片面积的增量 ΔA 由两部分组成:第一部分 $2x_0 \cdot \Delta x$ 是 Δx 的线性函数(图 2-4 的单斜线部分的面积);第二部分 $(\Delta x)^2$ 是 Δx 的高阶无穷小(当 $\Delta x \to 0$ 时),即 $(\Delta x)^2 = o(\Delta x)$(图 2-4 的双斜线部分面积). 所以,如果正方形的边长改变很小,即 $|\Delta x|$ 很小时,面积的改变量 ΔA 可近似地用第一部分代替,即 $\Delta A \approx 2x_0 \cdot \Delta x$.

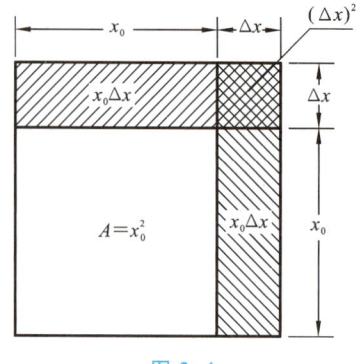

图 2-4

2. 微分的定义

定义 1 设 $y = f(x)$ 在点 x_0 的某个邻域内有定义,若函数的增量 $\Delta y = f(x_0 + \Delta x) - f(x_0)$ 可表示为

$$\Delta y = A \Delta x + o(\Delta x), \quad (2\text{-}8)$$

式(2-8)中,A 是不依赖于 Δx 的常数,$o(\Delta x)$ 是当 $\Delta x \to 0$ 时 Δx 的高阶无穷小,则称函数 $y = f(x)$ 在点 x_0 处可微,式(2-8)中的 $A \Delta x$ 称为函数 $y = f(x)$ 在点 x_0 处的微分,记作 $dy|_{x=x_0}$,即

$$dy|_{x=x_0} = A \Delta x.$$

定义 2 若函数 $y = f(x)$ 在区间 I 上每点都可微,则称 $f(x)$ 为 I 上的**可微函数**,这时函数 $y = f(x)$ 在 I 上的微分记作 dy,则 $dy = A \Delta x$(A 依赖于 x,不依赖于 Δx).

由定义可知,当 $\Delta x \to 0$ 时,函数的微分与增量仅相差一个 Δx 的高阶无穷小,又 dy 是 Δx 的线性函数,所以称 dy 是 Δy 的线性主部,即当 $|\Delta x|$ 很小时,有 $\Delta y \approx dy$.

3. 可微与可导的关系

定理 函数 $f(x)$ 在 x 处可微的充分必要条件是函数 $f(x)$ 在 x 处可导,且 $A = f'(x)$.

证 必要性 因为 $f(x)$ 在 x 处可微,由式(2-8)有

$$\Delta y = A \Delta x + o(\Delta x),$$

所以

$$f'(x) = \lim_{\Delta x \to 0} \frac{\Delta y}{\Delta x} = \lim_{\Delta x \to 0} \left[A + \frac{o(\Delta x)}{\Delta x} \right] = A,$$

即 $f(x)$ 在 x 处可导,且 $f'(x) = A$.

充分性 因为函数 $y = f(x)$ 在 x 处可导,即 $f'(x) = \lim\limits_{\Delta x \to 0} \frac{\Delta y}{\Delta x}$,所以

$$\frac{\Delta y}{\Delta x} = f'(x) + \alpha \quad (\alpha \text{ 是当 } \Delta x \to 0 \text{ 时的无穷小}),$$

于是

$$\Delta y = f'(x) \Delta x + \alpha(\Delta x).$$

由于 α 是当 $\Delta x \to 0$ 时的无穷小,所以当 $\Delta x \to 0$ 时,$\alpha \Delta x = o(\Delta x)$,且 $f'(x)$ 是不依赖于 Δx 的常数,故上式相当于式(2-8),即 $f(x)$ 在 x 处可微,且

$$dy = f'(x) \Delta x. \quad (2\text{-}9)$$

综上可知，一元函数的可导与可微是等价的，即求一元函数的微分实质就是求导数.

例 1 求函数 $y = x^2$ 在 $x = 1$ 和 $x = 3$ 处的微分.

解 由可微与可导的关系，得

$$\mathrm{d}y|_{x=1} = (x^2)'|_{x=1}\Delta x = 2\Delta x;$$

$$\mathrm{d}y|_{x=3} = (x^2)'|_{x=3}\Delta x = 6\Delta x.$$

例 2 求函数 $y = x$ 的微分.

解 由可微与可导的关系知

$$\mathrm{d}y = \mathrm{d}x = (x)'\Delta x = \Delta x,$$

即自变量的微分 $\mathrm{d}x$ 等于自变量的增量 Δx，所以式(2-9)可写为

$$\mathrm{d}y = f'(x)\mathrm{d}x. \tag{2-10}$$

由式(2-10)可得

$$f'(x) = \frac{\mathrm{d}y}{\mathrm{d}x}. \tag{2-11}$$

由式(2-11)，函数的导数就等于函数的微分与自变量的微分的商，所以函数的导数又称函数的微商.

例 3 设 $y = x\sqrt{1+x^2}$，求 $\mathrm{d}y$.

解 由可微与可导的关系知

$$\mathrm{d}y = (x\sqrt{1+x^2})'\mathrm{d}x = \left[(x)'\sqrt{1+x^2} + x(\sqrt{1+x^2})'\right]\mathrm{d}x$$

$$= \left[\sqrt{1+x^2} + x \cdot \frac{(1+x^2)'}{2\sqrt{1+x^2}}\right]\mathrm{d}x = \left[\sqrt{1+x^2} + \frac{x^2}{\sqrt{1+x^2}}\right]\mathrm{d}x$$

$$= \frac{1+2x^2}{\sqrt{1+x^2}}\mathrm{d}x.$$

4. 微分的几何意义

如图 2-5 所示，当自变量由 x_0 增加到 $x_0 + \Delta x$ 时，函数的增量为

$$\Delta y = f(x_0 + \Delta x) - f(x_0) = QN,$$

而曲线 $y = f(x)$ 在点 x_0 处的切线的增量为

$$QP = \tan\alpha \cdot \Delta x = f'(x_0)\Delta x = \mathrm{d}y|_{x=x_0},$$

即函数 $y = f(x)$ 在 x_0 处的微分是曲线 $y = f(x)$ 在 x_0 处的切线的纵坐标的增量，并且当 $|\Delta x|$ 很小时，$|\Delta y - \mathrm{d}y|$ 比 $|\Delta x|$ 小得多，因此在点 M 邻近，可以用切线段近似代替曲线段(以直代曲).

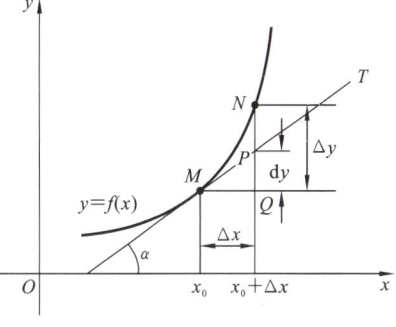

图 2-5

二、微分的基本公式与运算法则

由微分与导数的关系，我们可得以下的微分公式与法则.

1. 基本初等函数的微分公式

$$\mathrm{d}(c) = 0, \qquad\qquad \mathrm{d}(x^\mu) = \mu x^{\mu-1}\mathrm{d}x,$$

$$\mathrm{d}(a^x) = a^x \ln a\,\mathrm{d}x, \qquad\qquad \mathrm{d}(\mathrm{e}^x) = \mathrm{e}^x\mathrm{d}x,$$

$$d(\log_a^x) = \frac{1}{x\ln a}dx, \qquad\qquad d(\ln x) = \frac{1}{x}dx,$$

$$d(\sin x) = \cos x dx, \qquad\qquad d(\cos x) = -\sin x dx,$$

$$d(\tan x) = \sec^2 x dx, \qquad\qquad d(\cot x) = -\csc^2 x dx,$$

$$d(\sec x) = \sec x \tan x dx, \qquad\qquad d(\csc x) = -\csc x \cot x dx,$$

$$d(\arcsin x) = \frac{1}{\sqrt{1-x^2}}dx, \qquad\qquad d(\arccos x) = -\frac{1}{\sqrt{1-x^2}}dx,$$

$$d(\arctan x) = \frac{1}{1+x^2}dx, \qquad\qquad d(\text{arccot} x) = -\frac{1}{1+x^2}dx.$$

2. 函数和、差、积、商的微分法则

设 $u=u(x), v=v(x)$ 都在 x 处可微,则

(1) $d[u \pm v] = du \pm dv$;

(2) $d(uv) = udv + vdu$(特殊:$d(cu) = cdu$(c 为常数));

(3) $d\left(\dfrac{u}{v}\right) = \dfrac{vdu - udv}{v^2}$.

3. 复合函数的微分法则

设 $y=f(u), u=\varphi(x)$ 都可微,则复合函数 $y=f[\varphi(x)]$ 也可微,且其微分为

$$dy = f'(u)\varphi'(x)dx = f'[\varphi(x)]\varphi'(x)dx.$$

由于 $\varphi'(x)dx = d\varphi(x) = du$,所以复合函数 $y=f[\varphi(x)]$ 的微分公式也可写为

$$dy = f'(u)du.$$

由此可见,无论 u 是中间变量还是自变量,$y=f(u)$ 的微分总可以用 $f'(u)$ 与 du 的乘积表示,这一性质称为微分形式的不变性.

例 4 设 $y = 3e^x + \tan x$,求 dy.

解
$$dy = d(3e^x + \tan x) = 3d(e^x) + d(\tan x)$$
$$= 3e^x dx + \sec^2 x dx = (3e^x + \sec^2 x)dx.$$

例 5 设 $y = \sin(x^2+1)$,求 dy.

解
$$dy = d[\sin(x^2+1)] = \cos(x^2+1)d(x^2+1)$$
$$= \cos(x^2+1) \cdot 2xdx = 2x\cos(x^2+1)dx.$$

例 6 设 $y = e^{-x}\ln x$,求 dy.

解
$$dy = d(e^{-x}\ln x) = e^{-x}d(\ln x) + \ln x d(e^{-x})$$

$$= e^{-x} \cdot \frac{1}{x}dx + \ln x \cdot e^{-x}d(-x)$$

$$= e^{-x} \cdot \frac{1}{x}dx - \ln x \cdot e^{-x}dx$$

$$= e^{-x}\left(\frac{1}{x} - \ln x\right)dx.$$

例 7 在下列括号内填入适当的函数,使其等式成立.

(1) $d(x^2+1) = ($ $)dx$;   (2) $d($ $) = \cos 2xdx$.

解 (1) 因为

$$d(x^2+1) = (x^2+1)'dx,$$

所以
$$d(x^2+1)=2xdx.$$

（2）因为
$$\cos2xdx=\frac{1}{2}d(\sin2x)=d\left(\frac{1}{2}\sin2x\right),$$

从而
$$d\left(\frac{1}{2}\sin2x\right)=\cos2xdx.$$

又因为对任意常数 c 有 $d(c)=0$，所以
$$d\left[\frac{1}{2}\sin(2x+c)\right]=\cos2xdx.$$

三、微分在近似计算中的应用

当 $|\Delta x|$ 很小时，有 $\Delta y\approx dy$，即

$$f(x+\Delta x)-f(x)\approx f'(x)\Delta x, \tag{2-12}$$

或
$$f(x+\Delta x)\approx f(x)+f'(x)\Delta x. \tag{2-13}$$

特别地，当 $|x|$ 很小时，由式（2-13）可得

$$f(x)\approx f(0)+f'(0)\cdot x. \tag{2-14}$$

例 8 有一批半径为 $1\ \text{cm}$ 的球，为了提高球面的光洁度，要镀上一层厚度为 $0.01\ \text{cm}$ 的铜，估计每只球需用铜多少克（铜的密度是 $8.9\ \text{g/cm}^3$）？

解 设球的半径为 R，则体积为 $V=\frac{4}{3}\pi R^3$，从而

$$\Delta V\approx dV=V'\cdot\Delta R=\left(\frac{4}{3}\pi R^3\right)'\cdot\Delta R=4\pi R^2\Delta R.$$

所以当球的半径 R 由 $1\ \text{cm}$ 增加 $\Delta R=0.01\ \text{cm}$ 时，其体积增量的近似值为

$$\Delta V\approx4\times3.14\times1^2\times0.01\ \text{cm}^3=0.1256\ \text{cm}^3$$

于是每只球需用铜的质量约为 $0.1256\times8.9\approx1.118\ \text{g}$。

例 9 计算 $\sin30°30'$ 的近似值.

解 设 $f(x)=\sin x$，从而 $f'(x)=\cos x$.

又
$$30°30'=\frac{\pi}{6}+\frac{\pi}{360},$$

由式（2-13）（即 $f(x+\Delta x)\approx f(x)+f'(x)\Delta x$）可得

$$\sin30°30'=\sin\left(\frac{\pi}{6}+\frac{\pi}{360}\right)\approx\sin\frac{\pi}{6}+\cos\frac{\pi}{6}\cdot\frac{\pi}{360}$$

$$=\frac{1}{2}+\frac{\sqrt{3}}{2}\cdot\frac{\pi}{360}\approx0.5000+0.0076=0.5076.$$

应用式（2-14）（即当 $|x|$ 很小时，$f(x)\approx f(0)+f'(0)\cdot x$），可以推出下面几个常用的近似公式：

（1）$\sqrt[n]{1+x}\approx1+\frac{1}{n}x$；   （2）$\sin x\approx x$（$x$ 用弧度作单位）；

(3) $\tan x \approx x$（x 用弧度作单位）；　　　(4) $e^x \approx 1+x$；

(5) $\ln(1+x) \approx x$.

例 10　计算 $\sqrt{1.05}$ 的近似值.

解　因为 $\sqrt{1.05} = \sqrt{1+0.05}$，利用近似公式 $\sqrt[n]{1+x} \approx 1+\dfrac{1}{n}x$（$n=2$ 的情形），得

$$\sqrt{1.05} \approx 1+\frac{1}{2}(0.05) = 1.025.$$

习题 2-5

1. 填空题.

(1) 设 $y = \sqrt{x^3} + \dfrac{1}{\sqrt{x}}$，则 $\mathrm{d}y = $ _____ $\mathrm{d}x$.

(2) 设 $y = \sin\dfrac{1}{x}$，则 $\mathrm{d}y\big|_{x=\frac{3}{\pi}} = $ _____ $\mathrm{d}x$.

(3) $6x^2\,\mathrm{d}x = $ _____ $\mathrm{d}(x^3)$.

(4) $\mathrm{d}(\cos 2x) = $ _____ $\mathrm{d}(2x)$.

(5) 用微分近似计算公式求得 $e^{0.01}$ 的近似值为 _____（保留两位小数）.

2. 选择题.

(1) 设 $y = x^3$，则 $\mathrm{d}y\big|_{x=1} = $（　　）.

A. $3x^2$ 　　　　　B. $3x^2(\Delta x)$ 　　　　C. 3 　　　　D. $3(\Delta x)$

(2) 设 $\mathrm{d}f(x) = \dfrac{1}{\sqrt{x}}\mathrm{d}x$，则 $f(x) = $（　　）$+C$（$C$ 为任意常数）.

A. $2\sqrt{x}$ 　　　　B. $\sqrt{x}$ 　　　　　C. $\dfrac{1}{\sqrt{x^3}}$ 　　　　D. $\sqrt{x^3}$

(3) $\mathrm{d}f(t) = \sin 2t\,\mathrm{d}t$，则 $f(t) = $（　　）$+C$（$C$ 为任意常数）.

A. $\cos 2t$ 　　　　B $-\cos 2t$ 　　　　C. $\dfrac{1}{2}\cos 2t$ 　　D. $-\dfrac{1}{2}\cos 2t$

(4) $\mathrm{d}(e^{x^2}) = $（　　）.

A. $2x\,\mathrm{d}x$ 　　　　B. $e^{x^2}\,\mathrm{d}x$ 　　　C. $2xe^{x^2}\,\mathrm{d}x$ 　　D. $x^2 e^{x^2}\,\mathrm{d}x$

(5) 设函数 $y = f(-x^2)$，则 $\mathrm{d}y = $（　　）$\mathrm{d}(x^2)$.

A. $-2xf'(-x^2)$ 　　B. $-f'(-x^2)$ 　　　C. $f'(-x^2)$ 　　D. $2xf'(-x^2)$

3. 求下列函数的微分.

(1) $y = \dfrac{1}{x} + 2\sqrt{x}$；　　　　　　(2) $y = x\sin 2x$；

(3) $y = \dfrac{x}{\sqrt{x^2+1}}$；　　　　　　(4) $y = [\ln(1-x)]^2$；

(5) $y = e^{-x}\cos(3-x)$；　　　　(6) $y = \tan^2(1+2x^2)$.

4. 利用微分求下列近似值.

(1) $\cos 59°$；　　(2) $\ln 1.01$；　　(3) $\sqrt[3]{996}$.

5. 已知单摆的振动周期 $T = 2\pi\sqrt{\dfrac{l}{g}}$，其中 $g = 980 \text{ cm/s}^2$，l 为摆长（单位为厘米）．设摆长为 20 cm，为使周期 T 增大 0.05 s，摆长约需加长多少？

6. 设扇形的圆心角 $\alpha = 60°$，半径 $R = 100 \text{ cm}$（见图 2-6）．如果 R 不变，α 减少 $30'$，问扇形的面积大约改变了多少？又如果 α 不变，R 增加 1 cm，问扇形的面积大约改变了多少？

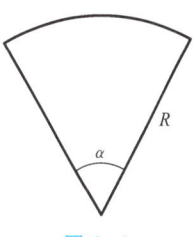

图 2-6

数 学 实 验

导数与微分例 1　　导数与微分例 2　　导数与微分例 3　　导数与微分例 4

知识拓展

导数的发展

大约在 1629 年，法国数学家费马研究了曲线的切线和求函数极限的方法．在作切线时，他构造了差分 $f(A+E) - f(A)$，并取其在 E 趋近于 0 的极限，即现在所称的导数 $f'(A)$．

17 世纪，生产力的发展推动了自然科学和技术的进步．在前人创造性研究的基础上，大数学家牛顿、莱布尼茨等从不同的角度开始系统地研究微积分．牛顿的微积分理论被称为"流数术"，他称变量为流量，称变量的变化率为流数，这相当于我们所说的导数．

1750 年，达朗贝尔在他为法国科学院出版的《百科全书》第四版撰写的"微分"条目中提出了关于导数的一种观点：导数可以理解为差商的极限。对于他的这种观点，用现代符号可以简单表示为 $\{\mathrm{d}y/\mathrm{d}x\} = \lim(oy/ox)$．

1823 年，柯西在他的《无穷小分析概论》中定义导数：如果函数 $y = f(x)$ 在变量 x 的两个给定的界限之间保持连续，并且我们为这样的变量指定一个包含在这两个不同界限之间的值，那么可以使变量得到一个无穷小增量。

19 世纪 60 年代以后，魏尔斯特拉斯创造了 $\varepsilon\text{-}\delta$ 语言，对微积分中出现的各种类型的极限进行了重新表达，导数的定义也发展为今天常见的形式．

复习题 2

1. 填空题.

(1) 设函数 $y = 10^x + x^{10}$，则 $y'(1) = $ ＿＿＿＿＿＿＿＿．

(2) $x^2 \mathrm{d}x = $ ＿＿＿＿＿＿＿＿ $\mathrm{d}(2x^3)$．

(3) 质点运动方程是 $s = \dfrac{\sin t}{t}$，则 $t = \pi$ 时刻的瞬时速度为 _____.

(4) 设 $f(1) = 0$，$f'(1) = 1$，则 $(e^{f(x)})'|_{x=1} = $ _____.

(5) 设 $y = \cos(\ln x)$，则 $dy|_{x=1} = $ _____ dx.

2. 选择题.

(1) 设 $\lim\limits_{\Delta x \to 0} \dfrac{f(2 - \Delta x) - f(2)}{-\Delta x} = -1$，则 $f'(2) = ($).

A. -1 B. 1 C. 0 D. 不存在

(2) 函数 $y = \ln 2 - \ln x$ 的导数为（ ）.

A. $\dfrac{1}{2} - \dfrac{1}{x}$ B. $-x$ C. $-\dfrac{1}{x}$ D. $2 - x$

(3) 设 $f(x) = \dfrac{1}{5 - x}$，则 $f'(4) = ($).

A. $-\dfrac{1}{5}$ B. $\dfrac{1}{5}$ C. -1 D. 1

(4) 设 $f(x) = e^{-2x}$，则二阶导数值 $f''(0) = ($).

A. 2 B. 4 C. -2 D. -4

(5) 曲线 $y = \ln(x+1)$ 在点 $(0,0)$ 处的切线方程为（ ）.

A. $y = x$ B. $y = x - 1$ C. $x = 0$ D. $y = 0$

3. 求导数或微分.

(1) 求函数 $y = x + \sqrt{1 + x^2}$ 的导数；　　(2) 求函数 $y = \dfrac{1 - x^2}{1 + x^2}$ 的导数；

(3) 求函数 $y = e^{\sin x} \ln \sin x$ 的导数；　　(4) 求函数 $y = (1 + 2x)^{\tan x}$ 的导数；

(5) 设 $xy - e^{x+y} = 2$，求 $y'(x)$；　　(6) 设 $\begin{cases} x = 3t^2 + 3 \\ y = e^t \sin t, \end{cases}$ 求 $y'(x)$；

(7) 求函数 $y = e^{-\frac{(x-1)^2}{2}}$ 的微分；　　(8) 求函数 $y = \cos\sqrt{x} - \cos^2 x$ 的微分；

(9) 设 $y = \dfrac{1}{x^2 - 1}$，求 y''；　　(10) 设 $y = \cos 2x$，求 $y^{(n)}$.

4. 解答题.

(1) 讨论函数 $f(x) = \begin{cases} x^2 \sin\dfrac{1}{x}, & x \neq 0, \\ 0, & x = 0 \end{cases}$ 在 $x = 0$ 处的连续性与可导性.

(2) 求曲线 $y = e^x + \ln(x+1)$ 在 $x = 0$ 处的切线与法线方程.

(3) 求曲线 $\begin{cases} x = te^{-t} + 1, \\ y = (2t^2 - t)e^{-t} \end{cases}$ 在 $t = 0$ 处的切线与法线方程.

(4)【电阻电压改变量】设有一电阻负载 $R = 25\ \Omega$（见图 2-7），负载功率由 400 W 变到 401 W，求负载两端电压 U 的改变量的近似值（精确到小数点后三位）.

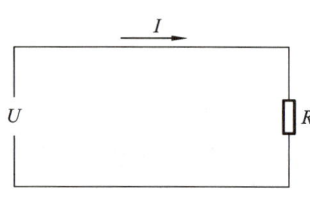

图 2-7

第 2 章参考答案

自测题 2

1. 填空题.

(1) $f'(0)=-1$, $f(0)=0$, 则 $\lim\limits_{x\to 0}\dfrac{f(x)}{x}=$ _____.

(2) $y=\pi^2+2^x$, 则 $y'|_{x=1}=$ _____.

(3) 已知函数 $f(x)=ax^3+3x^2+2$, 且 $f'(-1)=3$, 则 $a=$ _____.

(4) 设 $y=\dfrac{x^5+\sqrt{x^3}+1}{x^3}$, 则 $y'=$ _____.

(5) 设方程 $y^5+2y-x-3x^7=0$ 确定了 y 为 x 的函数, 则 $y'\Big|_{\substack{x=0\\y=0}}=$ _____.

(6) 设 $f(x)=x(x-1)(x-2)$, 则 $f'(0)=$ _____.

(7) 设 $f(x)=e^x+\sin x$, 则 $f''(0)=$ _____.

(8) 曲线 $\begin{cases}x=1-t^2,\\y=2t^2-t\end{cases}$ 在 $t=1$ 处的切线方程是 _____.

(9) 已知 $y=\dfrac{2}{x}+\left(\dfrac{1}{2}\right)^x$, 则 $\mathrm{d}y|_{x=1}=$ _____.

(10) $\mathrm{d}(1-x^4)=$ _____ $x^3\mathrm{d}x$.

2. 选择题.

(1) 曲线 $y=e^{x-1}$ 在点 $(1,1)$ 处的切线方程为 (　　).

A. $y=x$ 　　　　B. $y=x+2$ 　　　　C. $y=x-2$ 　　　　D. $y=x-1$

(2) 设 $f(x)=\dfrac{1}{5x-1}$, 则 $f'(0)=$ (　　).

A. -1 　　　　B. 1 　　　　C. -5 　　　　D. 5

(3) 设 $\mathrm{d}f(x)=\dfrac{1}{x^2}\mathrm{d}x$, 则 $f(x)=$ (　　) $+C$ (C 为任意常数).

A. $-\dfrac{1}{x}$ 　　　B. $\dfrac{1}{x}$ 　　　C. $\dfrac{1}{x^3}$ 　　　D. $\dfrac{1}{3}x^3$

(4) 设 $y=\cos x^2$, 则 $\mathrm{d}y=$ (　　) $\mathrm{d}x$.

A. $-\sin x^2$ 　　B. $-2x\sin x^2$ 　　C. $2x\sin x^2$ 　　D. $\sin x^2$

(5) 设 $y=\ln(1+x)$, 则 $y''=$ (　　).

A. $\dfrac{1}{(1+x)^2}$ 　　B. $-\dfrac{1}{(1+x)^2}$ 　　C. $\dfrac{1}{1+x}$ 　　D. $-\dfrac{1}{1+x}$

(6) 设方程 $xy+\ln y=0$ 确定了函数 $y=y(x)$, 则 $y'=$ (　　).

A. $\dfrac{y}{xy+1}$ 　　B. $\dfrac{y^2}{xy+1}$ 　　C. $\dfrac{-y}{xy+1}$ 　　D. $\dfrac{-y^2}{xy+1}$

(7) 过曲线 $y=\dfrac{4+x}{4-x}$ 上点 $(2,3)$ 处的法线的斜率为 (　　).

A. 1 　　　　B. -1 　　　　C. 0 　　　　D. $\dfrac{1}{2}$

(8) 函数 $y=\dfrac{x^2+a^2}{x}$ ($a>0$) 在 x 处的导数为零, 则 $x=$ (　　).

A. a B. $-a$ C. $\pm a$ D. 0

(9) 下列近似值计算不正确的是(　　).

A. $\sqrt{10}=\sqrt{1+9}\approx 1+\dfrac{9}{2}=5.5$ B. $\sqrt{1.01}=\sqrt{1+0.01}\approx 1+\dfrac{0.01}{2}=1.005$

C. $\sin 0.001\approx 0.001$ D. $\ln 1.0021=\ln(1+0.0021)\approx 0.0021$

(10) 已知函数 $f(x)$ 具有任意阶导数, 且 $f'(x)=[f(x)]^2$, 则当 n 为大于 2 的正整数时, $f(x)$ 的 n 阶导数 $f^{(n)}(x)$ 是(　　).

A. $n[f(x)]^{n+1}$ B. $n![f(x)]^{n+1}$ C. $[f(x)]^{2n}$ D. $n![f(x)]^{2n}$

3. 求导数或微分.

(1) 设 $y=\dfrac{1+\ln x}{1-\ln x}$, 求 y'.

(2) 设 $f(x)=2\cos 3x+(\cos 3x)^2$, 求 $f'(0)$;

(3) 设 $f(x)=2\mathrm{e}^{\sqrt{x}}(\sqrt{x}-1)$, 求 $f''(x)$;

(4) 设 $y=2^{3x+1}+(3x+1)^2$, 求 $\mathrm{d}y$;

(5) 设 $x-y^2+x\mathrm{e}^y=10$, 求 y';

(6) 设 $\begin{cases} x=\arcsin t, \\ y=\sqrt{1-t^2}, \end{cases}$ 求 y'.

4. 设函数 $f(x)=\begin{cases} x^2, & x\leqslant x_0, \\ ax+b, & x>x_0 \end{cases}$ 在 x_0 处可导, 求 a,b.

5. 【气球体积变化量】一充满气的气球, 半径为 5 m, 升空后, 因外部气压降低, 气球的半径增大了 10 cm, 问气球体积大致变化了多少(精确到小数点后一位)?

第3章　中值定理与导数的应用

我们已经研究了导数与微分的概念,以及导数与微分的运算法则.本章将应用导数研究函数的单调性与极值、凹凸性与拐点、曲线的渐近线和曲率等,并利用导数解决一些未定式的极限问题,以及介绍导数在经济分析中的应用.

3.1　中　值　定　理

一、罗尔定理

罗尔定理　设函数 $f(x)$ 满足下列条件:

(1) 在闭区间 $[a,b]$ 上连续;

(2) 在开区间 (a,b) 内可导;

(3) $f(a)=f(b)$,则在 (a,b) 内至少存在一点 ξ,使得 $f'(\xi)=0(a<\xi<b)$.

罗尔定理的几何意义:如图 3-1 所示,若连续曲线 $f(x)$ 在端点 A,B 处的纵坐标相等,除端点外处处有不垂直于 x 轴的切线,则曲线上至少存在一点 C,使得在该点处的切线平行于 x 轴(或弦 AB).

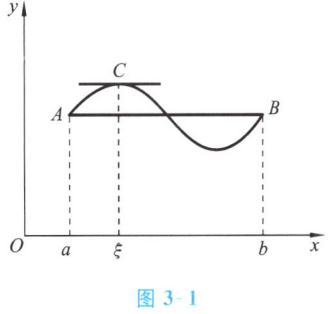

图 3-1

证明　由于 $f(x)$ 在 $[a,b]$ 上连续,根据闭区间上连续函数的最大值和最小值定理,$f(x)$ 在 $[a,b]$ 上必有最大值 M 和最小值 m,这样只可能有以下两种情形:

(1) $M=m$,这时 $f(x)$ 在 $[a,b]$ 上必然取相同的数值,即 $f(x)=M$,于是有 $f'(x)=0$. 此时,(a,b) 内任意一点都可作为 ξ,使 $f'(\xi)=0$.

(2) $M>m$,因为 $f(a)=f(b)$,所以 M 和 m 两个数中至少有一个不等于 $f(x)$ 在 $[a,b]$ 上的端点值. 不妨设 $M\neq f(a)(m\neq f(a)$ 的证法完全类似),那么必定在开区间 (a,b) 内有一点 ξ,使 $f(\xi)=M$.

下面证明 $f(x)$ 在点 ξ 处的导数等于零,即证明 $f'(\xi)=0$.

因为 ξ 是开区间 (a,b) 内的一点,由条件可知 $f'(\xi)$ 存在,即极限 $\lim\limits_{\Delta x\to 0}\dfrac{f(\xi+\Delta x)-f(\xi)}{\Delta x}$ 存在,而极限存在,则其左、右极限都存在并且相等,因此

$$f'(\xi)=\lim\limits_{\Delta x\to 0^+}\frac{f(\xi+\Delta x)-f(\xi)}{\Delta x}=\lim\limits_{\Delta x\to 0}\frac{f(\xi+\Delta x)-f(\xi)}{\Delta x}.$$

由于 $f(\xi)=M$ 是 $f(x)$ 在 $[a,b]$ 上的最大值,所以不论 Δx 是正还是负,只要 $\xi+\Delta x$ 在 $[a,b]$ 上,总有 $f(\xi+\Delta x)\leqslant f(\xi)$,即

$$f(\xi+\Delta x)-f(\xi)\leqslant 0.$$

当 $\Delta x>0$ 时,$\dfrac{f(\xi+\Delta x)-f(\xi)}{\Delta x}\leqslant 0$,从而根据函数的性质,有

$$f'(\xi)=\lim\limits_{\Delta x\to 0^+}\frac{f(\xi+\Delta x)-f(\xi)}{\Delta x}\leqslant 0.$$

同理,当 $\Delta x<0$ 时,$\dfrac{f(\xi+\Delta x)-f(\xi)}{\Delta x}\geqslant 0$,从而有

$$f'(\xi)=\lim\limits_{\Delta x\to 0^-}\frac{f(\xi+\Delta x)-f(\xi)}{\Delta x}\geqslant 0.$$

因此,必然有 $f'(\xi)=0$.

关于罗尔定理,需要注意以下 3 点:

(1) 定理中的 3 个条件,有任何一个不满足,则定理的结论就可能不成立.

(2) 虽然定理结论中的"在 (a,b) 内至少存在一点 ξ"并没有指出点 ξ 的具体个数,也没有指出点 ξ 在 (a,b) 内的位置,同时没有给出求点 ξ 的具体方法,只是指出了点 ξ 的存在性,但是从后面的应用可以看出,这并不影响该定理的使用.

(3) 定理的 3 个条件是充分非必要的,也就是说,定理的结论成立时,函数未必满足定理的 3 个条件,即定理的逆命题不成立. 例如,函数 $y=(x-1)^2+1$ 在闭区间 $[0,3]$ 上(见图 3-2),$f(0)\neq f(3)$ 并不满足定理中 $f(a)=f(b)$ 的条件,但在 $[0,3]$ 内存在一点 $\xi=1$,使 $f'(1)=0$.

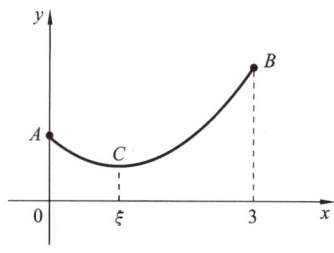

图 3-2

二、拉格朗日中值定理

在罗尔定理中,第 3 个条件 $f(a)=f(b)$ 是比较"苛刻"的,不易被一般的函数所满足,这使得罗尔定理的适用范围较窄. 事实上,若函数 $f(x)$ 只满足罗尔定理的前两个条件,仍然具有与罗尔定理相类似的结论. 如图 3-3 所示,如果连续曲线 $y=f(x)$ 除端点外,处处有不垂直于 x 轴的切线,那么在曲线弧上至少存在一点 $C(\xi,f(\xi))$,使曲线在该点的切线平行于过曲线两端点的弦 AB.

拉格朗日中值定理 设函数 $f(x)$ 满足:

(1) 在闭区间 $[a,b]$ 上连续;

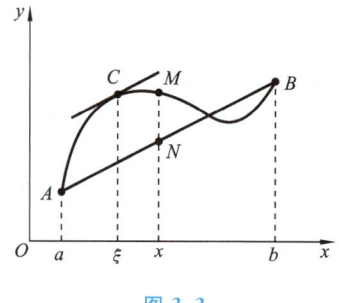

图 3-3

(2) 在开区间 (a,b) 内可导,

则在 (a,b) 内至少存在一点 ξ,使得 $f'(\xi)=\dfrac{f(b)-f(a)}{b-a}(a<\xi<b)$ 成立.

定理的证明从略.

拉格朗日中值定理的结论往往也可表示为

$$f(b)-f(a)=f'(\xi)(b-a).$$

我们称这个式子为拉格朗日中值公式.

从前面的分析中不难发现:

(1) 拉格朗日中值定理是罗尔定理的推广,罗尔定理是拉格朗日中值定理的特殊情况.

(2) 在拉格朗日中值公式中,令 $x_0=a,\Delta x=b-a$,则公式可写成

$$f(x_0+\Delta x)=f(x_0)+f'(\xi)\Delta x \quad (x_0<\xi<x_0+\Delta x).$$

比较微分近似公式

$$f(x_0+\Delta x)\approx f(x_0)+f'(x_0)\Delta x$$

可知,拉格朗日中值公式是微分近似公式的精确化表现.

作为拉格朗日中值定理的一个应用,我们可以导出在积分学中很有用的一个定理. 我们知道,若函数 $f(x)$ 在某区间上是一个常数,则 $f(x)$ 在该区间上的导数恒为零,它的逆命题也是成立的,如下所述.

定理　如果函数 $f(x)$ 在区间 I 上的导数恒为零,那么 $f(x)$ 在区间 I 上是一个常数.

证明　在区间 I 上任取两点 $x_1,x_2(x_1<x_2)$,由拉格朗日中值定理有

$$f(x_2)-f(x_1)=f'(\xi)(x_2-x_1) \quad (x_1<\xi<x_2),$$

由题设知 $f'(\xi)=0$,所以 $f(x_2)-f(x_1)=0$,即 $f(x_2)=f(x_1)$.

又因为 x_1,x_2 是区间 I 的上任意两点,所以 $f(x)$ 在区间 I 上的函数值总是相等的,也就是说,$f(x)$ 在区间 I 上是一个常数.

例 1　证明: $|\sin b-\sin a|\leqslant|b-a|$.

证　设 $f(x)=\sin x$,不妨设 $a<b$. 由于 $f(x)=\sin x$ 在 $[a,b]$ 上满足拉格朗日中值定理的条件,所以

$$\sin b-\sin a=\cos\xi\cdot(b-a) \quad (a<\xi<b),$$

即

$$|\sin b-\sin a|=|\cos\xi|\cdot|b-a|.$$

又因为 $|\cos\xi|\leqslant1$,所以 $|\sin b-\sin a|\leqslant|b-a|$.

例 2　证明:当 $x>0$ 时,$\ln(1+x)<x$.

证　设 $f(x)=\ln(1+x)$,显然 $f(x)$ 在 $[0,x]$ 上满足拉格朗日中值定理的条件,则有

$$f(x)-f(0)=f'(\xi)(x-0) \quad (0<\xi<x).$$

由于 $f(0)=0,f'(x)=\dfrac{1}{1+x}$,因此上式即为

$$\ln(1+x)=\frac{x}{1+\xi}.$$

又由 $0<\xi<x$,有

$$\ln(1+x)=\frac{x}{1+\xi}<x,$$

即

$$\ln(1+x)<x.$$

三、柯西中值定理

如果拉格朗日中值定理中的函数 $y=f(x)$ 是由参数方程

$$\begin{cases} X=g(x) \\ Y=f(x) \end{cases} \quad (a \leqslant x \leqslant b)$$

给出的,其中 x 为参数(见图 3-4),那么曲线上点 (X,Y) 处的切线的斜率为

$$\frac{dY}{dX}=\frac{f'(x)}{g'(x)},$$

而弦 AB 的斜率为

$$\frac{f(b)-f(a)}{g(b)-g(a)}.$$

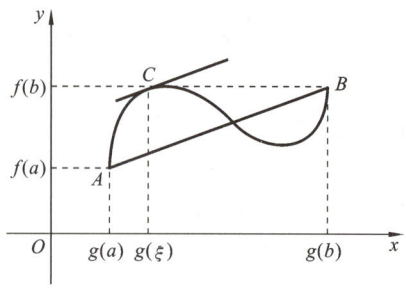

图 3-4

假定点 C 对应于参数 $x=\xi$,那么曲线上点 C 处的切线平行于弦 AB 可以表示为

$$\frac{f(b)-f(a)}{g(b)-g(a)}=\frac{f'(\xi)}{g'(\xi)}$$

以上事实相应地将拉格朗日中值定理推广为柯西中值定理.

柯西中值定理 设函数 $f(x)$ 与 $g(x)$ 满足:

(1) 在闭区间 $[a,b]$ 上都连续;

(2) 在开区间 (a,b) 内都可导;

(3) 在开区间 (a,b) 内 $g'(x) \neq 0$,

则在 (a,b) 内至少存在一点 ξ,使得 $\frac{f(b)-f(a)}{g(b)-g(a)}=\frac{f'(\xi)}{g'(\xi)}$ 成立.

柯西中值定理中,若令 $g(x)=x$,那么它就是拉格朗日中值定理,所以柯西中值定理又称为广义中值定理.

习题 3-1

1. 下列函数在给定区间上是否满足罗尔定理的条件?若满足,试求出相应的 ξ 值.

(1) $y=\sqrt{x}$, $x \in [0,1]$;

(2) $y=1-x^2$, $x \in [-1,1]$;

(3) $y=|x|$, $x \in [-1,1]$.

2. 下列函数在给定区间上是否满足拉格朗日中值定理的条件?若满足,试求出相应的 ξ 值.

(1) $f(x)=\dfrac{3}{2x^2+1}$, $x \in [-1,1]$;

(2) $f(x)=\arctan x$, $x \in [0,1]$;

(3) $f(x)=\ln|x|$, $x \in [-1,2]$.

3. 证明不等式 $|\arctan b-\arctan a| \leqslant |b-a|$.

4. 证明恒等式 $\arcsin x+\arccos x=\dfrac{\pi}{2}$, $x \in [-1,1]$.

3.2　洛必达法则

当 $x \to x_0$（或 $x \to \infty$）时，两个函数 $f(x)$ 与 $g(x)$ 都趋于零或者都趋于无穷大，极限 $\lim\limits_{\substack{x \to x_0 \\ (x \to \infty)}} \dfrac{f(x)}{g(x)}$ 可能存在，也可能不存在. 通常把这种极限称为未定式，并分别记为 $\dfrac{0}{0}$ 或 $\dfrac{\infty}{\infty}$. 例如，极限 $\lim\limits_{x \to 0} \dfrac{\sin x}{x}$ 就是 $\dfrac{0}{0}$ 型的未定式. 对于这一类极限，即使它存在也不能利用商的极限运算法则，所以求起来是比较困难的. 下面根据柯西中值定理，推出求这类极限的一种简便且重要的方法.

洛必达法则

一、$\dfrac{0}{0}$ 型和 $\dfrac{\infty}{\infty}$ 型未定式

我们着重讨论 $x \to x_0$ 时，$\dfrac{0}{0}$ 型未定式的情形.

定理（洛必达法则）　设函数 $f(x)$，$g(x)$ 在点 x_0 的某邻域内可导，且满足：

(1) $\lim\limits_{x \to x_0} f(x) = \lim\limits_{x \to x_0} g(x) = 0$；

(2) $g'(x) \neq 0$；

(3) $\lim\limits_{x \to x_0} \dfrac{f'(x)}{g'(x)}$ 存在（或无穷大），

则

$$\lim_{x \to x_0} \frac{f(x)}{g(x)} = \lim_{x \to x_0} \frac{f'(x)}{g'(x)}.$$

这就是说，当 $\lim\limits_{x \to x_0} \dfrac{f'(x)}{g'(x)}$ 存在时，$\lim\limits_{x \to x_0} \dfrac{f(x)}{g(x)}$ 也存在，且等于 $\lim\limits_{x \to x_0} \dfrac{f'(x)}{g'(x)}$；当 $\lim\limits_{x \to x_0} \dfrac{f'(x)}{g'(x)}$ 为无穷大时，$\lim\limits_{x \to x_0} \dfrac{f(x)}{g(x)}$ 也是无穷大. 这种在一定条件下通过分子、分母分别求导，再求极限来确定未定式极限值的方法称为洛必达法则.

证明　因为求 $\dfrac{f(x)}{g(x)}$ 在 $x \to x_0$ 时的极限与 $f(x_0)$ 和 $g(x_0)$ 的值无关，所以可以假定 $f(x_0) = g(x_0) = 0$. 于是由条件(1)(2)可知，$f(x)$ 及 $g(x)$ 在点 x_0 的某一邻域内是连续的. 设 x 是该邻域内的一点，那么在以 x 及 x_0 为端点的区间上，柯西中值定理的条件均被满足，因此有

$$\frac{f(x)}{g(x)} = \frac{f(x) - f(x_0)}{g(x) - g(x_0)} = \frac{f'(\xi)}{g'(\xi)} \quad (\xi \text{ 介于 } x \text{ 和 } x_0 \text{ 之间}).$$

令 $x \to x_0$，并对上式两端求极限，且注意到 $x \to x_0$ 时 $\xi \to x_0$，所以

$$\lim_{x \to x_0} \frac{f(x)}{g(x)} = \lim_{x \to x_0} \frac{f(x) - f(x_0)}{g(x) - g(x_0)} = \lim_{\xi \to x_0} \frac{f'(\xi)}{g'(\xi)} = \lim_{x \to x_0} \frac{f'(x)}{g'(x)} \quad (\xi \text{ 介于 } x \text{ 和 } x_0 \text{ 之间}).$$

需要特别指出的是：凡属于 $\dfrac{0}{0}$ 型和 $\dfrac{\infty}{\infty}$ 型的极限，不论 $x \to x_0$ 还是 $x \to \infty$，只要洛必达法

 高等数学

则所要求的相应条件得到满足,其结论都是成立的. 这里不再一一证明.

例 1 求 $\lim\limits_{x\to 0}\dfrac{\sin ax}{\sin bx}(b\neq 0)$.

解
$$\lim\limits_{x\to 0}\dfrac{\sin ax}{\sin bx}\overset{\frac{0}{0}}{=}\lim\limits_{x\to 0}\dfrac{a\cos ax}{b\cos bx}=\dfrac{a}{b}.$$

例 2 求 $\lim\limits_{x\to 1}\dfrac{x^3-3x+2}{x^3-x^2-x+1}$.

解
$$\lim\limits_{x\to 1}\dfrac{x^3-3x+2}{x^3-x^2-x+1}\overset{\frac{0}{0}}{=}\lim\limits_{x\to 1}\dfrac{3x^2-3}{3x^2-2x-1}\overset{\frac{0}{0}}{=}\lim\limits_{x\to 1}\dfrac{6x}{6x-2}=\dfrac{3}{2}.$$

注意: 在上式中,$\lim\limits_{x\to 1}\dfrac{6x}{6x-2}$ 已不是 $\dfrac{0}{0}$ 型或 $\dfrac{\infty}{\infty}$ 型未定式,不能对它使用洛必达法则,否则将导致错误的结果.

例 3 求 $\lim\limits_{x\to +\infty}\dfrac{\ln^2 x}{x}$.

解
$$\lim\limits_{x\to +\infty}\dfrac{\ln^2 x}{x}\overset{\frac{\infty}{\infty}}{=}\lim\limits_{x\to +\infty}\dfrac{2\ln x\cdot\dfrac{1}{x}}{1}=\lim\limits_{x\to +\infty}\dfrac{2\ln x}{x}\overset{\frac{\infty}{\infty}}{=}\lim\limits_{x\to +\infty}\dfrac{2}{x}=0.$$

例 4 求 $\lim\limits_{x\to +\infty}\dfrac{e^x}{x^3}$.

解
$$\lim\limits_{x\to +\infty}\dfrac{e^x}{x^3}\overset{\frac{\infty}{\infty}}{=}\lim\limits_{x\to +\infty}\dfrac{e^x}{3x^2}\overset{\frac{\infty}{\infty}}{=}\lim\limits_{x\to +\infty}\dfrac{e^x}{6x}\overset{\frac{\infty}{\infty}}{=}\lim\limits_{x\to +\infty}\dfrac{e^x}{6}=+\infty.$$

以上两个例子的结论可以分别推广到 $\lim\limits_{x\to +\infty}\dfrac{\ln^n x}{x}=0$,$\lim\limits_{x\to +\infty}\dfrac{e^x}{x^n}=+\infty$(其中 n 为自然数).

例 5 求 $\lim\limits_{x\to 0}\dfrac{x-\sin x}{\tan x^3}$.

解 方法一:
$$\lim\limits_{x\to 0}\dfrac{x-\sin x}{\tan x^3}\overset{\frac{0}{0}}{=}\lim\limits_{x\to 0}\dfrac{1-\cos x}{(\sec^2 x^3)\cdot 3x^2}=\lim\limits_{x\to 0}\dfrac{1}{\sec^2 x^3}\lim\limits_{x\to 0}\dfrac{1-\cos x}{3x^2}$$
$$=\lim\limits_{x\to 0}\dfrac{1-\cos x}{3x^2}\overset{\frac{0}{0}}{=}\lim\limits_{x\to 0}\dfrac{\sin x}{6x}\overset{\frac{0}{0}}{=}\lim\limits_{x\to 0}\dfrac{\cos x}{6}=\dfrac{1}{6}.$$

方法二:

由于 $x\to 0$ 时 $\tan x^3\sim x^3$,$1-\cos x\sim\dfrac{1}{2}x^2$,所以可以先用等价无穷小量替换,然后再用洛必达法则求极限.

$$\lim\limits_{x\to 0}\dfrac{x-\sin x}{\tan x^3}=\lim\limits_{x\to 0}\dfrac{x-\sin x}{x^3}\overset{\frac{0}{0}}{=}\lim\limits_{x\to 0}\dfrac{1-\cos x}{3x^2}=\lim\limits_{x\to 0}\dfrac{\dfrac{1}{2}x^2}{3x^2}=\dfrac{1}{6}.$$

以上方法启示我们,在运用洛必达法则时,仍应充分利用已有的方法,以期收到事半功倍的效果.

综上所述,利用洛必达法则求极限应特别注意以下几点.

(1)洛必达法则只适用于 $\dfrac{0}{0}$ 型和 $\dfrac{\infty}{\infty}$ 型未定式求极限,因此,每次使用前必须检验所求极

限是否为 $\dfrac{0}{0}$ 型和 $\dfrac{\infty}{\infty}$ 型未定式.

（2）如果 $\lim\dfrac{f'(x)}{g'(x)}$ 仍是 $\dfrac{0}{0}$ 型和 $\dfrac{\infty}{\infty}$ 型未定式，则可连续使用洛必达法则进行运算.

（3）尽管洛必达法则在解决 $\dfrac{0}{0}$ 型和 $\dfrac{\infty}{\infty}$ 型未定式方面应用很广，也很方便，但它并非"万能"，也就是说，它也会"失效"，这时应该用其他方法求极限. 例如，

$$\lim_{x\to 0}\frac{x^2\sin\dfrac{1}{x}}{\sin x}\overset{\frac{0}{0}}{=}\lim_{x\to 0}\frac{2x\sin\dfrac{1}{x}+x^2\cos\dfrac{1}{x}\cdot\left(-\dfrac{1}{x^2}\right)}{\cos x}=\lim_{x\to 0}\frac{2x\sin\dfrac{1}{x}-\cos\dfrac{1}{x}}{\cos x},$$

此时极限无法求出，但这并不能说明极限不存在，只能说明用洛必达法则"失效"而已. 正确的解法是

$$\lim_{x\to 0}\frac{x^2\sin\dfrac{1}{x}}{\sin x}=\lim_{x\to 0}\frac{x}{\sin x}\cdot x\sin\frac{1}{x}=\lim_{x\to 0}\frac{x}{\sin x}\cdot\lim_{x\to 0}x\sin\frac{1}{x}=1\times 0=0.$$

二、其他类型未定式

除 $\dfrac{0}{0}$ 型和 $\dfrac{\infty}{\infty}$ 型未定式以外，未定式还有 $\infty-\infty,0\cdot\infty,\infty^0,0^0$ 和 1^∞ 等类型，它们往往都可化为 $\dfrac{0}{0}$ 型和 $\dfrac{\infty}{\infty}$ 型，然后用洛必达法则求解，以下举例说明.

例 6　求 $\lim\limits_{x\to\frac{\pi}{2}}(\sec x-\tan x)$.

解　这是 $\infty-\infty$ 型未定式，因为

$$\sec x-\tan x=\frac{1-\sin x}{\cos x},$$

当 $x\to\dfrac{\pi}{2}$ 时，上式右端为 $\dfrac{0}{0}$ 型，可以应用洛必达法则，所以

$$\lim_{x\to\frac{\pi}{2}}(\sec x-\tan x)=\lim_{x\to\frac{\pi}{2}}\frac{1-\sin x}{\cos x}\overset{\frac{0}{0}}{=}\lim_{x\to\frac{\pi}{2}}\frac{-\cos x}{-\sin x}=\lim_{x\to\frac{\pi}{2}}\cot x=0.$$

例 7　求 $\lim\limits_{x\to 0^+}x^2\ln x$.

解　这是 $0\cdot\infty$ 型未定式，因为

$$x^2\ln x=\frac{\ln x}{x^{-2}},$$

当 $x\to 0^+$ 时，上式右端为 $\dfrac{\infty}{\infty}$ 型，可以应用洛必达法则，所以

$$\lim_{x\to 0^+}x^2\ln x=\lim_{x\to 0^+}\frac{\ln x}{x^{-2}}\overset{\frac{\infty}{\infty}}{=}\lim_{x\to 0^+}\frac{x^{-1}}{-2x^{-3}}=\lim_{x\to 0^+}\frac{x^2}{-2}=0.$$

另外，幂指数函数的极限 $\lim f(x)^{g(x)}$ 的未定式多为 $0^0,\infty^0$ 和 1^∞ 这三种类型，假定 $f(x)>0$，因为

$$\lim f(x)^{g(x)}=\lim\mathrm{e}^{g(x)\ln f(x)}=\mathrm{e}^{\lim g(x)\ln f(x)},$$

所以这三种类型的未定式一般都归结为 $0\cdot\infty$ 型.

例 8 求 $\lim\limits_{x \to 0^+} x^x$.

解 这是 0^0 型未定式,由于

$$\lim_{x \to 0^+} x^x = \lim_{x \to 0^+} e^{x\ln x} = e^{\lim\limits_{x \to 0^+} x\ln x},$$

其中 $\lim\limits_{x \to 0^+} x\ln x$ 为 $0 \cdot \infty$ 型,可运用例 7 的方法解决,即

$$\lim_{x \to 0^+} x\ln x = \lim_{x \to 0^+} \frac{\ln x}{x^{-1}} \overset{\frac{\infty}{\infty}}{=\!=} \lim_{x \to 0^+} \frac{x^{-1}}{-x^{-2}} = \lim_{x \to 0^+} (-x) = 0,$$

所以

$$\lim_{x \to 0^+} x^x = e^0 = 1.$$

例 9 求 $\lim\limits_{x \to 0^+} (\cot x)^{\frac{1}{\ln x}}$.

解 这是 ∞^0 型未定式,由于

$$\lim_{x \to 0^+} (\cot x)^{\frac{1}{\ln x}} = \lim_{x \to 0^+} e^{\frac{1}{\ln x}\ln(\cot x)} = e^{\lim\limits_{x \to 0^+} \frac{\ln(\cot x)}{\ln x}},$$

而其中

$$\lim_{x \to 0^+} \frac{\ln(\cot x)}{\ln x} \overset{\frac{\infty}{\infty}}{=\!=} \lim_{x \to 0^+} \frac{\tan x \cdot (-\csc^2 x)}{x^{-1}} = -\lim_{x \to 0^+} \frac{x}{\sin x \cdot \cos x}$$

$$= -\lim_{x \to 0^+} \frac{x}{\sin x} \cdot \lim_{x \to 0^+} \frac{1}{\cos x} = -1,$$

所以

$$\lim_{x \to 0^+} (\cot x)^{\frac{1}{\ln x}} = e^{-1}.$$

习题 3-2

洛必达法则
(习题课)

1. 用洛必达法则求下列极限.

(1) $\lim\limits_{x \to 0} \dfrac{e^x - e^{-x}}{\sin x}$;

(2) $\lim\limits_{x \to 0} \dfrac{\sin 2x}{\sin 3x}$;

(3) $\lim\limits_{x \to a} \dfrac{\sin x - \sin a}{x - a}$;

(4) $\lim\limits_{x \to 0} \dfrac{a^x - b^x}{x}$;

(5) $\lim\limits_{x \to +\infty} \dfrac{\sqrt{x+2} - \sqrt{3}}{x - 1}$;

(6) $\lim\limits_{x \to +\infty} \dfrac{\ln x}{x^2}$;

(7) $\lim\limits_{x \to \frac{\pi}{2}} \dfrac{\tan x}{\tan 3x}$;

(8) $\lim\limits_{x \to +\infty} x\left(\dfrac{\pi}{2} - \arctan x\right)$;

(9) $\lim\limits_{x \to 0} \left(\dfrac{1}{x} - \dfrac{1}{e^x - 1}\right)$;

(10) $\lim\limits_{x \to 0} x\cot 2x$;

(11) $\lim\limits_{x \to 1} x^{\frac{1}{1-x}}$;

(12) $\lim\limits_{x \to 0^+} \left(\dfrac{1}{x}\right)^{\tan x}$.

2. 检验极限 $\lim\limits_{x \to \infty} \dfrac{x + \sin x}{x}$ 存在,但不能用洛必达法则求出.

3.3　函数的单调性与极值

我们知道,函数的单调性是函数重要的特性之一,它既决定着函数单调递增和单调递减的状况,又能帮助我们研究函数的极值.本节将利用函数的导数研究函数的单调性与极值.

函数的单调性与极值

一、函数单调性的判别法

如图 3-5 所示,如果函数 $y=f(x)$ 在 $[a,b]$ 上单调增加,那么它的图象是一条沿 x 轴正向上升的曲线 AB.这时函数曲线 $y=f(x)$ 上任意点 (x,y) 处的切线倾斜角 α 是锐角,因而切线的斜率都是正值,即 $y'=f'(x)>0$.

如图 3-6 所示,如果函数 $y=f(x)$ 在 $[a,b]$ 上单调减少,那么它的图象是一条沿 x 轴正向下降的曲线 AB.这时函数曲线 $y=f(x)$ 上任意点 (x,y) 处的切线倾斜角 β 是钝角,因而切线的斜率都为负值,即 $y'=f'(x)<0$.

函数单调性的判断

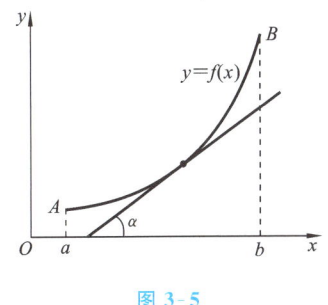

图 3-5

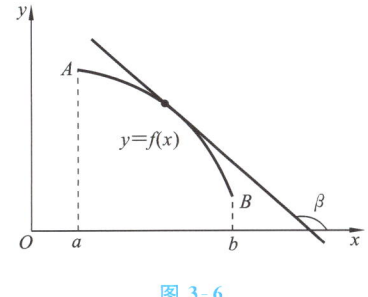

图 3-6

由此可知,函数的单调性与其一阶导数的符号有着密切的联系.

定理 1　设函数 $y=f(x)$ 在 $[a,b]$ 上连续,在 (a,b) 内可导.

(1) 如果在 (a,b) 内 $f'(x)>0$,那么函数 $y=f(x)$ 在 (a,b) 内单调增加;

(2) 如果在 (a,b) 内 $f'(x)<0$,那么函数 $y=f(x)$ 在 (a,b) 内单调减少.

证明　在 (a,b) 内任取两点 x_1,x_2,且 $x_1<x_2$,显然函数 $f(x)$ 在 $[x_1,x_2]$ 上满足拉格朗日中值定理的条件,于是至少存在一点 $\xi\in(x_1,x_2)$,使得

$$f(x_2)-f(x_1)=f'(\xi)(x_2-x_1) \quad (x_1<\xi<x_2).$$

(1) 因为 $x_1<x_2$,所以 $x_2-x_1>0$.又因为 $f'(x)>0$,所以 $f'(\xi)>0$.于是

$$f(x_2)-f(x_1)=f'(\xi)(x_2-x_1)>0,$$

即

$$f(x_1)<f(x_2).$$

这表明函数 $y=f(x)$ 在 (a,b) 内单调增加.

(2) 对于 $f'(x)<0$ 的情形,其证法与(1)的证法类似,证明从略.

注意:(1) 如果将定理 1 中的闭区间 $[a,b]$ 换成其他各种区间(包括无穷区间),定理 1 的结论仍然成立.

(2) 如果将定理 1 中的条件 $f'(x)>0$(或 $f'(x)<0$)改成 $f'(x)\geq0$(或 $f'(x)\leq0$),但等号只在有限个点处成立,则函数 $f(x)$ 在 (a,b) 内仍然是单调增加(或单调减少)的.

例 1 求函数 $y=x^3-3x$ 的单调区间.

解 函数的定义域为 $(-\infty,+\infty)$,
$$y'=3x^2-3=3(x+1)(x-1).$$
令 $y'=0$,得 $x_1=-1,x_2=1$.

点 x_1,x_2 将定义域分为三个子区间:$(-\infty,-1),(-1,1),(1,+\infty)$.

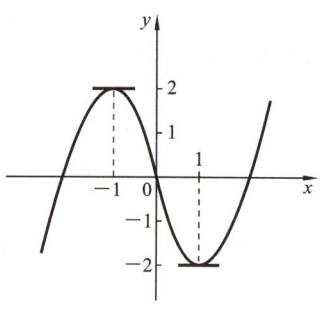

图 3-7

因为当 $x\in(-\infty,-1)$ 时,$y'>0$;当 $x\in(-1,1)$ 时,$y'<0$;当 $x\in(1,+\infty)$ 时,$y'>0$. 所以函数 y 在 $(-\infty,-1)$ 和 $(1,+\infty)$ 内单调增加,在 $(-1,1)$ 内单调减少,如图 3-7 所示.

为了简便起见,将上述讨论归纳为以下的表格(见表 3-1).

表 3-1

x	$(-\infty,-1)$	$(-1,1)$	$(1,+\infty)$
y'	$+$	$-$	$+$
y	↗	↘	↗

其中,箭头 ↗,↘ 分别表示函数在指定区间内单调增加和单调减少.

例 2 求函数 $y=2x^3-3x^2+4$ 的单调区间.

解 函数的定义域为 $(-\infty,+\infty)$,
$$y'=6x^2-6x=6x(x-1).$$
令 $y'=0$,得 $x_1=0,x_2=1$. 它们将定义域分成三个子区间:$(-\infty,0),(0,1),(1,+\infty)$,列表讨论如下(见表 3-2).

表 3-2

x	$(-\infty,0)$	$(0,1)$	$(1,+\infty)$
y'	$+$	$-$	$+$
y	↗	↘	↗

由表 3-2 知,函数 y 在 $(-\infty,0)$ 和 $(1,+\infty)$ 内单调增加,在 $(0,1)$ 内单调减少.

例 3 求函数 $y=x^{\frac{2}{3}}$ 的单调区间.

解 函数的定义域为 $(-\infty,+\infty)$,
$$y'=\frac{2}{3}x^{-\frac{1}{3}}=\frac{2}{3\sqrt[3]{x}}.$$
令 $y'=0$,无解. 但当 $x=0$ 时,y' 不存在.

$x=0$ 将定义域分成 2 个子区间:$(-\infty,0),(0,+\infty)$,列表讨论如下(见表 3-3).

表 3-3

x	$(-\infty,0)$	$(0,+\infty)$
y'	$-$	$+$
y	↘	↗

由表 3-3 知,函数 y 在 $(-\infty,0)$ 内单调减少,在 $(0,+\infty)$ 内单调增加.

由例 2、例 3 可得求函数单调性的一般步骤:

(1) 确定函数的定义域;

(2) 求函数的一阶导数,并求出 $y'=0$ 在定义区间内的全部实根,以及 y' 不存在的点. 将以上所有点按从小到大的顺序排列,把定义域分为若干个子区间;

(3) 判断 y' 在各个子区间内的符号,从而确定函数 y 在各个子区间内的单调性;

(4) 得出结论.

例 4　证明:当 $x>1$ 时,$2\sqrt{x}>3-\dfrac{1}{x}$.

证明　令 $f(x)=2\sqrt{x}-\left(3-\dfrac{1}{x}\right)$,则

$$f'(x)=\frac{1}{\sqrt{x}}-\frac{1}{x^2}=\frac{1}{x^2}(x\sqrt{x}-1).$$

由于 $f(x)$ 在 $(1,+\infty)$ 内连续,且在 $(1,+\infty)$ 内 $f'(x)>0$,因此 $f(x)$ 在 $(1,+\infty)$ 内单调增加,故 $f(x)>f(1)$.

又由于 $f(1)=0$,故 $f(x)>f(1)=0$,即

$$2\sqrt{x}-\left(3-\frac{1}{x}\right)>0,$$

所以 $2\sqrt{x}>3-\dfrac{1}{x}$.

由例 4 知,运用函数的单调性证明不等式的关键在于构造适当的辅助函数,并研究它在指定区间内的单调性.

二、函数的极值及其求法

求函数的极值

由例 1 可以看到,点 $x_1=-1$ 及 $x_2=1$ 是函数 $y=x^3-3x$ 单调区间的分界点. 当自变量 x 从点 $x_1=-1$ 的左邻域变到右邻域时,$y=x^3-3x$ 的函数值由单调增加变到单调减少,在点 $x_1=-1$ 的左、右邻域内恒有 $f(-1)>f(x)$,我们称 $f(-1)$ 为函数 $f(x)$ 的极大值. 类似地,点 $x_2=1$ 是函数由减少变为增加的转折点,在点 $x_2=1$ 的左、右邻域内恒有 $f(1)<f(x)$,我们称 $f(1)$ 为函数 $f(x)$ 的极小值.

1. 极值的定义

定义　设函数 $y=f(x)$ 在点 x_0 的一个邻域内有定义,如果对于该邻域内的任意一点 x($x\neq x_0$),均有:

(1) $f(x_0)>f(x)$,则称 $f(x_0)$ 为函数 $f(x)$ 的极大值,x_0 为 $f(x)$ 的极大值点;

(2) $f(x_0) < f(x)$，则称 $f(x_0)$ 为函数 $f(x)$ 的极小值，x_0 为 $f(x)$ 的极小值点.

函数的极大值与极小值统称为函数的极值，极大值点与极小值点统称为极值点.

由以上定义可知，函数的极大值和极小值是局部性概念. 假设 $f(x_0)$ 是函数 $f(x)$ 的一个极大值，那只是就 x_0 附近的一个局部范围来说的；如果就 $f(x)$ 的整个定义域来说，$f(x_0)$ 不一定是最大值. 关于极小值也类似.

如图 3-8 所示的函数 $f(x)$，它在点 x_2 和 x_5 处各有极大值 $f(x_2)$ 和 $f(x_5)$，在点 x_1，x_4 和 x_6 处各有极小值 $f(x_1)$，$f(x_4)$ 和 $f(x_6)$，而极大值 $f(x_2)$ 小于极小值 $f(x_6)$；就整个区间 $[a,b]$ 来说，只有一个极小值 $f(x_1)$，同时 $f(x_1)$ 也是最小值，而没有一个极大值是最大值.

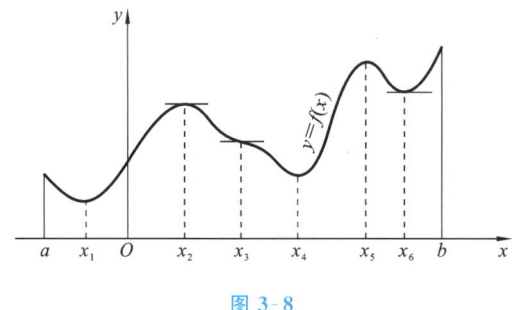

图 3-8

从图 3-8 中还可以看到，在极值点处如果曲线有切线存在，并且切线有确定的斜率，那么该切线平行于 x 轴，即该切线的斜率等于 0. 但是，在某点曲线的切线平行于 x 轴，并不意味着这点就一定是极值点，如图 3-8 中的点 x_3 不是极值点，而曲线在点 x_3 的切线却平行于 x 轴.

2. 极值存在的必要条件

定理 2（必要条件）　设函数 $y = f(x)$ 在点 x_0 处可导，且 $f(x_0)$ 为极值（x_0 为极值点），则 $f'(x) = 0$.

证明　设 $f(x_0)$ 为极大值，由极值定义知，必存在 x_0 的一个邻域 $N(x_0, \delta)$，当 $x_0 + \Delta x \in N(x_0, \delta)$ 时，有 $f(x_0 + \Delta x) - f(x_0) < 0$. 于是

$$\frac{f(x_0 + \Delta x) - f(x_0)}{\Delta x} > 0 \quad \text{（当 } \Delta x < 0 \text{ 时）};$$

$$\frac{f(x_0 + \Delta x) - f(x_0)}{\Delta x} < 0 \quad \text{（当 } \Delta x > 0 \text{ 时）}.$$

由定理 2 的条件可知，$f(x)$ 在点 x_0 处可导，即 $f(x)$ 在点 x_0 处的左、右导数存在且相等，$f'_-(x_0) = f'_+(x_0)$，所以

$$f'_-(x_0) = f'(x_0) = \lim_{\Delta x \to 0^-} \frac{f(x_0 + \Delta x) - f(x_0)}{\Delta x} \geqslant 0,$$

$$f'_+(x_0) = f'(x_0) = \lim_{\Delta x \to 0^+} \frac{f(x_0 + \Delta x) - f(x_0)}{\Delta x} \leqslant 0.$$

因此，$f'(x) = 0$.

同理可证极小值的情形，证明从略.

使导数为零的点（方程 $f'(x) = 0$ 的实根）称为函数 $f(x)$ 的**驻点**.

注意:(1) 可导函数 $f(x)$ 的极值点必定是它的驻点. 但反过来,驻点可能是函数的极值点,也可能不是函数的极值点. 例如,$f(x)=x^3$ 的导数 $f'(x)=3x^2$,$f'(0)=0$,因此 $x=0$ 是可导函数 $f(x)=x^3$ 的驻点,但 $x=0$ 却不是这个函数的极值点,如图 3-9 所示.

(2) 定理 2 是对函数在点 x_0 处可导而言的,但连续而不可导的点也可能是极值点. 例如,$y=|x|$ 显然在点 $x=0$ 处连续,在该点处不可导,但是 $x=0$ 为该函数的极小值点,如图 3-10 所示.

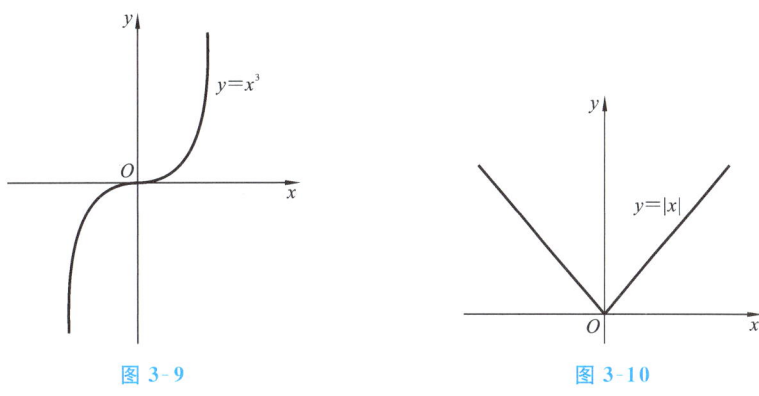

图 3-9   图 3-10

综上所述,导数存在的极值点一定是驻点,极值点一定是驻点或不可导点,但驻点和不可导点不一定都是极值点.

3. 极值存在的充分条件

定理 3(极值的第一充分条件) 设函数 $y=f(x)$ 在点 x_0 的一个邻域内可导,且 $f'(x_0)=0$.

(1) 如果当 x 取 x_0 左邻域的值时,$f'(x_0)>0$,当 x 取 x_0 右邻域的值时,$f'(x_0)<0$,则函数 $f(x)$ 在点 x_0 处取得极大值,x_0 为极大值点.

(2) 如果当 x 取 x_0 左邻域的值时,$f'(x_0)<0$,当 x 取 x_0 右邻域的值时,$f'(x_0)>0$,则函数 $f(x)$ 在点 x_0 处取得极小值,x_0 为极小值点.

(3) 如果当 x 取 x_0 左、右邻域的值时,$f'(x_0)>0$(或 $f'(x_0)<0$),则函数 $f(x)$ 在点 x_0 处没有极值.

证明 (1) 根据函数单调性判别法定理 1 知,函数 $f(x)$ 在点 x_0 的左邻域是单调增加的,在点 x_0 的右邻域是单调减少的,即 $f(x_0)>f(x)$,所以 $f(x_0)$ 是 $f(x)$ 的一个极大值,如图 3-11 所示.

同理可证情形(2)(见图 3-12)及情形(3)(见图 3-13 和图 3-14).

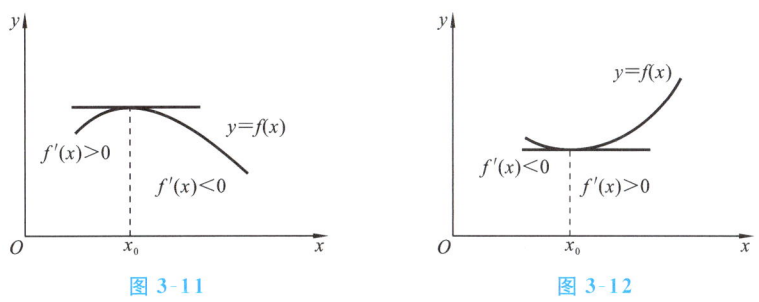

图 3-11   图 3-12

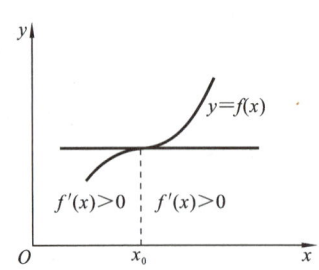

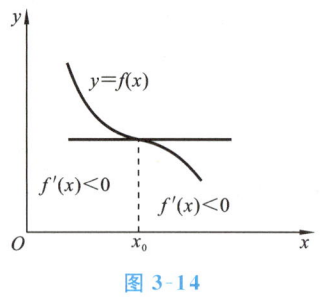

图 3-13　　　　　　　　　　　图 3-14

定理 3 也可以这样理解:当 x 在 x_0 的邻域渐增地经过点 x_0 时,如果 $f'(x)$ 的符号由正变负,则 $f(x)$ 在点 x_0 处取得极大值;如果 $f'(x)$ 的符号由负变正,则 $f(x)$ 在点 x_0 处取得极小值,如果 $f'(x)$ 的符号并不改变,则 $f(x)$ 在点 x_0 处没有极值.

例 5　求函数 $f(x)=x^3-6x^2+9x+5$ 的极值.

解　$f(x)$ 的定义域为 $(-\infty,+\infty)$.
$$f'(x)=3x^2-12x+9=3(x-1)(x-3).$$

令 $f'(x)=0$,得函数 $f(x)$ 的驻点 $x_1=1,x_2=3$.

x_1,x_2 将函数的定义域分成三个子区间:$(-\infty,1),(1,3),(3,+\infty)$.列表讨论如下(见表 3-4).

表 3-4

x	$(-\infty,1)$	1	$(1,3)$	3	$(3,+\infty)$
y'	$+$	0	$-$	0	$+$
y	↗	极大值 $f(1)=9$	↘	极小值 $f(3)=5$	↗

由表 3-4 知,函数 $f(x)$ 在点 $x_1=1$ 处有极大值 $f(1)=9$(极大值点为 1),在 $x_2=3$ 处有极小值 $f(3)=5$(极小值点为 3).

由例 5 可得,运用定理 3 求函数极值的一般步骤如下:

(1) 确定函数 $f(x)$ 的定义域;

(2) 计算一阶导数,求出驻点和导数不存在的点(如果有的话);

(3) 用以上所有点将定义域分成若干子区间,列表判断这几个子区间内一阶导数 $f'(x)$ 的符号,确定函数 $f(x)$ 的单调性、极值点;

(4) 计算极值点处的函数值,即为所求极值.

定理 4(极值的第二充分条件)　设函数 $y=f(x)$ 在点 x_0 处的二阶导数存在,若 $f'(x_0)=0,f''(x_0)\neq0$,那么:

(1) 当 $f''(x_0)<0$ 时,函数 $f(x)$ 在点 x_0 处取得极大值,$x=x_0$ 为极大值点;

(2) 当 $f''(x_0)>0$ 时,函数 $f(x)$ 在点 x_0 处取得极小值,$x=x_0$ 为极小值点;

(3) 当 $f''(x_0)=0$ 时,不能确定 $f(x_0)$ 是否为极值.

证明从略.

定理 4 是用二阶导数的符号判断函数 $f(x)$ 在点 x_0 处的极值. 由定理 4 知,如果函数 $f(x)$ 在驻点 x_0 处的二阶导数 $f''(x_0)\neq0$,则该驻点一定是极值点,并且可以按二阶导数 $f''(x_0)$ 的符号判断 $f(x_0)$ 是极大值还是极小值. 如果 $f''(x_0)=0$,则定理 4 将失效,这时就应运用定理 3 判断.

例 6　求函数 $y=(x-3)^2(x-2)$ 的极值.

解　函数的定义域为 $(-\infty,+\infty)$.

$$y'=2(x-3)(x-2)+(x-3)^2=(x-3)(3x-7).$$

令 $y'=0$,则 $(x-3)(3x-7)=0$,得驻点 $x_1=\dfrac{7}{3}$,$x_2=3$.

由 $y''=(3x-7)+3(x-3)=6x-10$ 知

$$y''\left(\frac{7}{3}\right)=-2<0,\quad y''(3)=2>0,$$

所以函数 y 在点 $x_1=\dfrac{7}{3}$ 处取得极大值,即 $y\left(\dfrac{7}{3}\right)=\dfrac{4}{27}$;在点 $x_2=3$ 处取得极小值,即 $y(3)=0$.

习题 3-3

1. 求下列函数的单调区间.

(1) $y=x^3-3x^2-9x+14$;

(2) $y=x-\mathrm{e}^x$;

(3) $y=(1-\sqrt{x})x$;

(4) $y=x^2\mathrm{e}^{-x}$;

(5) $y=2x+\dfrac{8}{x}(x>0)$;

(6) $y=3x^3+5x$.

2. 证明下列不等式.

(1) 当 $x>0$ 时,$1+\dfrac{x}{2}>\sqrt{1+x}$;

(2) 当 $x>1$ 时,$\mathrm{e}^x>\mathrm{e}x$.

3. 求下列函数的极值.

(1) $y=2x^3-3x^2$;

(2) $y=x-\dfrac{3}{2}x^{\frac{2}{3}}$;

(3) $y=2\sqrt{x}+\dfrac{1}{x}+1$;

(4) $y=\dfrac{\ln x}{x}$;

(5) $y=(x^2-3)\mathrm{e}^x$;

(6) $y=x+\sqrt{1-x}$.

3.4　函数的最大值与最小值

在工农业生产、工程技术、经济管理和经济核算中,经常遇到这样一类问题:在一定条件下,怎样使投入最小、产品最多、用料最省、成本最低、效率最高、利润最大等. 这类问题反映在数学上,就是求函数的最大值或最小值问题.

一、函数在闭区间上的最大值与最小值

函数的极大值与极小值是局部性概念,而最大值和最小值是全局性概念,一般来说,它们是不同的. 最大(小)值是函数 $f(x)$ 在所考察的区间上

函数的最值

所有函数值中的最大者(或最小者).

如果函数 $f(x)$ 在闭区间 $[a,b]$ 上连续,那么 $f(x)$ 在 $[a,b]$ 上一定有最大值和最小值. $f(x)$ 在闭区间 $[a,b]$ 上的最大值(最小值)可能在开区间 (a,b) 内部取得,也可能在闭区间 $[a,b]$ 的端点处取得. 如果 $f(x)$ 的最大值(最小值)在开区间 (a,b) 内部取得,那么这个最大值(最小值)也一定是一个极大值(极小值),它们是所有极大值(极小值)中的最大(最小)者. 因此,只要求出 $f(x)$ 在 (a,b) 内的所有极值,再把它们和闭区间 $[a,b]$ 端点处的函数值 $f(a)$,$f(b)$ 相比较,其中最大的就是 $f(x)$ 在 $[a,b]$ 上的最大值,最小的就是 $f(x)$ 在 $[a,b]$ 上的最小值.

由于极值点包含在驻点和导数不存在的点之中,于是为了避免判断极值的麻烦,求函数 $f(x)$ 在 $[a,b]$ 上的最大值和最小值可按以下步骤进行:

最值的求法

(1) 求出 $f(x)$ 在 $[a,b]$ 内的所有驻点和导数不存在的点 $x_1,x_2,\cdots,x_n$;

(2) 计算 $f(a)$,$f(x_1)$,$f(x_2)$,$\cdots$,$f(x_n)$,$f(b)$ 的值;

(3) 比较以上函数值的大小,其中最大的便是 $f(x)$ 在 $[a,b]$ 上的最大值,最小的便是 $f(x)$ 在 $[a,b]$ 上的最小值.

需要注意下面两种特殊情形.

(1) 如果函数 $f(x)$ 在 $[a,b]$ 上单调增加,则 $f(a)$ 是 $f(x)$ 在 $[a,b]$ 上的最小值,$f(b)$ 是 $f(x)$ 在 $[a,b]$ 上的最大值,如图 3-15 所示;如果 $f(x)$ 在 $[a,b]$ 上单调减少,则 $f(a)$ 是 $f(x)$ 在 $[a,b]$ 上的最大值,$f(b)$ 是 $f(x)$ 在 $[a,b]$ 上的最小值,如图 3-16 所示.

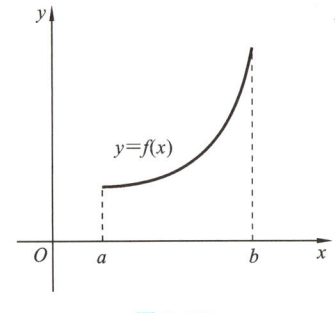

图 3-15

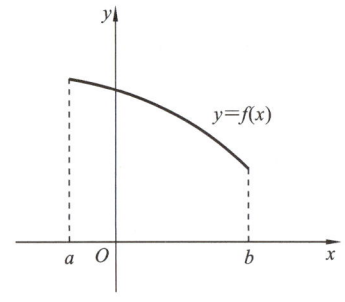

图 3-16

(2) 如果连续函数 $f(x)$ 在区间 (a,b) 内有且仅有一个极大值,而没有极小值,则此极大值就是函数 $f(x)$ 在区间 $[a,b]$ 上的最大值,如图 3-17 所示. 同样,如果连续函数 $f(x)$ 在区间 (a,b) 内有且仅有一个极小值,而没有极大值,则此极小值就是函数 $f(x)$ 在 $[a,b]$ 上的最小值,如图 3-18 所示.

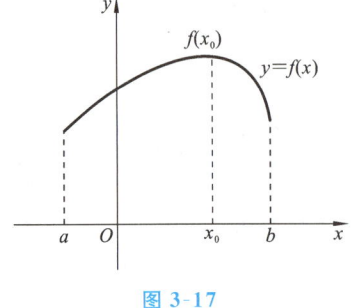

图 3-17

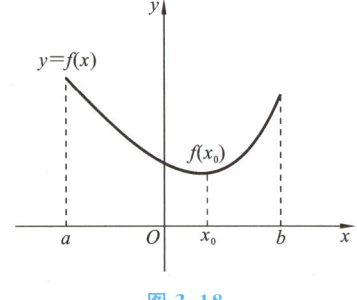

图 3-18

例 1 求函数 $y=2x^3+3x^2-12x+14$ 在 $[-3,4]$ 上的最大值与最小值.

解
$$y'=6x^2+6x-12=6(x+2)(x-1).$$

令 $y'=0$，得

$$x_1=-2,x_2=1.$$

$$f(-3)=2\times(-3)^3+3\times(-3)^2-12\times(-3)+14=23,$$
$$f(-2)=2\times(-2)^3+3\times(-2)^2-12\times(-2)+14=34,$$
$$f(1)=2\times1^3+3\times1^2-12\times1+14=7,$$
$$f(4)=2\times4^3+3\times4^2-12\times4+14=142.$$

将它们加以比较,可知函数 y 在 $[-3,4]$ 上的最大值为 $f(4)=142$,最小值为 $f(1)=7$.

二、应用问题举例

在实际问题中,往往根据问题的性质就可以断定可导函数 $f(x)$ 有最大值或最小值,而且一定在定义区间内部取得. 这时,如果 $f(x)$ 在定义区间内部只有一个驻点 x_0,那么不必讨论 $f(x_0)$ 是不是极值,就可以断定 $f(x_0)$ 是最大值或最小值.

例 2 修建周长为 3000 m 的矩形堆货场,问长、宽各为多少时,才能使其面积最大?

解 设堆货场的长为 x m,则宽为 $\dfrac{3000-2x}{2}=1500-x$,于是,堆货场的面积为

$$S(x)=x(1500-x)=1500x-x^2 \quad (0<x<1500).$$

$S'(x)=1500-2x$,令 $S'(x)=0$,得驻点 $x=750$.

因为 $S''(x)=-2<0$,所以 $x=750$ 是极大值点;又因为它是区间内唯一的极大值点,所以它也是最大值点. 所以,该堆货场的长、宽均为 750 m 时其面积最大,最大面积为 $S(750)=562500$ m^2.

例 3 如图 3-19 所示,有一条由西向东的河流经过相距 150 km 的 A、B 两城,为了从 A 城运货到 B 城正北 20 km 的工厂 C,准备在河流北岸建筑码头 M,并修公路 MC. 已知水运运费是 3 元/$(\text{t} \cdot \text{km})$,公路运费是 5 元/$(\text{t} \cdot \text{km})$,问码头建在何处,才能使货物从 A 城经码头 M 运到工厂 C 的运费最少?

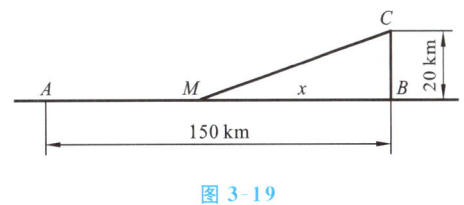

图 3-19

解 设 $MB=x$(km),则 $AM=150-x$(km);

沿路线 AMC 运 $a(a\geqslant0)$t 货物所需运费为 x 元.

由题意建立函数关系,由 A 到 M 的水运运费是 $3a(150-x)$ 元.

$$MC=\sqrt{MB^2+BC^2}=\sqrt{x^2+400},$$

则由 M 到 C 的公路运费为 $5a\sqrt{x^2+400}$ 元.

因此,从 A 到 C 运 a t 货物的总运费为

$$y=3a(150-x)+5a\sqrt{x^2+400} \quad (0\leqslant x\leqslant150).$$

求导数,得

$$y'=-3a+\frac{5ax}{\sqrt{x^2+400}}.$$

令 $y'=0$，得 $x=15$（$x=-15$ 不合题意，舍去）．

当 $0<x<15$ 时，$y'<0$；当 $15<x<150$ 时，$y'>0$．

因此，y 在 $x=15$ 处取得极小值，这个极小值就是 y 的最小值，所以码头 M 建在距 B 城 15 km 处时，运费最少．

习题 3-4

1. 求下列函数的最大值与最小值．

(1) $y=x^4-2x^2+5$，$-2\leqslant x\leqslant 2$；

(2) $y=\mathrm{e}^x-x$，$-1\leqslant x\leqslant 1$；

(3) $y=\sqrt{x^3}-3\sqrt{x}$，$0\leqslant x\leqslant 4$；

(4) $y=x+2\sqrt{x}$，$0\leqslant x\leqslant 4$．

2. 设 $y=x^2-2x-1$，问 x 等于多少时，y 的值最小？并求出它的最小值．

3. 欲用 6 m 长的木料加工一个"日"字形窗框，问长和宽分别为多少时，才能使窗框面积最大？最大面积是多少？

4. 用边长为 48 cm 的正方形铁皮做一个无盖的铁盒时，在铁皮的四角各截去一个面积相等的小正方形，然后把四边折起，就能焊成铁盒．问在四角截去多大的正方形，才能使所做的贴合容积最大？

5. 在一条公路的一侧有某乡镇的 A、B 两村，其位置如图 3-20 所示．乡镇欲在公路旁边修建一个堆货场 M，并从 A、B 两村各修一条直线公路通往堆货场 M，欲使 A、B 到 M 的公路总长最短，堆货场 M 应修在何处？

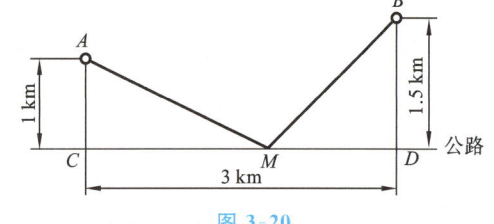

图 3-20

3.5 曲线的凹凸性与拐点及函数图象的描绘

在前面，我们讨论了函数的单调性与极值，这对描绘函数的图象有很大的作用．但是，仅仅知道这些，还不能准确地描绘函数的图象，还要研究函数曲线的弯曲情况，即曲线的凹凸性与拐点．

一、曲线的凹凸性与拐点

如图 3-21 和图 3-22 所示，函数 $y=f(x)$ 图象是开区间 (a,b) 内的连续曲线，虽然它们都是上升的，但图象有显著的不同．图 3-21 中，过曲线弧 $\overparen{AB}$ 上端点外的任意一点作 $\overparen{AB}$ 的切线，曲线弧总是位于切线的上方，我们称曲线弧 $\overparen{AB}$ 是（向上）凹的，或称 $\overparen{AB}$ 为凹弧；图 3-22

中,曲线弧$\overset{\frown}{CD}$总是位于切线的下方,我们称曲线弧$\overset{\frown}{CD}$是(向上)凸的,或称$\overset{\frown}{CD}$为凸弧. 由这两个图象可看出,两条曲线都是上升的,但凹凸性不同. 下面给出曲线凹凸性的定义.

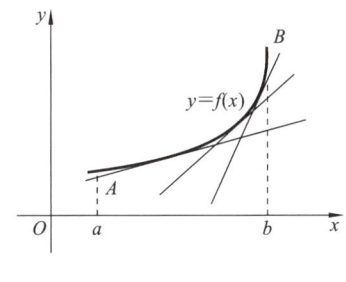

图 3-21

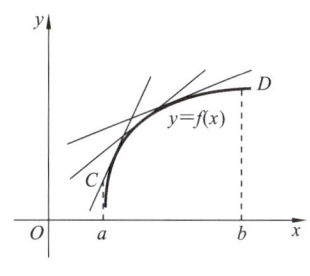

图 3-22

定义 1　若曲线 $y=f(x)$ 在某区间内位于其切线的上方,则称该曲线在此区间内是凹的,此区间称为凹区间;反之,若曲线位于其切线的下方,则称曲线在此区间内是凸的,此区间为称为凸区间.

如果函数 $y=f(x)$ 在某区间(不仅闭区间,开区间也成立)内具有二阶导数,那么可以利用函数二阶导数的符号判断曲线的凹凸性.

定理　设 $f(x)$ 在 $[a,b]$ 上连续,在 (a,b) 内有一阶导数和二阶导数,那么:

(1) 若在 (a,b) 内 $f''(x)>0$,则 $f(x)$ 在 (a,b) 内的图象是凹的;

(2) 若在 (a,b) 内 $f''(x)<0$,则 $f(x)$ 在 (a,b) 内的图象是凸的.

曲线的凹凸性

证明从略,给出以下几何说明:当 $f''(x)>0$ 时,$f'(x)$ 随着 x 的增大而增大,在凹弧上的各点处,切线的斜率随着 x 的增大而增大,由图 3-21 可以看出,曲线是向上凹的;当 $f''(x)<0$ 时,$f'(x)$ 随着 x 增大而减小,在凸弧上的各点处,切线的斜率随着 x 的增大而减小,由图 3-22 可以看出,曲线是凸的.

例 1　判断曲线 $y=x^3$ 的凹凸性.

解　$y'=3x^2$,$y''=6x$.

当 $x<0$ 时,$y''<0$,曲线在 $(-\infty,0)$ 内为凸的;

当 $x>0$ 时,$y''>0$,曲线在 $(0,+\infty)$ 内为凹的.

如图 3-23 所示.

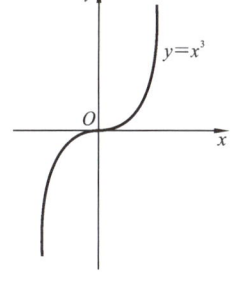

图 3-23

由例 1 可知,点 $(0,0)$ 是曲线由凸变凹的分界点.

定义 2　设函数 $y=f(x)$ 在某区间内连续,则曲线 $y=f(x)$ 在该区间内的凹凸分界点称为该曲线的拐点.

注意:拐点是曲线上的点,即曲线凹凸的分界点,因此,拐点的坐标需用横坐标和纵坐标共同表示.

如例 1 中,已知曲线 $y=x^3$ 的拐点为 $(0,0)$,那么怎样寻求曲线 $y=f(x)$ 的拐点呢?

由 $f''(x)$ 的符号可以判断曲线的凹凸性:如果 $f''(x_0)=0$,而 $f''(x)$ 在点 x_0 的左、右邻域异号,那么点 $(x_0,f(x_0))$ 就是曲线的一个拐点;若 $f''(x)$ 在点 x_0 的左、右邻

拐点

域同号,则点 $(x_0,f(x_0))$ 就不是曲线的拐点. 因此,如果 $f(x)$ 在区间 (a,b) 内具有二阶导数,就可以按下列步骤判断曲线的凹凸性与拐点:

(1) 确定函数 $f(x)$ 的定义域;

(2) 求 $f'(x),f''(x)$;

(3) 令 $f''(x)=0$,解出方程在定义域内的所有实根,以及 $f''(x)$ 不存在的点;

凹凸性与拐点

(4) 用以上所有点将定义域分成若干子区间,列表讨论每个子区间内二阶导数 $f''(x)$ 的正负号,从而确定函数曲线 $y=f(x)$ 的凹凸区间及拐点横坐标. 拐点横坐标处的函数值即为拐点纵坐标. 凹用"$\cup$"表示,凸用"$\cap$"表示.

例 2 求曲线 $y=6x^2-x^3$ 的凹凸区间与拐点.

解 函数 y 的定义域为 $(-\infty,+\infty)$.

$$y'=12x-3x^2, \quad y''=12-6x=6(2-x).$$

令 $y''=0$,得 $x=2$. 点 $x=2$ 将定义域 $(-\infty,+\infty)$ 分为两个子区间 $(-\infty,2),(2,+\infty)$,列表讨论如下(见表 3-5).

表 3-5

x	$(-\infty,2)$	2	$(2,+\infty)$
y''	$+$	0	$-$
y	$\cup$	拐点 $(2,16)$	$\cap$

所以曲线 $y=6x^2-x^3$ 的凹区间为 $(-\infty,2)$,凸区间为 $(2,+\infty)$,拐点为 $(2,16)$.

例 3 求曲线 $y=3x^4-4x^3+1$ 的凹凸区间与拐点.

解 函数 y 的定义域为 $(-\infty,+\infty)$.

$$y'=12x^3-12x^2, \quad y''=36x^2-24x=36x\left(x-\frac{2}{3}\right).$$

令 $y''=0$,得 $x_1=0,x_2=\dfrac{2}{3}$.

$x_1=0$ 和 $x_2=\dfrac{2}{3}$ 将函数的定义域 $(-\infty,+\infty)$ 分为三个子区间 $(-\infty,0),\left(0,\dfrac{2}{3}\right)$,

$\left(\dfrac{2}{3},+\infty\right)$,列表讨论如下(见表 3-6).

表 3-6

x	$(-\infty,0)$	0	$\left(0,\dfrac{2}{3}\right)$	$\dfrac{2}{3}$	$\left(\dfrac{2}{3},+\infty\right)$
y''	$+$	0	$-$	0	$+$
y	$\cup$	拐点 $(0,1)$	$\cap$	拐点 $\left(\dfrac{2}{3},\dfrac{11}{27}\right)$	$\cup$

所以曲线 $y=3x^4-4x^3+1$ 的凹区间为 $(-\infty,0)$ 和 $\left(\dfrac{2}{3},+\infty\right)$,凸区间为 $\left(0,\dfrac{2}{3}\right)$,拐点

为 $(0,1)$ 和 $\left(\dfrac{2}{3},\dfrac{11}{27}\right)$.

例 4 设 $f(x)=x^4$，证明其图象没有拐点.

证明 因为对于一切 x 均有 $f''(x)=12x^2\geqslant0$，所以虽然 $f''(0)=0$，但由于在点 $x=0$ 的两侧 $f''(x)$ 同号，所以曲线 $f(x)=x^4$ 没有拐点.

例 5 求曲线 $y=\sqrt[3]{x}$ 的拐点.

解 该函数在 $(-\infty,+\infty)$ 内连续，当 $x\neq0$ 时，

$$y'=\frac{1}{3\sqrt[3]{x^2}},\qquad y''=-\frac{2}{9x\sqrt[3]{x^2}}.$$

由于 $y''\neq0$，又 $x=0$ 是 y'' 不存在的点，它将 $(-\infty,+\infty)$ 分成两个子区间 $(-\infty,0)$，$(0,+\infty)$.

在 $(-\infty,0)$ 内，$y''>0$；在 $(0,+\infty)$ 内，$y''<0$，且 $x=0$ 时，$y=0$，所以点 $(0,0)$ 是该曲线的一个拐点.

二、曲线的水平渐近线和垂直渐近线

为了完整地描述函数的图象，除了应知道其单调性、极值、凹凸性和拐点等性态，还应当了解曲线的渐近趋向和函数的变化趋势，这个问题通过曲线的渐近线讨论.

定义 3 如果曲线 $y=f(x)$ 上的动点 $M(x,y)$ 沿着曲线无限远离坐标原点，并与某直线 l 的距离趋于零，则称 l 为该曲线的渐近线，如图 3-24 所示.

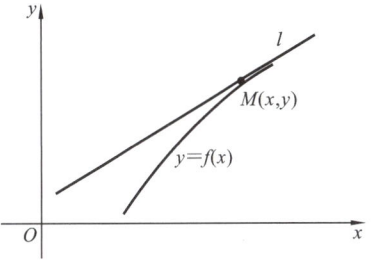

如果给定曲线的方程为 $y=f(x)$，如何确定该曲线是否有渐近线呢？如果有渐近线，又怎样求出它呢？定义 3 中的渐近线 l 可以是各种位置的直线，下面仅讨论曲线的水平渐近线和垂直渐近线.

图 3-24

1. 水平渐近线

如果曲线 $y=f(x)$ 的定义域是无穷区间，且有 $\lim\limits_{x\to-\infty}f(x)=b$，或 $\lim\limits_{x\to+\infty}f(x)=b$，或 $\lim\limits_{x\to\infty}f(x)=b$，则称直线 $y=b$ 为曲线 $y=f(x)$ 的水平渐近线，如图 3-25 和图 3-26 所示.

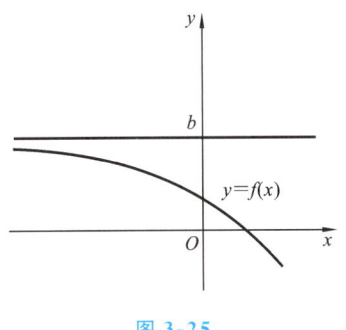

图 3-25

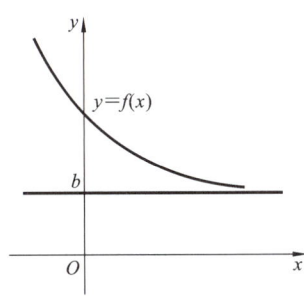

图 3-26

2．垂直渐近线

如果曲线 $y = f(x)$ 有 $\lim\limits_{x \to a^+} f(x) = \infty$，$\lim\limits_{x \to a^-} f(x) = \infty$，或 $\lim\limits_{x \to a} f(x) = \infty$，则称直线 $x = a$ 为曲线 $y = f(x)$ 的垂直渐近线，如图 3-27 所示．

例 6 求曲线 $y = \dfrac{1}{x-1}$ 的水平渐近线和垂直渐近线．

解 因为 $\lim\limits_{x \to \infty} \dfrac{1}{x-1} = 0$，所以直线 $y = 0$ 是曲线 $y = \dfrac{1}{x-1}$ 的一条水平渐近线．

又因为 $\lim\limits_{x \to 1} \dfrac{1}{x-1} = \infty$，所以直线 $x = 1$ 是曲线 $y = \dfrac{1}{x-1}$ 的垂直渐近线，如图 3-28 所示．

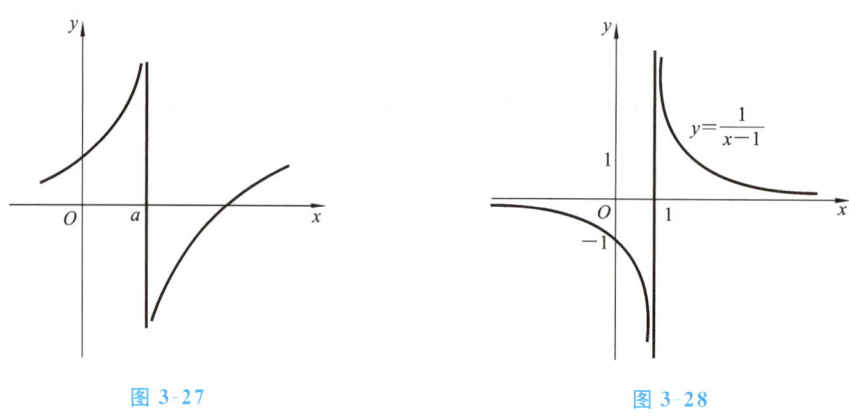

图 3-27 　　　　　　　　　　图 3-28

三、函数图象的描绘

在了解函数的各种性态的基础上，我们就能够比较准确地描绘函数的图象．利用导数描绘函数图象的一般步骤如下：

（1）确定函数 $y = f(x)$ 的定义域，考察函数的奇偶性与周期性；

（2）求函数的一阶导数 $f'(x)$ 和二阶导数 $f''(x)$；

（3）令 $f'(x) = 0$ 和 $f''(x) = 0$，求出方程在定义域内的全部实根，这些根将函数的定义域划分成若干子区间（函数的间断点或导数不存在的点也要作为分点）；

（4）列表讨论各个区间上 $f'(x)$ 和 $f''(x)$ 的符号，从而确定函数 $f(x)$ 的单调性、极值、凹凸性和拐点；

（5）确定函数的水平渐近线、垂直渐近线及其他变化趋势；

（6）确定曲线上一些重要点的坐标，如曲线与坐标轴的交点等，连接这些点，画出函数 $y = f(x)$ 的图象．

例 7 描绘函数 $y = 4x - x^3$ 的图象．

解（1）函数 y 的定义域为 $(-\infty, +\infty)$．

因为 $f(-x) = -f(x)$，所以它是奇函数，图象关于原点对称．

（2）$y' = 4 - 3x^2$，$y'' = -6x$．

（3）令 $y' = 0$，即 $4 - 3x^2 = 0$，得驻点 $x_1 = -\dfrac{2\sqrt{3}}{3}$，$x_2 = \dfrac{2\sqrt{3}}{3}$；令 $y'' = 0$，即 $-6x = 0$，得 $x_3 = 0$．

点 x_1,x_2,x_3 将定义域划分为 4 个子区间：$\left(-\infty,-\dfrac{2\sqrt{3}}{3}\right)$，$\left(-\dfrac{2\sqrt{3}}{3},0\right)$，$\left(0,\dfrac{2\sqrt{3}}{3}\right)$，$\left(\dfrac{2\sqrt{3}}{3},+\infty\right)$.

（4）列表讨论（见表 3-7）.

表 3-7

x	$\left(-\infty,-\dfrac{2\sqrt{3}}{3}\right)$	$-\dfrac{2\sqrt{3}}{3}$	$\left(-\dfrac{2\sqrt{3}}{3},0\right)$	0	$\left(0,\dfrac{2\sqrt{3}}{3}\right)$	$\dfrac{2\sqrt{3}}{3}$	$\left(\dfrac{2\sqrt{3}}{3},+\infty\right)$
y'	$-$	0	$+$	$+$	$+$	0	$-$
y''	$+$	$+$	$+$	0	$-$	$-$	$-$
y	↘∪	极小值 $-\dfrac{16\sqrt{3}}{9}$	↗∪	拐点 $(0,0)$	↗∩	极大值 $\dfrac{16\sqrt{3}}{9}$	↘∩

（5）此曲线无渐近线.

（6）当 $x=0$ 时，$y=0$，曲线过点 $(0,0)$；当 $y=0$ 时，$4x-x^3=0$，得曲线与 x 轴的交点为 $(-2,0)$，$(2,0)$；$f\left(-\dfrac{2\sqrt{3}}{3}\right)=-\dfrac{16\sqrt{3}}{9}$，$f\left(\dfrac{2\sqrt{3}}{3}\right)=\dfrac{16\sqrt{3}}{9}$，根据表 3-7 描绘出函数 $y=4x-x^3$ 的图象，如图 3-29 所示.

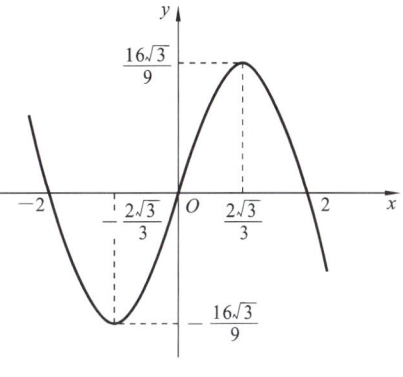

图 3-29

例 8　描绘函数 $y=\mathrm{e}^{-x^2}$ 的图象.

解　（1）函数 y 的定义域为 $(-\infty,+\infty)$，因为 $f(-x)=f(x)$，所以它是偶函数，图象关于 y 轴对称. 因此，只要作出它在 $[0,+\infty)$ 内的图象，再根据对称性即可得到它的全部图象.

（2）$y'=-2x\mathrm{e}^{-x^2}$，$y''=-2\mathrm{e}^{-x^2}-2x\mathrm{e}^{-x^2}(-2x)=2\mathrm{e}^{-x^2}(2x^2-1)$.

（3）令 $y'=0$，得驻点 $x_1=0$；令 $y''=0$，得 $x_2=-\dfrac{\sqrt{2}}{2}$，$x_3=\dfrac{\sqrt{2}}{2}$. 点 x_1,x_2,x_3 将定义域划分为 4 个子区间：$\left(-\infty,-\dfrac{\sqrt{2}}{2}\right)$，$\left(-\dfrac{\sqrt{2}}{2},0\right)$，$\left(0,\dfrac{\sqrt{2}}{2}\right)$，$\left(\dfrac{\sqrt{2}}{2},+\infty\right)$.

（4）列表讨论（见表 3-8）.

表 3-8

x	0	$\left(0,\dfrac{\sqrt{2}}{2}\right)$	$\dfrac{\sqrt{2}}{2}$	$\left(\dfrac{\sqrt{2}}{2},+\infty\right)$
y'	0	$-$	$-$	$-$
y''	$-$	$-$	0	$+$
y	极大值 $f(0)=1$	↘∩	拐点 $\left(\dfrac{\sqrt{2}}{2},\mathrm{e}^{-\frac{1}{2}}\right)$	↘∪

（5）由于 $\lim\limits_{x\to\infty}e^{-x^2}=0$，所以函数图象有一条水平渐近线 $y=0$.

（6）当 $x=0$ 时，$y=1$，曲线过点 $(0,1)$；

$f\left(-\dfrac{\sqrt{2}}{2}\right)=e^{-\frac{1}{2}}$，$f\left(\dfrac{\sqrt{2}}{2}\right)=e^{-\frac{1}{2}}$，先根据表 3-8 描绘出函数在 $(0,+\infty)$ 的图象，再由对称性得函数 $y=e^{-x^2}$ 的图象，如图 3-30 所示.

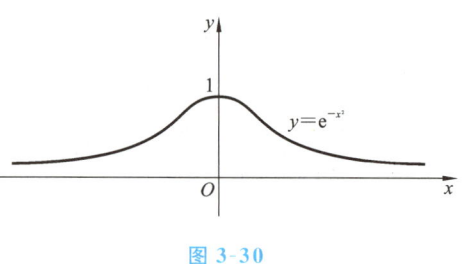

图 3-30

习题 3-5

1. 求下列曲线的凹凸区间与拐点.

（1）$y=x^3-6x^2+9x+1$；

（2）$y=(x-2)e^x$；

（3）$y=2x\ln x-x^2$；

（4）$y=x^4-2x^3+1$；

（5）$y=4x-x^2$；

（6）$y=\ln(x^2+1)$.

2. 求下列曲线的渐近线.

（1）$y=\dfrac{1}{x^2-4x+5}$；

（2）$y=\dfrac{x^2}{2x-1}$；

（3）$y=1+\dfrac{36x}{(x+3)^2}$.

3. a,b 为何值时，点 $(1,4)$ 是曲线 $y=ax^3+bx^2$ 的拐点？

4. 描绘下列函数的图象.

（1）$y=x^3-x^2-x+1$；

（2）$y=\dfrac{1}{1+x^2}$；

（3）$y=3x-x^3$；

（4）$y=e^{1-x^2}$.

3.6 弧微分与曲率

我们已经知道，曲线的凹凸性描绘了曲线的弯曲方向，但在工程技术中，仅仅知道曲线的弯曲方向是不够的，还要研究曲线的弯曲程度. 例如，在修建公路时，公路曲线的弯曲程度必须适当，如果线路弯曲太厉害，极易引发交通事故和影响行车速度；如果线路弯曲太缓，往往会增加建设成本. 曲率就是用来刻画曲线弯曲程度的几何量.

在介绍曲率之前，先介绍弧微分的概念.

一、弧微分

设函数 $f(x)$ 在区间 (a,b) 内有连续导数，即 $f'(x)$ 连续，我们在曲线 $y=f(x)$ 上取定点 $M_0(x_0,y_0)$ 作为计算曲线弧长的起点，点 $M(x,y)$ 是曲线上任意一点，并规定：

（1）以 x 增大的方向作为曲线的正方向，则该曲线上任意弧段 $\overset{\frown}{MN}$ 是有向弧段，曲线 $y=f(x)$ 也称为有向曲线.

（2）有向弧段 $\overset{\frown}{M_0M}$ 的值记为 s（简称弧 s），当 $\overset{\frown}{M_0M}$ 的方向与曲线方向一致时，$s>0$，反之 $s<0$，s 的绝对值为 $\overset{\frown}{M_0M}$ 的长度.

显然，对于任意一个 $x\in(a,b)$，在曲线上相应地有一个点 M，那么 s 就有一个确定的值与之对应，因此 s 为 x 的一个函数，记作 $s=s(x)$.

不难发现，$s=s(x)$ 是一个单调递增的函数.

下面求 $s(x)$ 的微分，简称弧微分.

设 x，$x+\Delta x$ 为区间 (a,b) 内两个邻近的点，它们在曲线 $y=f(x)$ 上的对应点分别为 M，M'（见图 3-31），并设对应于 x 的增量为 Δx，弧 s 的增量为 Δs，那么可以发现：

$$\lim_{\Delta x\to 0}\Delta s=0,\quad \lim_{\Delta x\to 0}|MM'|=0.$$

且可以证明 $\displaystyle\lim_{\Delta x\to 0}\frac{\Delta s}{|MM'|}=1$.

也就是说，当 $\Delta x\to 0$ 时，Δs 与 $|MM'|$ 是等价无穷小，因此

$$\frac{\mathrm{d}s}{\mathrm{d}x}=\lim_{\Delta x\to 0}\frac{\Delta s}{\Delta x}=\lim_{\Delta x\to 0}\frac{|MM'|}{\Delta x}=\lim_{\Delta x\to 0}\frac{\sqrt{(\Delta x)^2+(\Delta y)^2}}{\Delta x}=\lim_{\Delta x\to 0}\sqrt{1+\left(\frac{\Delta y}{\Delta x}\right)^2}=\sqrt{1+y'^2}.$$

即 $\mathrm{d}s=\sqrt{1+y'^2}\,\mathrm{d}x$ 或 $\mathrm{d}s=\sqrt{(\mathrm{d}x)^2+(\mathrm{d}y)^2}$.

以上称为弧微分公式.

图 3-31

二、曲率

我们凭直觉知道：直线是不弯曲的，半径越小的圆弯曲得越厉害，抛物线 $y=x^2$ 在顶点附近弯曲得比远离顶点的部分厉害. 为了定量地研究曲线的弯曲程度，先来分析曲线弯曲程度与哪些因素有关.

首先，曲线的弯曲程度与曲线的切线转角密切相关. 从图 3-32(a) 中可以看出，曲线上动点从 A 点沿曲线移动到 B 点时，其切线相应地转过了一定的角度 $\Delta\alpha$，切线转角 $\Delta\alpha$ 越大，弧 $\overset{\frown}{AB}$ 弯曲得越厉害.

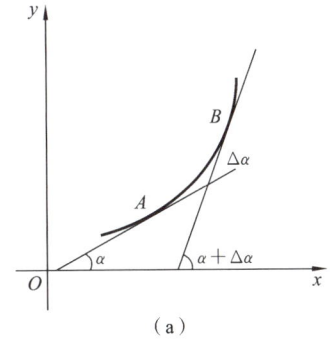

（a）

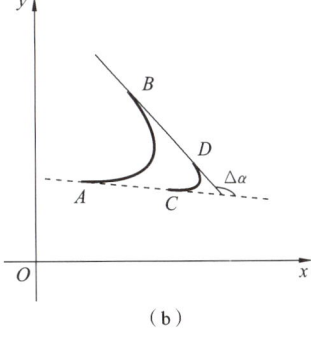

（b）

图 3-32

其次,曲线的弯曲程度还与曲线的长度有关.从图 3-32(b)中可以看出,弧 $\overset{\frown}{AB}$ 与弧 $\overset{\frown}{CD}$ 的切线转角同为 $\Delta\alpha$,但弧长较小的 $\overset{\frown}{CD}$ 比 $\overset{\frown}{AB}$ 弯曲得更厉害.

总之,曲线的弯曲程度是由切线的转角 $\Delta\alpha$ 和产生该转角所经过的弧长 Δs 两个因素所决定的,并且弯曲程度与 $|\Delta\alpha|$ 的大小成正比,与 $|\Delta s|$ 的大小成反比.这里加上绝对值符号表示只考虑曲线弯曲程度的大小,而不考虑曲线弯曲的方向.因此,我们将弧 $\overset{\frown}{AB}$ 的切线转角 $\Delta\alpha$ 与该转角所对应的弧长 Δs 之比的绝对值称为该弧的平均曲率,记作 $\overline{K}$,即

$$\overline{K}=\left|\frac{\Delta\alpha}{\Delta s}\right|.$$

当 $\Delta s \to 0$,即点 $A \to B$ 时.平均曲率 $\overline{K}$ 的极限值称为曲线在 A 处的曲率,记作 K,即在 $\lim\limits_{\Delta s \to 0}\dfrac{\Delta\alpha}{\Delta s}$ 存在的条件下,

$$K=\lim_{\Delta s \to 0}\overline{K}=\lim_{\Delta s \to 0}\left|\frac{\Delta\alpha}{\Delta s}\right|=\left|\frac{\mathrm{d}\alpha}{\mathrm{d}s}\right|.$$

由以上的讨论可知,曲线的曲率是曲线切线倾斜角关于弧长的变化率的绝对值.下面我们来推导曲率的计算公式.

设函数 $y=f(x)$,则曲线 $y=f(x)$ 上任意一点处切线的斜率为 $y'=\tan\alpha$,所以

$$\alpha=\arctan y',\quad \mathrm{d}\alpha=\frac{y''}{1+y'^2}\mathrm{d}x.$$

因此,$K=\left|\dfrac{\dfrac{y''}{1+y'^2}\mathrm{d}x}{\sqrt{1+y'^2}\mathrm{d}x}\right|=\dfrac{|y''|}{(1+y'^2)^{\frac{3}{2}}}.$

这就是曲线 $y=f(x)$ 在点 $(x,f(x))$ 处的曲率的计算公式.

例 1 求圆 $x^2+y^2=R^2$ 上任意一点的曲率.

解 对圆的方程两边求导,得 $2x+2y \cdot y'=0$,所以 $y'=-\dfrac{x}{y}$.

$$y''=-\frac{y-xy'}{y^2}=-\frac{x^2+y^2}{y^3}=-\frac{R^2}{y^3},$$

那么

$$K=\frac{|y''|}{(1+y'^2)^{\frac{3}{2}}}=\frac{\left|-\dfrac{R^2}{y^3}\right|}{\left(1+\dfrac{x^2}{y^2}\right)^{\frac{3}{2}}}=\frac{1}{R}.$$

这个结果说明,圆上任意一点处的曲率都等于常数 $\dfrac{1}{R}$,它正好是圆的半径 R 的倒数,并且半径越大,曲率越小,即圆弯曲得越不厉害;半径越小,曲率越大,即圆弯曲得越厉害.

一般地,我们把曲线 $y=f(x)$ 上一点 M 的曲率的倒数称为曲线在该点的曲率半径,记作 $\rho=\dfrac{1}{K}(K\neq 0)$.

如图 3-33 所示,在点 M 处作曲线 $y=f(x)$ 的法线,并在曲线凹的一侧的法线上取点 D,使 $DM=\rho$,我们把以点 D 为圆心、ρ 为半径的圆称为曲线在 M 点的曲率圆.

曲率圆具有以下性质:

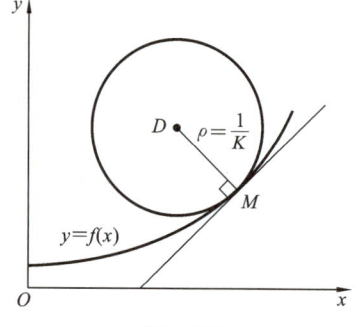

图 3-33

（1）它与曲线 $y=f(x)$ 在点 M 处相切；

（2）在点 M 处，曲率圆与曲线 $y=f(x)$ 有相同的曲率；

（3）在点 M 处，曲率圆所表示的函数与 $y=f(x)$ 具有相同的一阶导数和二阶导数.

在实际应用中，当讨论函数 $y=f(x)$ 在某点 x 处的性质时，只需讨论该点处曲率圆的性质就可以了. 例如，在公路工程建设中，若公路曲线为 $y=f(x)$，车辆沿曲线弧转弯时，在设计时速下的最小转弯半径为 r，那么该段公路各处的曲率半径 ρ 必须大于 r，这样才能保证车辆具有一定的速度和行车安全.

例 2　计算曲线 $y=x^3$ 在点 $(0,0)$ 与点 $(-1,-1)$ 处的曲率，并求在点 $(-1,-1)$ 处的曲率半径.

解　$y'=3x^2$，$y''=6x$，所以 $K=\dfrac{|y''|}{(1+y'^2)^{\frac{3}{2}}}=\dfrac{|6x|}{(1+9x^4)^{\frac{3}{2}}}$.

当 $x=0$ 时，$K=0$，即在点 $(0,0)$ 处 $K=0$.

当 $x=-1$ 时，$K=\dfrac{|-6|}{(1+9)^{\frac{3}{2}}}=\dfrac{3}{5\sqrt{10}}$，即在点 $(-1,-1)$ 处 $K=\dfrac{3}{5\sqrt{10}}$，则在该处的曲率半径 $\rho=\dfrac{5\sqrt{10}}{3}$.

习题 3-6

1. 求曲线 $y=\sin x$ 的弧微分.

2. 求直线 $y=kx+b$ 的曲率.

3. 求曲线 $y=\sqrt{x}$ 上点 $\left(\dfrac{1}{4},\dfrac{1}{2}\right)$ 处的曲率和曲率半径.

4. 抛物线 $y=x^2-2x-3$ 上哪一点处的曲率最大？并求该点处的曲率和曲率半径.

5. 如图 3-34 所示，城市轻轨列车从 A 处直行到 O 处后，需经曲线 OC 与曲线 CB 连接. 试问：采用以下哪种曲线作为曲线 OC 更合理？请说明理由.

（1）$y=ax^2$；　　　　（2）$x^2+(y-b)^2=R^2$；

（3）$y=cx^3$.

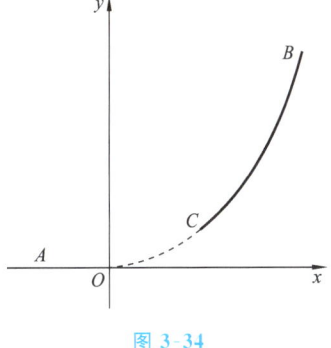

图 3-34

3.7　导数在经济分析中的应用

本节讨论几个经济函数，并介绍边际分析与弹性分析的概念.

一、边际与边际分析

在经济分析中经常采用边际分析的方法. 所谓边际分析就是利用导数分析经济现象.

设函数 $y=f(x)$ 可导,导数 $f'(x)$ 称为边际函数. $\dfrac{\Delta y}{\Delta x}=\dfrac{f(x_0+\Delta x)-f(x_0)}{\Delta x}$ 称为 $f(x)$ 在 $(x_0,x_0+\Delta x)$ 内的平均变化率,它表示在 $(x_0,x_0+\Delta x)$ 内 $f(x)$ 的平均变化速度.

$f(x)$ 在点 $x=x_0$ 处的导数 $f'(x_0)$ 称为 $f(x)$ 在点 $x=x_0$ 处的变化率,也称为 $f(x)$ 在点 $x=x_0$ 处的边际函数值,它表示 $f(x)$ 在点 $x=x_0$ 处的变化速度.

在点 $x=x_0$ 处,x 从 x_0 改变一个单位,y 相应的改变量为 $\Delta y\Big|_{\substack{x=x_0\\ \Delta x=1}}$,但当 x 改变的"单位"很小时,或 x 的"一个单位"与 x_0 相比很小时,则有

$$\Delta y\Big|_{\substack{x=x_0\\ \Delta x=1}}\approx \mathrm{d}y\Big|_{\substack{x=x_0\\ \mathrm{d}x=1}}=f'(x)\mathrm{d}x\Big|_{\substack{x=x_0\\ \mathrm{d}x=1}}=f'(x_0)(\text{当 }\Delta x=-1\text{ 时,表示 }x\text{ 由 }x_0\text{ 减小一个单位}).$$

边际函数值 $f'(x_0)$ 表示:当 $x=x_0$ 时,x 增加一个单位,y 近似改变 $f'(x_0)$ 个单位. 在应用问题中解释边际函数值的具体意义时可略去"近似"二字.

1. 边际成本

产品的总成本 C 一般由两部分构成:一部分成本与产量无关,如厂房租金、设备、管理人员的工资等,称为固定成本;另一部分成本依赖于产量的大小,如生产产品所需的原材料、劳动力等,称为可变成本. 因此,总成本 C 是产量 x 的单调增加函数,称为总成本函数,记作

$$C=C(x) \quad (x>0).$$

在生产过程中,当产品产量从 x_0 增加到 $x_0+\Delta x$ 时,总成本函数相应的增量为 $\Delta C=C(x_0+\Delta x)-C(x_0)$. 在产量区间 $[x_0,x_0+\Delta x]$ 上,总成本函数对产量的平均变化率为

$$\frac{\Delta C}{\Delta x}=\frac{C(x_0+\Delta x)-C(x_0)}{\Delta x}.$$

当 $\Delta x\to 0$ 时,总成本函数对产量的平均变化率的极限称为总成本函数在产量 x_0 水平上对产量的变化率(总成本函数在点 x_0 处对产量的导数值),即

$$C'(x_0)=\lim_{\Delta x\to 0}\frac{C(x_0+\Delta x)-C(x_0)}{\Delta x}.$$

一般地,考虑总成本函数在产量 x 上对产量的变化率,有下面的定义.

定义 1 总成本函数 $C=C(x)$ 对产量 x 的一阶导数 $C'(x)$ 称为边际成本函数.

由定义 1 得,总成本函数 $C=C(x)$ 在产量 x_0 上对产量 x 的一阶导数 $C'(x_0)$ 称为在产量 x_0 的边际成本. 边际成本是总成本的变化率.

在生产技术水平和生产要素的价格固定不变的条件下,产品的总成本、平均成本、边际成本都是产量 x 的函数.

设 C 为总成本,C_1 为固定成本,C_2 为可变成本,$\overline{C}$ 为平均成本,C' 为边际成本,x 为产量,则有

总成本函数 $C=C(x)=C_1+C_2(x)$;

平均成本函数 $\overline{C}=\overline{C}(x)=\dfrac{C(x)}{x}=\dfrac{C_1}{x}+\dfrac{C_2(x)}{x}$;

边际成本函数 $C'=C'(x)$.

例 1 某产品的总成本函数为 $C=C(x)=x^2+3x+6500$. 求:

(1) 生产 x_0 个单位产品时的总成本和平均单位成本;

(2) 生产 $x_0\sim x_0+\Delta x$ 个单位产品时总成本的平均变化率;

(3) 生产 x_0 个单位产品时的边际成本,并说明其经济意义.

解　(1) 生产 x_0 个单位产品时的总成本为 $C(x_0)=x_0^2+3x_0+6500$, 平均单位成本为

$$\overline{C}(x_0)=\frac{C(x_0)}{x_0}=x_0+3+\frac{6500}{x_0}.$$

(2) 生产 $x_0 \sim x_0+\Delta x$ 个单位产品时总成本的平均变化率为

$$\frac{\Delta C}{\Delta x}=\frac{C(x_0+\Delta x)-C(x_0)}{\Delta x}=\frac{(x_0+\Delta x)^2+3(x_0+\Delta x)+6500-(x_0^2+3x_0+6500)}{\Delta x}$$

$$=2x_0+3+\Delta x.$$

(3) 生产 x_0 个单位产品时的边际成本为

$$C'(x_0)=(x^2+3x+6500)'|_{x=x_0}=(2x+3)|_{x=x_0}=2x_0+3.$$

经济意义:当产量为 x_0 时,再生产一个单位产品,成本将增加 $(2x_0+3)$ 个单位.

2. 边际需求

有许多因素影响产品的需求量,价格是影响需求量的一个基本因素,若不考虑其他因素,需求量 Q 是价格 P 的函数,则 Q 为需求函数,记为 $Q=f(P)$,它是价格 P 的单调递减函数.

如果产品的需求函数为 $Q=f(P)$,其中 Q 表示需求量,P 表示价格,则称 $f'(P)$ 为边际需求.

一般地,边际需求函数 $f'(P)$ 是需求函数 $f(P)$ 对销售价格 P 的一阶导数.

例 2　已知某产品的需求函数为 $Q=120-\dfrac{P^2}{8}$,当销售价格为 20 元时,求产品的边际需求.

解　已知需求函数为 $Q=120-\dfrac{P^2}{8}$,边际需求函数为 $Q'=-\dfrac{P}{4}$,$Q'(20)=-5$ 称为 $P=20$ 时的边际需求,它表示在价格 $P=20$ 时,价格再上涨(下跌)一个单位,需求量将减少(增加)5 个单位.

3. 边际收益

设单位产品的价格为 P,销售量为 x,则销售总收益是销售量 x 的函数,称为总收益函数,记作 $R(x)$. 显然 $R(x)=P \cdot x$.

总收益是生产者出售一定量产品所得到的全部收入.

平均收益是生产者出售一定量产品,出售单位产品所得到的平均收入,即单位商品的售价.

边际收益为总收益的变化率.

总收益、平均收益、边际收益均为产量 x 的函数. 记 $R(x)$ 为总收益,$\overline{R}(x)$ 为平均收益,$R'(x)$ 为边际收益. $R'(x)$ 的经济意义:在销售量为 x 时,再销售一个单位产品所增加(减少)的收入.

一般地,边际收益函数 $R'(x)$ 是总收益函数 $R(x)$ 对销售量 x 的一阶导数.

4. 边际利润

设销售 x 件产品的总收益为 $R(x)$,这 x 件产品的总成本为 $C(x)$,则 $R(x)-C(x)$ 是销售量 x 的函数,称为总利润函数,记作 $L(x)$,即 $L(x)=R(x)-C(x)$.

总利润函数 $L=L(x)$,x 是销售量,称 $L'(x)$ 为边际利润. 其经济意义是:当销售量为 x

时,再多销售一个单位产品所增加(减少)的利润.

一般地,边际利润函数 $L'(x)$ 是总利润函数 $L(x)$ 对销售量 x 的一阶导数.

例 3 设某厂每月生产产品的总成本 C 是销售量 x 的函数,$C=C(x)=0.01x^2+10x+1000$,如果每单位产品的售价为 30 元,求:

(1) 总收益函数、总利润函数;

(2) 边际收益、边际利润.

解 (1) 总收益函数为 $R=R(x)=30x$.

总利润函数为

$$L=L(x)=R(x)-C(x)=30x-(0.01x^2+10x+1000)$$
$$=-0.01x^2+20x-1000.$$

(2) 边际收益为

$$R'(x)=30.$$

边际利润为

$$L'(x)=20-0.02x.$$

二、函数的弹性与弹性分析

前面所讨论的函数改变量与函数变化率是绝对改变量与绝对变化率. 在实际问题中,仅仅研究函数的绝对改变量与绝对变化率是不够的. 例如,商品甲每单位价格为 10 元,涨价 1 元;商品乙每单位价格为 100 元,也涨价 1 元. 两种商品价格的绝对改变量都是 1 元,但各与其原价相比,两种商品涨价的百分比却有很大的不同,商品甲涨了 10%,而商品乙涨了 1%. 因此我们有必要研究函数的相对改变量与相对变化率.

例如,$y=x^2$,当 x 由 10 改变到 12 时,y 由 100 变到了 144,此时自变量与因变量的绝对改变量分别为 $\Delta x=2$,$\Delta y=44$,而 $\dfrac{\Delta x}{x}=20\%$,$\dfrac{\Delta y}{y}=44\%$. 这就表示当从 $x=10$ 改变到 $x=12$ 时,x 产生了 20% 的改变,y 产生了 44% 的改变,这就是相对改变量. 而

$$\frac{\Delta y/y}{\Delta x/x}=\frac{44\%}{20\%}=2.2$$

表示在 $(10,12)$ 内,从 $x=10$ 开始,x 改变 1% 时,y 平均改变 2.2%,我们称它为从 $x=10$ 到 $x=12$,函数 $y=x^2$ 的平均相对变化率.

定义 2 设函数 $y=f(x)$ 在点 $x=x_0$ 处可导,函数的相对改变量

$$\frac{\Delta y}{y_0}=\frac{f(x_0+\Delta x)-f(x_0)}{f(x_0)} \quad (f(x_0)\neq 0)$$

与自变量的相对改变量 $\dfrac{\Delta x}{x_0}$ 之比 $\dfrac{\Delta y/y_0}{\Delta x/x_0}$ 称为函数 $y=f(x)$ 从 $x=x_0$ 到 $x=x_0+\Delta x$ 的相对变化率,或称为两点间的弹性.

当 $\Delta x\to 0$ 时,$\dfrac{\Delta y/y_0}{\Delta x/x_0}$ 的极限称为 $y=f(x)$ 在点 $x=x_0$ 处的相对变化率,也就是相对导数,或称为弹性,记作

$$\left.\frac{\mathrm{E}y}{\mathrm{E}x}\right|_{x=x_0} \quad 或 \quad \frac{\mathrm{E}f(x_0)}{\mathrm{E}x} \quad 或 \quad \left.\eta\right|_{x=x_0},$$

即

$$\left.\frac{\mathrm{E}y}{\mathrm{E}x}\right|_{x=x_0}=\lim_{\Delta x\to 0}\frac{\Delta y/y_0}{\Delta x/x_0}=\lim_{\Delta x\to 0}\frac{\Delta y}{\Delta x}\cdot\frac{x_0}{y_0}=f'(x_0)\frac{x_0}{f(x_0)}.$$

当 x_0 为定值时，$\left.\dfrac{\mathrm{E}y}{\mathrm{E}x}\right|_{x=x_0}$ 为定值.

如果函数 $y=f(x)$ 在 (a,b) 内可导，且 $f'(x)\neq 0$，则称 $\eta=\dfrac{\mathrm{E}y}{\mathrm{E}x}=\lim\limits_{\Delta x\to 0}\dfrac{\Delta y}{\Delta x}\cdot\dfrac{x}{y}=y'\dfrac{x}{y}$ 为 $y=f(x)$ 在 (a,b) 内的弹性函数.

函数 $f(x)$ 的弹性 η 反映了 $f(x)$ 随 x 变化的变化幅度，它刻画了函数 $f(x)$ 对自变量 x 相对变化反应的强烈程度或灵敏度.

$\dfrac{\mathrm{E}f(x_0)}{\mathrm{E}x}$ 表示在点 $x=x_0$ 处，当 x 产生 1% 的改变时，$f(x)$ 近似地改变 $\left|\dfrac{\mathrm{E}f(x_0)}{\mathrm{E}x}\right|\%$. 在实际问题中解释弹性的具体意义时，我们也可略去"近似"二字.

注意：两点间的弹性是有方向的，因为"相对性"是相对初始值而言的. 一般地，函数 $f(x)$ 对自变量 x 的相对变化率 $\dfrac{f'(x)x}{f(x)}$ 称为弹性函数.

例 4　求函数 $y=2+3x$ 在点 $x=4$ 处的弹性.

解　　$y'=3$，　$\dfrac{\mathrm{E}y}{\mathrm{E}x}=y'\dfrac{x}{y}=\dfrac{3x}{2+3x}$，　$\left.\dfrac{\mathrm{E}y}{\mathrm{E}x}\right|_{x=4}=\dfrac{3\times 4}{2+3\times 4}=\dfrac{12}{14}=\dfrac{6}{7}$.

例 5　求幂函数 $y=x^a$（α 为常数）的弹性函数.

解　　$y'=\alpha x^{\alpha-1}$，　$\dfrac{\mathrm{E}y}{\mathrm{E}x}=y'\dfrac{x}{y}=\alpha x^{\alpha-1}\dfrac{x}{x^\alpha}=\alpha$.

由此得幂函数的弹性函数为常数，即在任意点处弹性不变，所以称为不变弹性函数.

例 6　某商品的需求函数为 $Q=10-\dfrac{P}{2}$（$0<P<20$），求：

（1）需求价格弹性函数；

（2）当 $P=3$ 时的需求价格弹性，并说明其经济意义；

（3）当 $P=3$ 时，价格上涨 1%，其总收益是增加还是减少？它将变化百分之几？

解　（1）由弹性定义，得

$$\frac{\mathrm{E}Q}{\mathrm{E}P}=Q'\frac{P}{Q}=\frac{-\dfrac{P}{2}}{10-\dfrac{P}{2}}=\frac{P}{P-20}.$$

（2）$\left.\dfrac{\mathrm{E}Q}{\mathrm{E}P}\right|_{P=3}=\left.\dfrac{P}{P-20}\right|_{P=3}=-\dfrac{3}{17}=-0.76$.

当 $P=3$ 时，若价格上涨（下降）1%，则需求量减少（增加）0.76%.

（3）总收益 $R=P\cdot Q=P\left(10-\dfrac{P}{2}\right)=10P-\dfrac{P^2}{2}$，$R'=10-P$.

$$\frac{\mathrm{E}R}{\mathrm{E}P}=R'\frac{P}{R}=P\cdot\frac{10-P}{10P-\dfrac{P^2}{2}}=\frac{20-2P}{20-P}.$$

$$\left.\frac{\mathrm{E}R}{\mathrm{E}P}\right|_{P=3}=\left.\frac{20-2P}{20-P}\right|_{P=3}=\frac{14}{17}\approx 0.824.$$

因此,当 $P=3$ 时,价格上涨 1%,其总收益将增加 0.824%.

一般地,商品价格低,需求量大;商品价格高,需求量小,即需求函数 $Q=f(P)$ 是单调减少函数,故需求函数的弹性一般为负值. 这表明,当商品的价格上涨(下跌)1%时,其需求量将减少(增加)约 $\left|\dfrac{EQ}{EP}\right|$ %.负号说明它们的变化是反方向的.

由经济学知,若某商品的需求价格弹性 $\left|\dfrac{EQ}{EP}\right|>1$,则称该商品的需求量对价格具有弹性,即价格变化将引起需求量较大的变化;若 $\left|\dfrac{EQ}{EP}\right|=1$,则称该商品具有单位弹性,即价格上升的百分数与需求下降的百分数相同;若 $\left|\dfrac{EQ}{EP}\right|<1$,则称该商品的需求量对价格缺乏弹性,即价格变化只引起需求量微小的变化.

习题 3-7

1. 某产品总成本 C(元)为产量 x(个)的函数 $C=C(x)=900+\dfrac{x^2}{100}$,求产量为 100 个时的平均单位成本与边际成本.

2. 已知某商品的成本函数为 $C=C(x)=100+\dfrac{x^2}{4}$,求:

(1) 当 $x=10$ 时的总成本、平均成本及边际成本;

(2) 当产量 x 为多少时,平均成本最小?

3. 已知某产品的需求函数为 $Q=20-\dfrac{P^2}{5}$,求当 $P=5$ 时的边际需求.

4. 设某产品的总成本函数和总收益函数分别为 $C(x)=3+2\sqrt{x}$,$R(x)=\dfrac{5x}{x+1}$,其中 x 为该产品的销售量,求该产品的边际成本、边际收益和边际利润.

5. 求函数 $y=3+2x$ 在点 $x=3$ 处的弹性.

6. 求函数 $y=100\mathrm{e}^{3x}$ 的弹性函数 $\dfrac{Ey}{Ex}$ 及 $\dfrac{Ey}{Ex}\Big|_{x=2}$.

7. 设某产品的需求函数为 $Q=\mathrm{e}^{-\frac{P}{4}}$,求:

(1) 需求价格弹性函数;

(2) $P=5$ 时的需求价格弹性,并说明其经济意义.

数学实验

导数的应用例 1

导数的应用例 2

一只会下金蛋的鸡
——费马大定理

费马（1601—1665 年）是 17 世纪法国著名的业余数学大师．他于 1601 年 8 月出生于法国南部图卢兹附近的博蒙，1665 年 1 月在图卢兹去世．他出身于商人家庭，青年时期在图卢兹攻读法律，并成为一名杰出的律师，还曾担任图卢兹议会议员．费马并非职业数学家，直到近 30 岁时才开始认真研究数学，利用公务之余通过自学探索数学．

1630 年，费马在阅读古希腊数学家丢番图的《算术》时，在书的空白处写下了一段引人注目的文字："将一个立方数分成两个立方数，一个四次幂分成两个四次幂，或者一般地说，将一个高于二次的幂分成两个同次幂，都是不可能的．关于此，我确信已发现一种美妙的证法．可惜这里空白的地方太小，无法写下．"费马去世后，人们在整理他的遗物时发现了这段话，但未能找到完整的证明，这更引起了数学界的极大兴趣．这就是著名的费马大定理，也称费马最后定理，其表述为：对于任何大于 2 的整数 n，方程 $x^n + y^n = z^n$ 没有正整数解．

三百多年来，无数杰出的数学家为了证明这一猜想付出了巨大的努力．直到 1994 年，英国数学家安德鲁·怀尔斯终于攻克了这一难题．他将证明的论文寄往美国《数学年刊》，并顺利通过了审查．1995 年 5 月，《数学年刊》第 41 卷第 3 期全文刊登了他的这篇论文．这一成果被视为"20 世纪最重大的数学成就"之一，怀尔斯因此在 1996 年获得了沃尔夫奖，并于 1998 年破格获得了菲尔兹奖特别奖．

复习题 3

1．下列函数在区间 $[0,1]$ 上是否满足拉格朗日中值定理的条件？若满足，试求出相应的 ξ 的值．

（1）$f(x) = e^x$；　　　　　　　　（2）$y = \arcsin x$．

2．设 $a > b > 0$，证明：$\dfrac{a-b}{a} < \ln \dfrac{a}{b} < \dfrac{a-b}{b}$．

3．求下列极限．

（1）$\lim\limits_{x \to 0} \dfrac{e^x + e^{-x} - 2}{1 - \cos x}$；　　　　　（2）$\lim\limits_{x \to +\infty} \dfrac{\ln x}{x^n} \ (n > 0)$；

（3）$\lim\limits_{x \to 0} x^2 e^{\frac{1}{x^2}}$；　　　　　　　（4）$\lim\limits_{x \to +\infty} (\sqrt{x^2 + x} - \sqrt{x^2 - x})$；

（5）$\lim\limits_{x \to 0} \left(\dfrac{x}{x-1} - \dfrac{1}{\ln x} \right)$；　　　　（6）$\lim\limits_{x \to 0^+} x^{\sin x}$．

4．求下列函数的极值．

（1）$y = (x-2)^{\frac{5}{3}}$；　　　　　　　（2）$y = \dfrac{x}{1 + x^2}$．

5. 试问：a 为何值时，函数 $f(x) = a\sin x + \dfrac{1}{3}\sin 3x$ 在点 $x = \dfrac{\pi}{3}$ 处取得极值？它是极大值还是极小值？并求此极值.

6. 求下列函数的最大值与最小值.

(1) $y = x^4 - 8x^2 + 3$ $(-1 < x < 3)$;   (2) $y = x(x-1)^{\frac{1}{3}}$ $(-2 < x < 2)$.

7. 欲围一个面积为 $150\ \mathrm{m}^2$ 的矩形场地，沿矩形场地四周建高度相同的围墙，已知围墙正面材料的价格为 $60\ \text{元}/\mathrm{m}^2$，其余三面材料的价格为 $30\ \text{元}/\mathrm{m}^2$，问矩形场地长 x 与宽 y 各为多少时，才能使得所用材料费 T 最少？

8. 求下列曲线的凹凸区间与拐点.

(1) $y = (x-2)^{\frac{5}{3}}$;   (2) $y = \ln(1+x^2)$.

9. 描绘函数 $y = \dfrac{2}{x} + \dfrac{1}{x^2}$ 的图象.

10. 求抛物线 $y = x^2 - 4x + 3$ 在其顶点处的曲率及曲率半径.

11. 曲线 $y = \ln x$ 上哪一点处的曲率半径最小？并求出该点处的曲率和曲率半径.

12. 如图 3-35 所示，一辆质量为 m 的汽车以速度 v 经过抛物形拱桥，该桥跨度为 l，拱高为 h，试求汽车驶过拱顶 O 点时汽车对桥的压力.

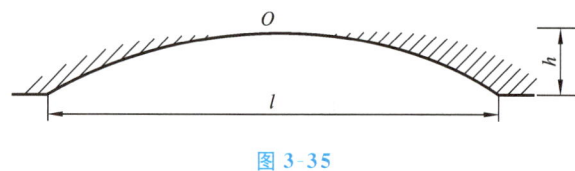

图 3-35

13. 某厂每年生产 x 台某商品的平均成本函数为 $\overline{C} = \overline{C}(x) = x + 6 + \dfrac{20}{x}$（万元/台），商品销售价格 $P = 30$ 万元/台，每年产量 x 为多少时，才能使得商品全部销售后获得的总利润 L 最大？

14. 设某产品的价格与销售量的关系为 $P = 10 - \dfrac{x}{5}$，求销售量为 30 时的总收益、平均收益与边际收益.

自测题 3

1. 选择题.

(1) 下列函数在给定的区间上满足罗尔定理条件的是（   ）.

A. $y = x^2 - 5x + 6$，$[2,3]$ B. $y = \dfrac{1}{\sqrt{(x-1)^2}}$，$[0,2]$

C. $y = x\mathrm{e}^{-x}$，$[0,1]$ D. $y = \begin{cases} x+1, & x < 5, \\ 1, & x \geqslant 5, \end{cases}$ $[0,5]$

(2) 下列极限能直接用洛必达法则求解的是（   ）.

第 3 章参考答案

A. $\lim\limits_{x\to\infty}\dfrac{\sin x}{x}$ B. $\lim\limits_{x\to 0}\dfrac{\sin x}{x}$ C. $\lim\limits_{x\to\frac{\pi}{2}}\dfrac{\tan 5x}{\sin 3x}$ D. $\lim\limits_{x\to 0}\dfrac{x^2\sin\frac{1}{x}}{\sin x}$

（3）设 $f(x)=2^x+3^x-2$，则当 $x\to 0$ 时，（ ）.

A. $f(x)$ 与 x 是等价无穷小 B. $f(x)$ 与 x 是同阶非等价无穷小

C. $f(x)$ 是比 x 较高阶的无穷小 D. $f(x)$ 是比 x 较低阶的无穷小

（4）函数 $f(x)=e^x+e^{-x}$ 在区间 $(-1,1)$ 内（ ）.

A. 单调递增 B. 单调递减 C. 不增不减 D. 有增有减

（5）函数 $f(x)=\dfrac{x}{1-x^2}$ 在区间 $(-1,1)$ 内（ ）.

A. 单调递增 B. 单调递减 C. 有极大值 D. 有极小值

（6）函数 $y=f(x)$ 在点 $x=x_0$ 处取得极大值，则必有（ ）.

A. $f'(x_0)=0$ B. $f''(x_0)<0$

C. $f'(x_0)=0$ 且 $f''(x_0)<0$ D. $f'(x_0)=0$ 或者 $f'(x_0)$ 不存在

（7）对曲线 $y=x^5+x^3$，下列结论正确的是（ ）.

A. 有 4 个极值点 B. 有 3 个拐点

C. 有 2 个极值点 D. 有 1 个拐点

（8）曲线 $y=\dfrac{x}{1-x^2}$ 的渐近线有（ ）.

A. 1 条 B. 2 条 C. 3 条 D. 4 条

（9）设某商品的需求量 D 对价格 p 的需求函数为 $D=50-\dfrac{p}{5}$，则需求价格弹性函数为（ ）.

A. $\dfrac{p}{p-250}$ B. $\dfrac{p}{250-p}$ C. $\dfrac{1}{5}\cdot\dfrac{p}{250-p}$ D. $\dfrac{1}{5}\cdot\dfrac{p}{p-250}$

（10）已知某商品的成本函数为 $C(Q)=2Q+30\sqrt{Q}+500$，则当产量 $Q=100$ 时边际成本为（ ）.

A. 5 B. 3 C. 3.5 D. 1.5

2. 填空题.

（1）函数 $y=\ln x$ 在 $[1,2]$ 上满足拉格朗日中值定理的点 ξ 是 _____.

（2）函数 $y=2x^3+ax+3$ 在 $x=1$ 处取得极小值，则 $a=$ _____.

（3）曲线 $y=xe^x$ 的凸区间是 _____.

（4）函数 $y=\dfrac{4(x+1)^2}{x^2+2x+4}$ 的水平渐近线方程是 _____.

（5）函数 $y=x^2+1$ 在区间 $(-1,1)$ 内的最小值为 _____.

（6）曲线 $y=(x-1)^3$ 的拐点是 _____.

（7）设商品的收益 R 与价格 P 之间的关系为 $R=6500P-100P^2$，则收益 R 对价格 P 的弹性函数 $\dfrac{ER}{EP}=$ _____.

（8）设某商品的供给函数为 $S(p)=-0.5+3p$，则供给价格弹性函数 $\dfrac{ES}{Ep}=$ _____.

(9) 已知某商品的成本函数为 $C(q) = 20 - 10q + q^2$（万元），则 $q = 15$ 时的边际成本为 _____.

(10) $\lim\limits_{x \to 0} \dfrac{e^{2x} - 1}{\sin x} =$ _____.

3. 计算题.

(1) $\lim\limits_{x \to 0} \dfrac{e^x - e^{-x}}{x}$;

(2) $\lim\limits_{x \to \pi} \dfrac{\sin 3x}{\tan 5x}$;

(3) $\lim\limits_{x \to \frac{\pi}{2}} \dfrac{\ln(\sin x)}{(x - 2x)^2}$;

(4) $\lim\limits_{x \to 0} \left[\dfrac{1}{\ln(1+x)} - \dfrac{1}{x} \right]$.

4. 证明题.

(1) 当 $x > 1$ 时，$2\sqrt{x} > 3 - \dfrac{1}{x}$;

(2) 当 $x > 0$ 时，$1 + x\ln(x + \sqrt{1 + x^2}) > \sqrt{1 + x^2}$.

5. 求下列函数的极值.

(1) $y = (x - 1)\sqrt[3]{x^2}$;

(2) $y = \dfrac{2x}{1 + x^2}$;

(3) $y = x - \ln(1 + x)$.

6. 求下列曲线的凹凸区间与拐点.

(1) $y = x^3 - 6x^3 + 3x$;

(2) $y = xe^{-x}$;

(3) $y = (x + 1)^2 + e^x$.

7. 应用题.

(1) 某车间靠墙壁要盖一间长方形小屋，现在存砖只够砌 20 m 长的墙壁，问应围成怎样的长方形才能使这间小屋的面积最大？

(2) 要造一柱形油罐，体积为 V，问底面半径 r 和高 h 各等于多少时，才能使油罐的表面积最小？这时底面直径 d 与高 h 的比是多少？

(3) 某工厂生产一种产品，固定成本为 80 元，每多生产一件产品，成本增加 10 元. 已知该产品的需求函数为 $Q = 50 - 2P$，为使工厂的总利润最大，产量 Q 应为多少？并求最大利润.

第 4 章　不定积分

在第 2 章中,我们讨论了如何求一个函数的导函数的问题.本章将讨论它的反问题,即寻求一个可导函数,使得它的导函数等于已知函数,这是积分学的基本问题之一.

本章讲述不定积分的概念、性质和求不定积分的基本方法.

4.1　不定积分的概念与性质

一、原函数与不定积分的概念

1. 原函数

定义 1　如果在区间 I 上,可导函数 $F(x)$ 的导函数为 $f(x)$,即对任意 $x \in I$,都有

$$F'(x) = f(x) \quad \text{或} \quad \mathrm{d}F(x) = f(x)\mathrm{d}x,$$

那么函数 $F(x)$ 就称为 $f(x)$(或 $f(x)\mathrm{d}x$)在区间 I 上的一个原函数.

例如,因为 $(\arctan x)' = \dfrac{1}{1+x^2}$ 对区间 $(-\infty, +\infty)$ 上的任意 x 都成立,故 $\arctan x$ 是函数 $\dfrac{1}{1+x^2}$ 在区间 $(-\infty, +\infty)$ 上的一个原函数.

关于原函数,我们首先要问:一个函数具备什么条件,能保证它的原函数一定存在? 这个问题将在下一章中讨论,这里先介绍一个结论.

原函数存在定理　如果函数 $f(x)$ 在区间 I 上连续,那么在区间 I 上存在可导函数 $F(x)$,使对任意一点 $x \in I$ 都有

$$F'(x) = f(x).$$

简单地说就是连续函数一定有原函数.

由于初等函数在其有定义的区间上是连续的,所以一切初等函数在其定义区间上都有原函数.

说明:

（1）如果 $F(x)$ 是 $f(x)$ 在区间 I 上的一个原函数,则函数族 $F(x)+C(C$ 为任意常数)都是 $f(x)$ 在该区间上的原函数. 这是因为 $[F(x)+C]'=F'(x)+C'=f(x)$. 可见,如果 $f(x)$ 有一个原函数,那么 $f(x)$ 就有无限多个原函数.

（2）函数 $f(x)$ 在区间 I 上的任意两个原函数之间仅相差一个常数.

设 $F(x)$、$\Phi(x)$ 都是 $f(x)$ 在区间 I 上的原函数,则

$$[\Phi(x)-F(x)]'=\Phi'(x)-F'(x)=f(x)-f(x)=0.$$

由拉格朗日中值定理的推论,有

$$\Phi(x)-F(x)=C \quad (C \text{ 为某个常数}).$$

这表明 $\Phi(x)$ 与 $F(x)$ 只相差一个常数. 因此,当 C 为任意常数时,表达式 $F(x)+C$ 就可表示 $f(x)$ 的任意一个原函数.

2. 不定积分

定义 2 在区间 I 上,函数 $f(x)$ 的带有任意常数项的原函数称为 $f(x)$（或 $f(x)\mathrm{d}x$）在区间 I 上的不定积分,记作

$$\int f(x)\mathrm{d}x$$

其中记号 $\int$ 称为积分号,$f(x)$ 称为被积函数,$f(x)\mathrm{d}x$ 称为被积表达式,x 称为积分变量.

由此定义及前面的说明可知,如果 $F(x)$ 是 $f(x)$ 在区间 I 上的一个原函数,那么 $F(x)+C$ 就是 $f(x)$ 的不定积分,即

$$\int f(x)\mathrm{d}x = F(x)+C$$

因而不定积分 $\int f(x)\mathrm{d}x$ 可以表示 $f(x)$ 的任意一个原函数. 这里 C 可取一切实数值,称为积分常数.

例 1 求下列不定积分:

（1）$\int \mathrm{e}^x \mathrm{d}x$;　　　　（2）$\int x^2 \mathrm{d}x$.

解 （1）由于 $(\mathrm{e}^x)'=\mathrm{e}^x$,所以 e^x 是 e^x 的一个原函数,因此

$$\int \mathrm{e}^x \mathrm{d}x = \mathrm{e}^x + C$$

（2）由于 $\left(\dfrac{x^3}{3}\right)'=x^2$,所以 $\dfrac{x^3}{3}$ 是 x^2 的一个原函数,因此

$$\int x^2 \mathrm{d}x = \frac{x^3}{3} + C$$

例 2 求 $\int \dfrac{1}{x}\mathrm{d}x$.

解 当 $x>0$ 时,由于 $(\ln x)'=\dfrac{1}{x}$,所以 $\ln x$ 是 $\dfrac{1}{x}$ 在 $(0,+\infty)$ 内的一个原函数,因此在 $(0,+\infty)$ 内,

$$\int \frac{1}{x}\mathrm{d}x = \ln x + C.$$

当 $x<0$ 时,由于 $[\ln(-x)]'=\dfrac{1}{(-x)}(-1)=\dfrac{1}{x}$,所以 $\ln(-x)$ 是 $\dfrac{1}{x}$ 在 $(-\infty,0)$ 内的一个

原函数,因此,在$(-\infty,0)$内,

$$\int \frac{1}{x}\mathrm{d}x = \ln(-x) + C.$$

把在 $x>0$ 及 $x<0$ 内的结果合起来,可写作

$$\int \frac{1}{x}\mathrm{d}x = \ln|x| + C.$$

通常把求不定积分的方法称为积分法.

二、不定积分的几何意义

不定积分的几何意义:函数 $f(x)$ 的不定积分 $\int f(x)\mathrm{d}x$ 是一簇积分曲线,这一簇积分曲线可由其中任一条沿着 y 轴平行移动而得到. 在每一条积分曲线上横坐标相同的点 x 处作切线,切线互相平行(见图 4-1).

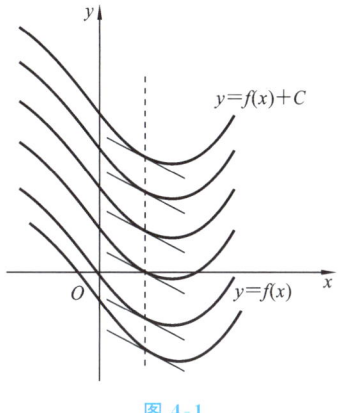

图 4-1

例 3 设某一曲线在 x 处的切线斜率 $k=2x$,又曲线过点$(2,5)$,求这条曲线的方程.

解 设所求的曲线方程是 $y=F(x)$.

由导数的几何意义,切线斜率 $k=2x$,则 $F'(x)=2x$,而

$$\int 2x\mathrm{d}x = x^2 + C,$$

于是 $$y=F(x)=x^2+C.$$

$y=x^2$ 是一条抛物线,而 $y=x^2+C$ 是一簇抛物线. 我们要求的曲线是这一簇抛物线中过点$(2,5)$的那一条. 将 $x=2$,$y=5$ 代入 $y=x^2+C$ 中可确定积分常数 C:$5=2^2+C$,即 $C=1$.

由此,所求的曲线方程是 $y=x^2+1$.

从不定积分的定义,可知下述关系:

(1) $\dfrac{\mathrm{d}}{\mathrm{d}x}\left[\displaystyle\int f(x)\mathrm{d}x\right] = f(x)$;   (2) $\mathrm{d}\left[\displaystyle\int f(x)\mathrm{d}x\right] = f(x)\mathrm{d}x$;

(3) $\displaystyle\int F'(x)\mathrm{d}x = F(x) + C$;   (4) $\displaystyle\int \mathrm{d}F(x) = F(x) + C$.

由此可见,微分运算(以记号 d 表示)与求不定积分的运算(简称积分运算,以记号 $\int$ 表示)是互逆的. 记号 $\int$ 与 d 连在一起时或者抵消,或者抵消后差一个常数.

三、基本积分表

既然积分运算是微分运算的逆运算,那么很自然地可以从导数公式得到相应的积分公式. 例如,因为 $\left(\dfrac{x^{\mu+1}}{\mu+1}\right)' = x^\mu$,所以 $\dfrac{x^{\mu+1}}{\mu+1}$ 是 x^μ 的一个原函数,于是

$$\int x^\mu \mathrm{d}x = \frac{x^{\mu+1}}{\mu+1} + C \quad (\mu \neq -1).$$

类似地,可以得到其他积分公式. 一些基本的积分公式如下,这些基本积分公式是我们求不定积分的基础.

(1) $\int k\mathrm{d}x = kx + C$ (k 是常数);

(2) $\int x^{\mu}\mathrm{d}x = \dfrac{x^{\mu+1}}{\mu+1} + C$ ($\mu \neq -1$);

(3) $\int \dfrac{1}{x}\mathrm{d}x = \ln|x| + C$;

(4) $\int a^{x}\mathrm{d}x = \dfrac{a^{x}}{\ln a} + C$;

(5) $\int \mathrm{e}^{x}\mathrm{d}x = \mathrm{e}^{x} + C$;

(6) $\int \sin x\mathrm{d}x = -\cos x + C$;

(7) $\int \cos x\mathrm{d}x = \sin x + C$;

(8) $\int \sec^{2}x\mathrm{d}x = \tan x + C$;

(9) $\int \csc^{2}x\mathrm{d}x = -\cot x + C$;

(10) $\int \sec x\tan x\mathrm{d}x = \sec x + C$;

(11) $\int \csc x\cot x\mathrm{d}x = -\csc x + C$;

(12) $\int \dfrac{1}{\sqrt{1-x^{2}}}\mathrm{d}x = \arcsin x + C = -\arccos x + C$;

(13) $\int \dfrac{1}{1+x^{2}}\mathrm{d}x = \arctan x + C = -\operatorname{arccot} x + C$.

四、不定积分的性质

根据不定积分的定义,可以推得它有以下两个性质.

性质 1 设函数 $f(x)$ 及 $g(x)$ 的原函数存在,则
$$\int [f(x) \pm g(x)]\mathrm{d}x = \int f(x)\mathrm{d}x \pm \int g(x)\mathrm{d}x.$$

性质 1 对有限个函数都是成立的.

性质 2 设函数 $f(x)$ 的原函数存在,k 为非零常数,则
$$\int k f(x)\mathrm{d}x = k\int f(x)\mathrm{d}x.$$

利用基本积分公式以及不定积分的这两个性质,可以求出一些简单函数的不定积分.

例 4 求 $\int \dfrac{\mathrm{d}x}{x^{3}}$.

解 $\int \dfrac{\mathrm{d}x}{x^{3}} = \int x^{-3}\mathrm{d}x = \dfrac{x^{-3+1}}{-3+1} + C = -\dfrac{1}{2x^{2}} + C.$

例 5　求 $\displaystyle\int \frac{\mathrm{d}x}{x\sqrt[3]{x}}$.

解　$\displaystyle\int \frac{\mathrm{d}x}{x\sqrt[3]{x}} = \int x^{-\frac{4}{3}}\mathrm{d}x = \frac{x^{-\frac{4}{3}+1}}{-\frac{4}{3}+1} + C = -3x^{-\frac{1}{3}} + C = -\frac{3}{\sqrt[3]{x}} + C.$

上面两例表明,有时被积函数实际是幂函数,但用分式或根式表示.遇此情形,应先把它化为 x^n 的形式,然后应用幂函数的积分公式求不定积分.

例 6　求 $\displaystyle\int \left(3x^3 - 4x - \frac{1}{x} + 3\right)\mathrm{d}x$.

解　$\displaystyle\int \left(3x^3 - 4x - \frac{1}{x} + 3\right)\mathrm{d}x = 3\int x^3\mathrm{d}x - 4\int x\mathrm{d}x - \int \frac{1}{x}\mathrm{d}x + \int 3\mathrm{d}x$

$$= 3\cdot\frac{1}{3+1}x^{3+1} - 4\cdot\frac{1}{1+1}x^{1+1} - \ln|x| + 3x + C$$

$$= \frac{3}{4}x^4 - 2x^2 - \ln|x| + 3x + C.$$

例 7　求 $\displaystyle\int \frac{(x-1)^3}{x^2}\mathrm{d}x$.

解　$\displaystyle\int \frac{(x-1)^3}{x^2}\mathrm{d}x = \int \frac{x^3 - 3x^2 + 3x - 1}{x^2}\mathrm{d}x = \int \left(x - 3 + \frac{3}{x} - \frac{1}{x^2}\right)\mathrm{d}x$

$$= \int x\mathrm{d}x - 3\int 1\mathrm{d}x + 3\int \frac{\mathrm{d}x}{x} - \int \frac{\mathrm{d}x}{x^2}$$

$$= \frac{x^2}{2} - 3x + 3\ln|x| + \frac{1}{x} + C.$$

例 8　求 $\displaystyle\int 2^x \mathrm{e}^x \mathrm{d}x$.

解　因为 $2^x\mathrm{e}^x = (2\mathrm{e})^x$,所以可把 $2\mathrm{e}$ 看作 a,并利用基本积分公式(4)得

$$\int 2^x\mathrm{e}^x\mathrm{d}x = \int (2\mathrm{e})^x\mathrm{d}x = \frac{(2\mathrm{e})^x}{\ln(2\mathrm{e})} + C = \frac{2^x\mathrm{e}^x}{1 + \ln 2} + C.$$

例 9　求 $\displaystyle\int \frac{1 + x + x^2}{x(1 + x^2)}\mathrm{d}x$.

解　基本积分表中没有这种类型的积分公式,可以先把被积函数变形,化为基本积分公式,再逐项求积分.

$$\int \frac{1 + x + x^2}{x(1 + x^2)}\mathrm{d}x = \int \frac{x + (1 + x^2)}{x(1 + x^2)}\mathrm{d}x = \int \left(\frac{1}{1 + x^2} + \frac{1}{x}\right)\mathrm{d}x = \int \frac{1}{1 + x^2}\mathrm{d}x + \int \frac{1}{x}\mathrm{d}x$$

$$= \arctan x + \ln|x| + C.$$

例 10　求 $\displaystyle\int \frac{2x^2}{1 + x^2}\mathrm{d}x$.

解　先将被积函数进行代数恒等变形 $x^2 = x^2 + 1 - 1$,并将被积函数分项,再用基本积分公式求解.

$$\int \frac{2x^2}{1 + x^2}\mathrm{d}x = 2\int \frac{x^2 + 1 - 1}{1 + x^2}\mathrm{d}x = 2\left[\int 1\mathrm{d}x - \int \frac{1}{1 + x^2}\mathrm{d}x\right] = 2(x - \arctan x) + C.$$

例 11　求 $\displaystyle\int \tan^2 x\mathrm{d}x$.

解 利用公式 $\tan^2 x = \sec^2 x - 1$，对被积函数进行三角恒等变形，再用基本积分公式求解.

$$\int \tan^2 x \mathrm{d}x = \int (\sec^2 x - 1)\mathrm{d}x = \tan x - x + C.$$

例 12 求 $\int \sin^2 \dfrac{x}{2}\mathrm{d}x$.

解 利用三角函数公式 $\sin^2 \dfrac{x}{2} = \dfrac{1}{2}(1 - \cos x)$，于是

$$\int \sin^2 \frac{x}{2}\mathrm{d}x = \int \frac{1}{2}(1 - \cos x)\mathrm{d}x = \frac{1}{2}\int (1 - \cos x)\mathrm{d}x$$
$$= \frac{1}{2}\left[\int 1\mathrm{d}x - \int \cos x \mathrm{d}x\right] = \frac{1}{2}(x - \sin x) + C.$$

例 13 求 $\int \dfrac{1}{\sin^2 x \cos^2 x}\mathrm{d}x$.

解 同上例一样，先利用三角函数公式恒等变形，然后再求积分：

$$\int \frac{1}{\sin^2 x \cos^2 x}\mathrm{d}x = \int \frac{\sin^2 x + \cos^2 x}{\sin^2 x \cos^2 x}\mathrm{d}x = \int \left(\frac{1}{\cos^2 x} + \frac{1}{\sin^2 x}\right)\mathrm{d}x$$
$$= \int \frac{1}{\cos^2 x}\mathrm{d}x + \int \frac{1}{\sin^2 x}\mathrm{d}x = \tan x - \cot x + C.$$

直接积分法
（习题课 1）

注意：检验积分结果是否正确，可以对结果求导，看它的导数是否等于被积函数，相等则结果正确，否则结果是错误的，如从例 6 的结果来看，由于

$$\left(\frac{3}{4}x^4 - 2x^2 - \ln|x| + 3x + C\right)' = \frac{3}{4} \cdot 4x^3 - 2 \cdot 2x - \frac{1}{x} + 3 = 3x^3 - 4x - \frac{1}{x} + 3,$$

所以结果是正确的.

习题 4-1

直接积分法
（习题课 2）

1. 求下列不定积分.

(1) $\displaystyle\int \frac{1}{x^2}\mathrm{d}x$；

(2) $\displaystyle\int x\sqrt{x}\mathrm{d}x$；

(3) $\displaystyle\int \left(3 + x^3 + \frac{1}{x^3} + 3^x\right)\mathrm{d}x$；

(4) $\displaystyle\int \frac{3x^4 + 3x^2 + 1}{x^2 + 1}\mathrm{d}x$；

(5) $\displaystyle\int 3^x \mathrm{e}^x \mathrm{d}x$；

(6) $\displaystyle\int \frac{2 \times 3^x - 5 \times 2^x}{3^x}\mathrm{d}x$；

(7) $\displaystyle\int \frac{x^2}{1 + x^2}\mathrm{d}x$；

(8) $\displaystyle\int \mathrm{e}^x \left(1 - \frac{\mathrm{e}^{-x}}{\sqrt{x}}\right)\mathrm{d}x$；

(9) $\displaystyle\int \cos^2 \frac{x}{2}\mathrm{d}x$；

(10) $\displaystyle\int \frac{1}{1 + \cos 2x}\mathrm{d}x$；

(11) $\displaystyle\int \sec x(\sec x - \tan x)\mathrm{d}x$；

(12) $\displaystyle\int \frac{\cos 2x}{\cos x - \sin x}\mathrm{d}x$；

(13) $\displaystyle\int \frac{1 + \cos^2 x}{1 + \cos 2x}\mathrm{d}x$；

(14) $\displaystyle\int \frac{\cos 2x}{\cos^2 x \sin^2 x}\mathrm{d}x$.

2. 求下列曲线方程 $y = f(x)$：

（1）已知曲线在任意点 x 处切线的斜率为 $\dfrac{1}{2\sqrt{x}}$，且曲线过点 $(4,3)$；

（2）已知曲线在任意点 x 处切线的斜率与 x^3 成正比，且曲线过点 $A(1,6)$ 和点 $B(2,-9)$.

3. 已知质点在时刻 t 的速度为 $v=3t-2$，且 $t=0$ 时，位移 $s=5$，求此质点的运动方程.

4.2　换元积分法

利用基本积分公式和积分的性质能计算的不定积分是非常有限的，因此，必须进一步研究不定积分的求法. 本节把复合函数的微分法反过来用于求不定积分，利用中间变量的代换得到复合函数的积分，这种积分方法称为换元积分法，简称换元法. 换元法通常分为两类，即第一类换元积分法和第二类换元积分法.

一、第一类换元积分法

定理1　设 $\displaystyle\int f(u)\mathrm{d}u=F(u)+C$，且 $u=\varphi(x)$ 为可微函数，则

$$\int f[\varphi(x)]\varphi'(x)\mathrm{d}x=F[\varphi(x)]+C.$$

证　已知 $F'(u)=f(u)$ 且 $u=\varphi(x)$，则

$$[F(\varphi(x))]'=F'_u\cdot u'_x=f(u)\cdot\varphi'(x)=f[\varphi(x)]\cdot\varphi'(x),$$

所以

$$\int f[\varphi(x)]\varphi'(x)\mathrm{d}x=F[\varphi(x)]+C.$$

用上式求不定积分的方法称为第一类换元积分法或称凑微分法.

例1　求 $\displaystyle\int 2\cos 2x\mathrm{d}x$.

解　被积函数中，$\cos 2x$ 是一个复合函数：$\cos 2x=\cos u$，$u=2x$，常数因子 2 恰好是中间变量 u 的导数，因此，作变换 $u=2x$，则 $\mathrm{d}u=2\mathrm{d}x$，便有

$$\int 2\cos 2x\mathrm{d}x=\int\cos 2x\cdot 2\mathrm{d}x=\int\cos u\mathrm{d}u=\sin u+C.$$

再将 $u=2x$ 代入，即得

$$\int 2\cos 2x\mathrm{d}x=\sin 2x+C.$$

例2　求 $\displaystyle\int\dfrac{1}{3+2x}\mathrm{d}x$.

解　被积函数 $\dfrac{1}{3+2x}=\dfrac{1}{u}$，$u=3+2x$. 这里缺少 $\dfrac{\mathrm{d}u}{\mathrm{d}x}=2$ 这样的因子，但由于 $\dfrac{\mathrm{d}u}{\mathrm{d}x}$ 是一个常数，故可改变系数凑出这个因子：

$$\frac{1}{3+2x}=\frac{1}{2}\cdot\frac{1}{3+2x}\cdot 2=\frac{1}{2}\cdot\frac{1}{3+2x}\cdot(3+2x)'.$$

从而令 $u=3+2x$，则 $\mathrm{d}u=2\mathrm{d}x$，便有

$$\int \frac{1}{3+2x}\mathrm{d}x = \int \frac{1}{2} \cdot \frac{1}{3+2x} \cdot (3+2x)'\mathrm{d}x = \int \frac{1}{2} \cdot \frac{1}{u}\mathrm{d}u$$

$$= \frac{1}{2}\ln |u| + C = \frac{1}{2}\ln |3+2x| + C.$$

一般地,对于积分 $\int f(ax+b)\mathrm{d}x$,总可以作变换 $u = ax+b$,把它化为

$$\int f(ax+b)\mathrm{d}x = \int \frac{1}{a}f(ax+b)\mathrm{d}(ax+b) = \frac{1}{a}\Big[\int f(u)\mathrm{d}u\Big]_{u=ax+b}.$$

例 3　求 $\int \sin^2 x \cos x \mathrm{d}x$.

解　被积函数中,$\sin^2 x$ 是一个复合函数:$\sin^2 x = u^2$,$u = \sin x$,而被积函数中另一因式 $\cos x$ 恰好是中间变量 u 的导数,因此,作变换 $u = \sin x$,则 $\mathrm{d}u = \cos x \mathrm{d}x$,便有

$$\int \sin^2 x \cos x \mathrm{d}x = \int \sin^2 x \cdot \cos x \mathrm{d}x = \int \sin^2 x \cdot (\sin x)'\mathrm{d}x = \int u^2 \mathrm{d}u = \frac{u^3}{3} + C.$$

再将 $u = \sin x$ 代入,即得

$$\int \sin^2 x \cos x \mathrm{d}x = \frac{\sin^3 x}{3} + C.$$

例 4　求 $\int x\sqrt{4+x^2}\mathrm{d}x$.

解　被积函数是 $\sqrt{4+x^2}$ 与 x 的乘积,而 $\sqrt{4+x^2}$ 可视为二次函数 $4+x^2$ 的函数,且 $(4+x^2)' = 2x$,于是

$$x\sqrt{4+x^2} = \frac{1}{2}\sqrt{4+x^2} \cdot 2x = \frac{1}{2}\sqrt{4+x^2} \cdot (4+x^2)'.$$

从而令 $u = 4+x^2$,则 $\mathrm{d}u = 2x\mathrm{d}x$,便有

$$\int x\sqrt{4+x^2}\mathrm{d}x = \int \sqrt{4+x^2} \cdot \frac{1}{2} \cdot (4+x^2)'\mathrm{d}x = \frac{1}{2}\int \sqrt{4+x^2}\mathrm{d}(4+x^2)$$

$$= \frac{1}{2}\int \sqrt{u}\mathrm{d}u = \frac{1}{2} \cdot \frac{2}{3}u^{\frac{3}{2}} + C = \frac{1}{3}(4+x^2)^{\frac{3}{2}} + C.$$

一般地,对于积分 $\int f[\varphi(x)]\varphi'(x)\mathrm{d}x$,总可以作变换 $u = \varphi(x)$,把它化为

$$\int f[\varphi(x)]\varphi'(x)\mathrm{d}x = \Big[\int f(u)\mathrm{d}u\Big]_{u=\varphi(x)}.$$

例 5　求 $\int \tan x \mathrm{d}x$.

解　因为

$$\tan x = \frac{1}{\cos x} \cdot \sin x = \frac{1}{\cos x} \cdot (-\cos x)',$$

所以若设 $u = \cos x$,那么 $\mathrm{d}u = -\sin x \cdot \mathrm{d}x$,因此

$$\int \tan x \mathrm{d}x = \int \frac{1}{\cos x} \cdot \sin x \mathrm{d}x = \int \frac{1}{u}(-\mathrm{d}u) = -\ln |u| + C = -\ln |\cos x| + C.$$

类似地,可得

$$\int \cot x \mathrm{d}x = \ln |\sin x| + C.$$

有些不定积分的被积函数需要变形之后再考虑如何换元. 在对变量代换比较熟练以后,

就不一定要写出中间变量 u,例题如下.

例 6　求 $\displaystyle\int \frac{\ln x + 1}{x} \mathrm{d}x$.

解　因为 $(\ln x + 1)' = \dfrac{1}{x}$,所以

$$\int \frac{\ln x + 1}{x}\mathrm{d}x = \int (\ln x + 1)\mathrm{d}(\ln x + 1) = \frac{1}{2}(\ln x + 1)^2 + C.$$

例 7　求 $\displaystyle\int \frac{1}{x^2 + 6x + 5}\mathrm{d}x$.

解
$$\int \frac{1}{x^2 + 6x + 5}\mathrm{d}x = \int \frac{1}{(x+1)(x+5)}\mathrm{d}x = \frac{1}{4}\int\left(\frac{1}{x+1} - \frac{1}{x+5}\right)\mathrm{d}x$$
$$= \frac{1}{4}\left[\int \frac{1}{x+1}\mathrm{d}(x+1) - \int \frac{1}{x+5}\mathrm{d}(x+5)\right]$$
$$= \frac{1}{4}\left[\ln|x+1| - \ln|x+5|\right] + C = \frac{1}{4}\ln\left|\frac{x+1}{x+5}\right| + C.$$

例 8　求 $\displaystyle\int \frac{1}{a^2 - x^2}\mathrm{d}x$($a$ 是大于零的常数).

解　因为 $\dfrac{1}{a^2 - x^2} = \dfrac{1}{2a}\left(\dfrac{1}{a+x} + \dfrac{1}{a-x}\right)$,且 $(a - x)' = -1$,所以

$$\int \frac{1}{a^2 - x^2}\mathrm{d}x = \int \frac{1}{2a}\left(\frac{1}{a+x} + \frac{1}{a-x}\right)\mathrm{d}x = \frac{1}{2a}\left(\int \frac{1}{a+x}\mathrm{d}x + \int \frac{1}{a-x}\mathrm{d}x\right)$$
$$= \frac{1}{2a}\left[\int \frac{1}{a+x}\mathrm{d}(a+x) - \int \frac{1}{a-x}\mathrm{d}(a-x)\right]$$
$$= \frac{1}{2a}\left[\ln|a+x| - \ln|a-x|\right] + C = \frac{1}{2a}\ln\left|\frac{a+x}{a-x}\right| + C.$$

例 9　求 $\displaystyle\int \frac{\mathrm{d}x}{\sqrt{a^2 - x^2}}$($a$ 是大于零的常数).

解
$$\int \frac{\mathrm{d}x}{\sqrt{a^2 - x^2}} = \int \frac{1}{a}\frac{\mathrm{d}x}{\sqrt{1 - \left(\frac{x}{a}\right)^2}} = \int \frac{\mathrm{d}\left(\frac{x}{a}\right)}{\sqrt{1 - \left(\frac{x}{a}\right)^2}} = \arcsin\frac{x}{a} + C.$$

类似地,可得

$$\int \frac{1}{x^2 + a^2}\mathrm{d}x = \frac{1}{a}\arctan\frac{x}{a} + C.$$

例 10　$\displaystyle\int \frac{4x + 6}{x^2 + 3x - 4}\mathrm{d}x$.

解　注意到 $(x^2 + 3x - 4)' = 2x + 3$,于是

$$\int \frac{4x + 6}{x^2 + 3x - 4}\mathrm{d}x = \int \frac{2(2x + 3)}{x^2 + 3x - 4}\mathrm{d}x = 2\int \frac{1}{x^2 + 3x - 4}\mathrm{d}(x^2 + 3x - 4)$$
$$= 2\ln|x^2 + 3x - 4| + C.$$

例 11　$\displaystyle\int \frac{2x + 7}{x^2 + 2x + 5}\mathrm{d}x$.

解　由于 $(x^2 + 2x + 5)' = 2x + 2$,故可将分子 $2x + 7$ 分为 $2x + 2 + 5$,从而被积函数可分为两项;又由于 $x^2 + 2x + 5 = (x + 1)^2 + 2^2$,于是

$$\int \frac{2x+7}{x^2+2x+5}dx = \int \frac{(2x+2)+5}{x^2+2x+5}dx = \int \frac{2x+2}{x^2+2x+5}dx + \int \frac{5}{x^2+2x+5}dx$$

$$= \int \frac{1}{x^2+2x+5}d(x^2+2x+5) + 5\int \frac{1}{(x+1)^2+2^2}d(x+1)$$

$$= \ln|x^2+2x+5| + 5 \cdot \frac{1}{2}\arctan\frac{x+1}{2} + C$$

$$= \ln|x^2+2x+5| + \frac{5}{2}\arctan\frac{x+1}{2} + C.$$

下面几例的被积函数中含有三角函数,在计算这种积分的过程中,往往需要用到一些三角函数恒等式.

例 12 $\int \cos^2 x dx$.

解 因为 $\cos^2 x = \frac{1+\cos 2x}{2}$,所以

$$\int \cos^2 x dx = \int \frac{1+\cos 2x}{2}dx = \frac{1}{2}\left[\int 1 dx + \frac{1}{2}\int \cos 2x d(2x)\right]$$

$$= \frac{1}{2}\left(x + \frac{1}{2}\sin 2x\right) + C = \frac{1}{2}x + \frac{1}{4}\sin 2x + C.$$

例 13 $\int \csc x dx$.

解 $\int \csc x dx = \int \frac{1}{\sin x}dx = \int \frac{1}{\sin^2 x}\sin x dx = -\int \frac{1}{1-\cos^2 x}d(\cos x)$.

对应例 8,$a=1$,于是

$$\int \csc x dx = -\frac{1}{2}\ln\left|\frac{1+\cos x}{1-\cos x}\right| + C = \frac{1}{2}\ln\left|\frac{1-\cos x}{1+\cos x}\right| + C = \frac{1}{2}\ln\left|\frac{(1-\cos x)^2}{1-\cos^2 x}\right| + C$$

$$= \ln\left|\frac{1-\cos x}{\sin x}\right| + C = \ln|\csc x - \cot x| + C.$$

类似地,可得

$$\int \sec x dx = \ln|\sec x + \tan x| + C.$$

例 14 $\int \cos^2 x \sin^3 x dx$.

解 因为 $\sin^3 x = \sin^2 x \cdot \sin x = (1-\cos^2 x) \cdot (-\cos x)'$,所以

$$\int \cos^2 x \sin^3 x dx = \int \cos^2 x \cdot (1-\cos^2 x) \cdot (-\cos x)' dx = \int \cos^2 x \cdot (\cos^2 x - 1)d(\cos x)$$

$$= \int (\cos^4 x - \cos^2 x)d(\cos x) = \frac{1}{5}\cos^5 x - \frac{1}{3}\cos^3 x + C.$$

由例 14 可知,若被积函数为 $\sin^m x \cdot \cos^n x$ 型,其中 m 和 n 为正整数或其中之一为零时,都可用第一类换元积分法.

例 15 $\int \sin 2x \cos 3x dx$.

解 因为

$$\sin 2x \cos 3x = \frac{1}{2}\left[\sin(2x+3x) + \sin(2x-3x)\right] = \frac{1}{2}(\sin 5x - \sin x),$$

所以

$$\int \sin 2x \cos 3x \mathrm{d}x = \int \frac{1}{2}(\sin 5x - \sin x)\mathrm{d}x = \frac{1}{2}\left[\frac{1}{5}\int \sin 5x \mathrm{d}(5x) - \int \sin x \mathrm{d}x\right]$$

$$= \frac{1}{2}\left(-\frac{1}{5}\cos 5x + \cos x\right) + C = \frac{1}{2}\cos x - \frac{1}{10}\cos 5x + C.$$

上述各例用的都是第一类换元积分法,即形如 $u = \varphi(x)$ 的变量代换,下面介绍另一种形式的变量代换 $x = \varphi(t)$,即第二类换元积分法.

二、第二类换元积分法

第二类换元积分法(习题课)

定理2 设函数 $f(x)$ 连续,函数 $x = \varphi(t)$ 单调可微,且 $\varphi'(t) \neq 0$,则
$$\int f(x)\mathrm{d}x = \int f[\varphi(t)]\varphi'(t)\mathrm{d}t.$$

第二类换元积分法的关键在于选择合适的换元 $x = \varphi(t)$,但是这个换元关系往往不太明显,下面通过例子说明第二类换元积分法如何应用于根式代换和三角函数代换.

例16 求 $\int \dfrac{1}{1+\sqrt{x}}\mathrm{d}x$.

解 此不定积分的困难在于被积函数的分母为含有根式的式子,为了消去根式,可令 $x = u^2(u \geqslant 0)$,则 $\mathrm{d}x = 2u\mathrm{d}u$,因此

$$\int \frac{1}{1+\sqrt{x}}\mathrm{d}x = \int \frac{1}{1+u}2u\mathrm{d}u = 2\int \frac{(1+u)-1}{1+u}\mathrm{d}u$$

$$= 2\left[\int 1\mathrm{d}u - \int \frac{1}{1+u}\mathrm{d}(1+u)\right]$$

$$= 2[u - \ln|1+u|] + C.$$

由 $x = u^2(u \geqslant 0)$ 可得 $u = \sqrt{x}$,代入上式,得到所求不定积分的结果为

$$\int \frac{1}{1+\sqrt{x}}\mathrm{d}x = 2\sqrt{x} - 2\ln(1+\sqrt{x}) + C.$$

例17 求 $\int \dfrac{1}{\sqrt{1+\mathrm{e}^{2x}}}\mathrm{d}x$.

解 为消去被积函数中的根式,可令 $\sqrt{1+\mathrm{e}^{2x}} = t$,解出 $x = \dfrac{1}{2}\ln(t^2-1)$,故 $\mathrm{d}x = \dfrac{t}{t^2-1}\mathrm{d}t$,于是

$$\int \frac{1}{\sqrt{1+\mathrm{e}^{2x}}}\mathrm{d}x = \int \frac{1}{t} \cdot \frac{t}{t^2-1}\mathrm{d}t = \int \frac{1}{t^2-1}\mathrm{d}t = \frac{1}{2}\ln\left|\frac{t-1}{t+1}\right| + C$$

$$= \frac{1}{2}\ln\left|\frac{\sqrt{1+\mathrm{e}^{2x}}-1}{\sqrt{1+\mathrm{e}^{2x}}+1}\right| + C = x - \ln(1+\sqrt{1+\mathrm{e}^{2x}}) + C.$$

例18 $\int \sqrt{1-x^2}\mathrm{d}x$.

解 此积分的困难在于被积函数含有根式 $\sqrt{1-x^2}$,但我们可以利用三角函数公式 $\sin^2 t + \cos^2 t = 1$ 化去根式.

设 $x = \sin t\left(-\dfrac{\pi}{2} \leqslant t \leqslant \dfrac{\pi}{2}\right)$,则 $\sqrt{1-x^2} = \sqrt{1-\sin^2 t} = \cos t$,$\mathrm{d}x = \cos t\mathrm{d}t$,于是将根式化为

三角函数式,所求积分化为

$$\int \sqrt{1-x^2}\,\mathrm{d}x = \int \cos t \cdot \cos t\,\mathrm{d}t = \int \cos^2 t\,\mathrm{d}t.$$

利用例 12 的结果,可得

$$\int \sqrt{1-x^2}\,\mathrm{d}x = \frac{1}{2}\left(t + \frac{1}{2}\sin 2t\right) + C = \frac{1}{2}\left(t + \frac{1}{2} \cdot 2\sin t\cos t\right) + C$$

$$= \frac{1}{2}t + \frac{1}{2}\sin t\cos t + C.$$

由 $x = \sin t\left(-\dfrac{\pi}{2} \leqslant t \leqslant \dfrac{\pi}{2}\right)$ 可得 $t = \arcsin x$,$\cos t = \sqrt{1-x^2}$,代入上述式子,就得到了所求积分的结果.

$$\int \sqrt{1-x^2}\,\mathrm{d}x = \frac{1}{2}\arcsin x + \frac{1}{2}x\sqrt{1-x^2} + C.$$

类似地,可以得到

$$\int \sqrt{a^2-x^2}\,\mathrm{d}x = \frac{a^2}{2}\arcsin\frac{x}{a} + \frac{1}{2}x\sqrt{a^2-x^2} + C \quad (a > 0 \text{ 且为常数}).$$

例 19 求 $\displaystyle\int \frac{\mathrm{d}x}{\sqrt{a^2+x^2}}$ $(a > 0$ 且为常数$)$.

解 为了去掉根式 $\sqrt{a^2+x^2}$,可以利用三角函数公式 $1 + \tan^2 t = \sec^2 t$ 化去根式. 设 $x = a\tan t\left(-\dfrac{\pi}{2} < t < \dfrac{\pi}{2}\right)$,那么 $\sqrt{a^2+x^2} = \sqrt{a^2+(a\tan t)^2} = a\sqrt{1+\tan^2 t} = a\sec t$,$\mathrm{d}x = a\sec^2 t\,\mathrm{d}t$,于是

$$\int \frac{\mathrm{d}x}{\sqrt{a^2+x^2}} = \int \frac{a\sec^2 t\,\mathrm{d}t}{a\sec t} = \int \sec t\,\mathrm{d}t = \ln|\sec t + \tan t| + C_1.$$

为了把 $\tan t$ 及 $\sec t$ 换成 x 的函数,可以根据 $\tan t = \dfrac{x}{a}$ 作辅助三角形(见图 4-2),便有 $\sec t = \dfrac{\sqrt{a^2+x^2}}{a}$,且 $\sec t + \tan t > 0$,因此

$$\int \frac{\mathrm{d}x}{\sqrt{a^2+x^2}} = \ln\left(\frac{\sqrt{a^2+x^2}}{a} + \frac{x}{a}\right) + C_1$$

$$= \ln(x + \sqrt{a^2+x^2}) + C.$$

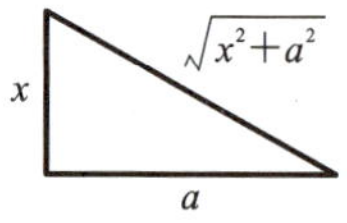

其中 $C = C_1 - \ln a$.

图 4-2

例 20 求 $\displaystyle\int \frac{\mathrm{d}x}{\sqrt{x^2-a^2}}$ $(a > 0$ 且为常数$)$.

解 为了去掉根式 $\sqrt{x^2-a^2}$,可以利用三角函数公式 $\tan^2 t = \sec^2 t - 1$ 化去根式. 注意到被积函数的定义域是 $x > a$ 和 $x < -a$ 两个区间,我们在两个区间内分别求不定积分.

当 $x > a$ 时,设 $x = a\sec t\left(0 < t < \dfrac{\pi}{2}\right)$,那么 $\sqrt{x^2-a^2} = \sqrt{a^2\sec^2 t - a^2} = a\sqrt{\sec^2 t - 1} = a\tan t$,$\mathrm{d}x = a\sec t\tan t\,\mathrm{d}t$,于是

$$\int \frac{\mathrm{d}x}{\sqrt{x^2-a^2}} = \int \frac{a\sec t\tan t\,\mathrm{d}t}{a\tan t} = \int \sec t\,\mathrm{d}t = \ln(\sec t + \tan t) + C_1.$$

为了把 $\tan t$ 及 $\sec t$ 换成 x 的函数,可以根据 $\sec t=\dfrac{x}{a}$ 作辅助三角形(见图 4-3),便有

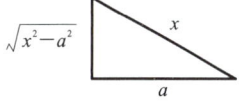

图 4-3

$$\tan t=\frac{\sqrt{x^2-a^2}}{a},$$

因此,

$$\int\frac{\mathrm{d}x}{\sqrt{x^2-a^2}}=\ln\left(\frac{\sqrt{x^2-a^2}}{a}+\frac{x}{a}\right)+C_1=\ln(x+\sqrt{x^2-a^2})+C,$$

其中 $C=C_1-\ln a$.

当 $x<-a$ 时,令 $x=-u$,那么 $u>a$. 由上述结果,有

$$\int\frac{\mathrm{d}x}{\sqrt{x^2-a^2}}=-\int\frac{\mathrm{d}u}{\sqrt{u^2-a^2}}=-\ln(u+\sqrt{u^2-a^2})+C_2=-\ln(-x+\sqrt{x^2-a^2})+C_2$$

$$=\ln\frac{-x-\sqrt{x^2-a^2}}{a^2}+C_2=\ln(-x-\sqrt{x^2-a^2})+C$$

其中 $C=C_2-2\ln a$.

把 $x>a$ 和 $x<-a$ 的结果合起来,可写作

$$\int\frac{\mathrm{d}x}{\sqrt{x^2-a^2}}=\ln|x+\sqrt{x^2-a^2}|+C.$$

由以上三例可以看出:

若被积函数含有 $\sqrt{a^2-x^2}$,可以作代换 $x=a\sin t\left(-\dfrac{\pi}{2}\leqslant t\leqslant\dfrac{\pi}{2}\right)$ 化去根式;

若被积函数含有 $\sqrt{a^2+x^2}$,可以作代换 $x=a\tan t\left(-\dfrac{\pi}{2}<t<\dfrac{\pi}{2}\right)$ 化去根式;

若被积函数含有 $\sqrt{x^2-a^2}$,可以作代换 $x=a\sec t\left(0<t<\dfrac{\pi}{2}\right)$ 化去根式.

在本节的例题中,有一些不定积分的结果以后经常会被用到,可作为基本积分公式的补充(其中常数 $a>0$).

(1) $\displaystyle\int\tan x\,\mathrm{d}x=-\ln|\cos x|+C$;

(2) $\displaystyle\int\cot x\,\mathrm{d}x=\ln|\sin x|+C$;

(3) $\displaystyle\int\sec x\,\mathrm{d}x=\ln|\sec x+\tan x|+C$;

(4) $\displaystyle\int\csc x\,\mathrm{d}x=\ln|\csc x-\cot x|+C$;

(5) $\displaystyle\int\frac{1}{x^2+a^2}\mathrm{d}x=\frac{1}{a}\arctan\frac{x}{a}+C$;

(6) $\displaystyle\int\frac{1}{x^2-a^2}\mathrm{d}x=\frac{1}{2a}\ln\left|\frac{x-a}{x+a}\right|+C$;

(7) $\displaystyle\int\frac{1}{\sqrt{a^2-x^2}}\mathrm{d}x=\arcsin\frac{x}{a}+C$;

(8) $\displaystyle\int\frac{1}{\sqrt{a^2+x^2}}\mathrm{d}x=\ln(x+\sqrt{a^2+x^2})+C$;

(9) $\int \dfrac{1}{\sqrt{x^2-a^2}}\mathrm{d}x = \ln\left|x+\sqrt{x^2-a^2}\right| + C.$

由上述公式,下面我们再来看几个使用第二类换元积分法的例题.

例 21　求 $\int \dfrac{1}{4+9x^2}\mathrm{d}x.$

解　由于　$\displaystyle\int \dfrac{1}{4+9x^2}\mathrm{d}x = \int \dfrac{1}{2^2+(3x)^2}\mathrm{d}x = \dfrac{1}{3}\int \dfrac{1}{2^2+(3x)^2}\mathrm{d}(3x),$

于是利用上面的公式(5),得到

$$\int \dfrac{1}{4+9x^2}\mathrm{d}x = \dfrac{1}{3}\cdot\dfrac{1}{2}\arctan\dfrac{3x}{2}+C = \dfrac{1}{6}\arctan\dfrac{3x}{2}+C.$$

例 22　求 $\int \dfrac{\mathrm{d}x}{\sqrt{x^2+4x+5}}.$

解　由于　　　　　$\displaystyle\int \dfrac{\mathrm{d}x}{\sqrt{x^2+4x+5}} = \int \dfrac{\mathrm{d}(x+2)}{\sqrt{(x+2)^2+1}},$

利用上面的公式(8),得

$$\int \dfrac{\mathrm{d}x}{\sqrt{x^2+4x+5}} = \int \dfrac{\mathrm{d}(x+2)}{\sqrt{(x+2)^2+1}} = \ln(x+2+\sqrt{x^2+4x+5})+C.$$

习题 4-2

1. 在下列各等式右端的横线上填上适当的系数,使等式成立(a,b 为常数).

(1) $\mathrm{d}x = \underline{\qquad}\mathrm{d}(ax);$ 　　　　(2) $\mathrm{d}x = \underline{\qquad}\mathrm{d}(ax+b);$

(3) $x\mathrm{d}x = \underline{\qquad}\mathrm{d}(x^2);$ 　　　　(4) $\mathrm{d}x = \underline{\qquad}\mathrm{d}(4x^2);$

(5) $\mathrm{e}^{2x}\mathrm{d}x = \underline{\qquad}\mathrm{d}(\mathrm{e}^{2x});$ 　　　　(6) $\mathrm{e}^{-3x}\mathrm{d}x = \underline{\qquad}\mathrm{d}(1-\mathrm{e}^{-3x});$

(7) $\sin ax\mathrm{d}x = \underline{\qquad}\mathrm{d}(\cos ax);$ 　　　　(8) $\cos\dfrac{x}{2}\mathrm{d}x = \underline{\qquad}\mathrm{d}\left(\sin\dfrac{x}{2}\right);$

(9) $\dfrac{1}{x}\mathrm{d}x = \underline{\qquad}\mathrm{d}(2\ln|x|);$ 　　　　(10) $\dfrac{1}{1+4x^2}\mathrm{d}x = \underline{\qquad}\mathrm{d}(\arctan 2x);$

(11) $\dfrac{x}{\sqrt{1-x^2}}\mathrm{d}x = \underline{\qquad}\mathrm{d}(\sqrt{1-x^2});$

(12) $\dfrac{1}{\sqrt{1-x^2}}\mathrm{d}x = \underline{\qquad}\mathrm{d}(1-2\arcsin x).$

2. 求下列不定积分.

(1) $\displaystyle\int \mathrm{e}^{2x}\mathrm{d}x;$ 　　　　(2) $\displaystyle\int (1-2x)^2\mathrm{d}x;$ 　　　　(3) $\displaystyle\int \dfrac{1}{\sqrt{2-3x}}\mathrm{d}x;$

(4) $\displaystyle\int \dfrac{x}{x^2+1}\mathrm{d}x;$ 　　　　(5) $\displaystyle\int \sin(3x-1)\mathrm{d}x;$ 　　　　(6) $\displaystyle\int 2^{3x}\mathrm{d}x;$

(7) $\displaystyle\int \dfrac{1}{x^2-x-2}\mathrm{d}x;$ 　　　　(8) $\displaystyle\int \dfrac{x+1}{x^2-4x-5}\mathrm{d}x;$ 　　　　(9) $\displaystyle\int \dfrac{\mathrm{e}^x}{\mathrm{e}^x+2}\mathrm{d}x;$

(10) $\displaystyle\int \dfrac{\cos\sqrt{x}}{\sqrt{x}}\mathrm{d}x;$ 　　　　(11) $\displaystyle\int x\tan x^2\mathrm{d}x;$ 　　　　(12) $\displaystyle\int x\sqrt{9x^2-1}\mathrm{d}x;$

(13) $\displaystyle\int x\mathrm{e}^{x^2}\mathrm{d}x$;　　　(14) $\displaystyle\int \frac{1}{1+4x^2}\mathrm{d}x$;　　　(15) $\displaystyle\int \frac{x}{1+x^4}\mathrm{d}x$;

(16) $\displaystyle\int \frac{\mathrm{e}^{2\arccos x}}{\sqrt{1-x^2}}\mathrm{d}x$;　　(17) $\displaystyle\int \frac{\arctan\sqrt{x}}{\sqrt{x}(1+x)}\mathrm{d}x$;　　(18) $\displaystyle\int \tan^3 x\sec x\,\mathrm{d}x$.

3. 求下列不定积分.

(1) $\displaystyle\int \frac{1}{x^2+6x-7}\mathrm{d}x$;　　(2) $\displaystyle\int \frac{1}{x^2+4x+8}\mathrm{d}x$;　　(3) $\displaystyle\int \frac{1}{\sqrt{x^2-x}}\mathrm{d}x$;

(4) $\displaystyle\int \frac{1}{\sqrt{2-2x+x^2}}\mathrm{d}x$;　　(5) $\displaystyle\int \frac{\cos x}{9-\sin^2 x}\mathrm{d}x$;　　(6) $\displaystyle\int \frac{1}{2-\sqrt{x}}\mathrm{d}x$;

(7) $\displaystyle\int \frac{1}{\sqrt{x}+\sqrt[4]{x}}\mathrm{d}x$;　　(8) $\displaystyle\int \frac{x^2}{\sqrt{2-x^2}}\mathrm{d}x$;　　(9) $\displaystyle\int \frac{1}{\sqrt{9+4x^2}}\mathrm{d}x$;

(10) $\displaystyle\int \frac{1}{1+\sqrt{1-x^2}}\mathrm{d}x$.

4.3　分部积分法

本节所介绍的分部积分法也是求不定积分的一种基本方法,它是利用两个函数乘积的求导法则推导而来的.

设函数 $u=u(x)$ 及 $v=v(x)$ 具有连续导数: $u'=u'(x)$, $v'=v'(x)$,根据乘积微分公式

$$\mathrm{d}(uv)=u\mathrm{d}v+v\mathrm{d}u,$$

有

$$uv=\int u\mathrm{d}v+\int v\mathrm{d}u,$$

即

$$\int u\mathrm{d}v=uv-\int v\mathrm{d}u. \tag{4-1}$$

式(4-1)称为分部积分公式.

现在通过例题说明如何运用这个重要公式.

例1　求 $\displaystyle\int x\cos x\,\mathrm{d}x$.

解　这个积分用换元积分法不易求出结果.现在试用分部积分法求解.如何选取 u 和 $\mathrm{d}v$ 呢? 如果设 $u=x$, $\mathrm{d}v=\cos x\,\mathrm{d}x$,那么 $\mathrm{d}u=\mathrm{d}x$, $v=\sin x$,代入分部积分公式(式(4-1)),得

$$\int x\cos x\,\mathrm{d}x=x\sin x-\int \sin x\,\mathrm{d}x,$$

而 $\displaystyle\int \sin x\,\mathrm{d}x$ 比 $\displaystyle\int x\cos x\,\mathrm{d}x$ 容易求出,所以

$$\int x\cos x\,\mathrm{d}x=x\sin x+\cos x+C.$$

求这个积分时,如果设 $u=\cos x$, $\mathrm{d}v=x\mathrm{d}x$,那么

$$\mathrm{d}u = -\sin x\,\mathrm{d}x, \qquad v = \frac{x^2}{2},$$

于是

$$\int x\cos x\,\mathrm{d}x = \frac{x^2}{2}\cos x + \int \frac{x^2}{2}\sin x\,\mathrm{d}x.$$

上式右端的积分比原积分更不易求出.

由此可见,应用分部积分法时,若 u 和 $\mathrm{d}v$ 选取不当,就求不出结果.因此恰当选取 u 和 $\mathrm{d}v$ 是利用分部积分法求不定积分的一个关键.选取 u 和 $\mathrm{d}v$ 一般要考虑下面两点:

(1) v 要容易求出;

(2) $\int v\,\mathrm{d}u$ 要比 $\int u\,\mathrm{d}v$ 容易求出.

例 2　求 $\int x\mathrm{e}^x\,\mathrm{d}x$.

解　设 $u=x,\mathrm{d}v=\mathrm{e}^x\mathrm{d}x$,那么 $\mathrm{d}u=\mathrm{d}x,v=\mathrm{e}^x$,于是

$$\int x\mathrm{e}^x\,\mathrm{d}x = x\mathrm{e}^x - \int \mathrm{e}^x\,\mathrm{d}x = x\mathrm{e}^x - \mathrm{e}^x + C = (x-1)\mathrm{e}^x + C.$$

例 3　求 $\int x^2\sin x\,\mathrm{d}x$.

解　设 $u=x^2,\mathrm{d}v=\sin x\mathrm{d}x$,那么 $\mathrm{d}u=2x\mathrm{d}x,v=-\cos x$,于是

$$\int x^2\sin x\,\mathrm{d}x = x^2\cdot(-\cos x) - \int(-\cos x)\cdot 2x\,\mathrm{d}x = -x^2\cos x + 2\int x\cos x\,\mathrm{d}x.$$

对等式右端的不定积分 $\int x\cos x\,\mathrm{d}x$ 可再次使用分部积分法,由例 1 的结果可知

$$\int x^2\sin x\,\mathrm{d}x = -x^2\cos x + 2(x\sin x + \cos x) + C.$$

由以上三个例题,我们可以知道:

(1) 如果被积函数是幂函数和正(余)弦函数的乘积(或幂函数和指数函数的乘积),就可用分部积分法,并设幂函数为 u;

(2) 用一次分部积分法就可以使幂函数的幂次降低一次(假定幂指数是正整数).

例 4　求 $\int x\ln x\,\mathrm{d}x$.

解　设 $u=\ln x,\mathrm{d}v=x\mathrm{d}x$,则 $v=\dfrac{x^2}{2}$,那么

$$\int x\ln x\,\mathrm{d}x = \frac{x^2}{2}\ln x - \int \frac{x^2}{2}\,\mathrm{d}(\ln x) = \frac{x^2}{2}\ln x - \int \frac{x}{2}\,\mathrm{d}x$$

$$= \frac{x^2}{2}\ln x - \frac{1}{2}\cdot\frac{x^2}{2} + C = \frac{x^2}{4}(2\ln x - 1) + C.$$

例 5　求 $\int \arcsin x\,\mathrm{d}x$.

解　设 $u=\arcsin x,\mathrm{d}v=\mathrm{d}x$,则 $v=x$,那么

$$\int \arcsin x\,\mathrm{d}x = x\arcsin x - \int x\,\mathrm{d}(\arcsin x) = x\arcsin x - \int \frac{x}{\sqrt{1-x^2}}\,\mathrm{d}x$$

$$= x\arcsin x + \frac{1}{2}\int \frac{1}{\sqrt{1-x^2}}\,\mathrm{d}(1-x^2)$$

$$= x\arcsin x + \frac{1}{2} \cdot 2\sqrt{1-x^2} + C$$

$$= x\arcsin x + \sqrt{1-x^2} + C.$$

例 6 求 $\displaystyle\int x\arctan x \,\mathrm{d}x$.

解
$$\int x\arctan x \,\mathrm{d}x = \frac{1}{2}\int \arctan x \,\mathrm{d}(x^2) = \frac{1}{2}\left[x^2\arctan x - \int x^2\,\mathrm{d}(\arctan x)\right]$$

$$= \frac{1}{2}x^2\arctan x - \frac{1}{2}\int \frac{x^2}{x^2+1}\,\mathrm{d}x$$

$$= \frac{1}{2}x^2\arctan x - \frac{1}{2}\int \left(1 - \frac{1}{x^2+1}\right)\,\mathrm{d}x$$

$$= \frac{1}{2}x^2\arctan x - \frac{1}{2}(x - \arctan x) + C$$

$$= \frac{1}{2}(x^2+1)\arctan x - \frac{x}{2} + C.$$

总结以上三例可知,如果被积函数是幂函数和对数函数的乘积(或幂函数和反三角函数的乘积),那么就可以考虑分部积分法,并设对数函数或反三角函数为 u.

例 7 求 $\displaystyle\int \mathrm{e}^x\cos x \,\mathrm{d}x$.

解
$$\int \mathrm{e}^x\cos x \,\mathrm{d}x = \int \cos x \,\mathrm{d}(\mathrm{e}^x) = \mathrm{e}^x\cos x - \int \mathrm{e}^x\,\mathrm{d}(\cos x)$$

$$= \mathrm{e}^x\cos x + \int \mathrm{e}^x\sin x \,\mathrm{d}x.$$

由于上式右端的积分与所求积分是同一类型的,故对右端的积分再用一次分部积分法,得

$$\int \mathrm{e}^x\cos x \,\mathrm{d}x = \mathrm{e}^x\cos x + \int \sin x \,\mathrm{d}(\mathrm{e}^x) = \mathrm{e}^x\cos x + \mathrm{e}^x\sin x - \int \mathrm{e}^x\,\mathrm{d}(\sin x)$$

$$= \mathrm{e}^x(\cos x + \sin x) - \int \mathrm{e}^x\cos x \,\mathrm{d}x.$$

上式的右端中又出现了所求的积分 $\displaystyle\int \mathrm{e}^x\cos x \,\mathrm{d}x$,把它移到等号左端,在两端同时除以 2,便得

$$\int \mathrm{e}^x\cos x \,\mathrm{d}x = \frac{1}{2}\mathrm{e}^x(\cos x + \sin x) + C.$$

因为上式移项后右端不包括积分项,所以必须加上任意常数 C.

例 8 求 $\displaystyle\int \sec^3 x \,\mathrm{d}x$.

解
$$\int \sec^3 x \,\mathrm{d}x = \int \sec x \cdot \sec^2 x \,\mathrm{d}x = \int \sec x \,\mathrm{d}(\tan x)$$

$$= \sec x \cdot \tan x - \int \tan x \,\mathrm{d}(\sec x)$$

$$= \sec x \cdot \tan x - \int \tan x \cdot \sec x \cdot \tan x \,\mathrm{d}x$$

$$= \sec x \cdot \tan x - \int \sec x \cdot (\sec^2 x - 1)\,\mathrm{d}x$$

$$= \sec x \cdot \tan x - \int \sec^3 x \mathrm{d}x + \int \sec x \mathrm{d}x$$

$$= \sec x \cdot \tan x + \ln |\sec x + \tan x| - \int \sec^3 x \mathrm{d}x.$$

同例 7，将上式右端的积分 $\int \sec^3 x \mathrm{d}x$ 移到等号左端，在两端同时除以 2，便得

$$\int \sec^3 x \mathrm{d}x = \frac{1}{2}(\sec x \cdot \tan x + \ln |\sec x + \tan x|) + C.$$

在求积分的过程中，往往要兼用换元积分法和分部积分法，如例 5. 下面再举一个例子.

例 9 求 $\int e^{\sqrt{x}} \mathrm{d}x$.

解 令 $\sqrt{x} = t$，则 $x = t^2$，$\mathrm{d}x = 2t \mathrm{d}t$，那么

$$\int e^{\sqrt{x}} \mathrm{d}x = \int e^t 2t \mathrm{d}t = 2 \int t \mathrm{d}(e^t) = 2\left(t e^t - \int e^t \mathrm{d}t\right)$$

$$= 2 e^t (t - 1) + C = 2 e^{\sqrt{x}}(\sqrt{x} - 1) + C.$$

习题 4-3

分部积分法
（习题课）

求下列不定积分.

(1) $\int \ln x \mathrm{d}x$；

(2) $\int \arccos x \mathrm{d}x$；

(3) $\int x \sin 2x \mathrm{d}x$；

(4) $\int x^2 \cos \frac{x}{2} \mathrm{d}x$；

(5) $\int x e^{-2x} \mathrm{d}x$；

(6) $\int x^2 \ln x \mathrm{d}x$；

(7) $\int e^{-x} \cos x \mathrm{d}x$；

(8) $\int x^3 \arctan x \mathrm{d}x$；

(9) $\int \ln(1 + x^2) \mathrm{d}x$；

(10) $\int (\arcsin x)^2 \mathrm{d}x$；

(11) $\int \cos(\ln x) \mathrm{d}x$；

(12) $\int e^{\sqrt[3]{x}} \mathrm{d}x$；

(13) $\int \frac{\ln(\sin x)}{\cos^2 x} \mathrm{d}x$；

(14) $\int \frac{x^2}{1 + x^2} \arctan x \mathrm{d}x$；

(15) $\int \ln(x + \sqrt{1 + x^2}) \mathrm{d}x$；

(16) $\int \cos \sqrt{x} \mathrm{d}x$.

数 学 实 验

不定积分例 1   不定积分例 2   不定积分例 3

 知识拓展

中国首位推动经济数学发展的数学家
——华罗庚

华罗庚(1910—1985年)是中国现代数学的重要奠基人,国际数学大师.1910年11月,他出生于中国江苏金坛县(现常州市金坛区),1985年6月在日本东京访问期间因病逝世.

华罗庚生于江苏省金坛县一个小商人家庭,初中毕业后因家境贫困无法继续升学,便回家一边替父母看杂货店,一边自学数学课程.1930年,他因发表论文《苏家驹之代数的五次方程式解法不能成立之理由》被清华大学数学系主任熊庆来发现,熊庆来力荐他来清华大学数学系担任助理.两年后,华罗庚被破格提升为助教,随后升为讲师.

1936年,华罗庚以访问学者的身份前往英国剑桥大学进修,师从著名的数学大师哈代.1938年,华罗庚回国,任国立西南联合大学教授,年仅28岁.1946年,华罗庚应邀去美国讲学,并被伊利诺伊大学高薪聘为终身教授.1950年,他毅然放弃在美国的优裕生活,回到清华大学,被任命为数学系主任,不久又被任命为中国科学院数学研究所所长.

晚年的华罗庚致力于推广优选法和统筹法在经济活动中的应用,也发现和培养了一批年轻的数学家,如陈景润、王元等.1985年,华罗庚应邀前往日本讲学,在东京大学作报告时因心脏病突发逝世.

复习题 4

1. 求下列不定积分.

(1) $\displaystyle\int \frac{x-9}{\sqrt{x}-3}\mathrm{d}x$;

(2) $\displaystyle\int \frac{3\times 2^x+4\times 3^x}{2^x}\mathrm{d}x$;

(3) $\displaystyle\int \cot^2 x\mathrm{d}x$;

(4) $\displaystyle\int \frac{\sin x}{1+\sin x}\mathrm{d}x$;

(5) $\displaystyle\int \frac{1}{\sqrt[3]{2-3x}}\mathrm{d}x$;

(6) $\displaystyle\int \frac{\mathrm{e}^{2x}-1}{\mathrm{e}^x}\mathrm{d}x$;

(7) $\displaystyle\int \frac{\ln(\ln x)}{x\ln x}\mathrm{d}x$;

(8) $\displaystyle\int \frac{1}{\cos^2 x\sqrt{1+\tan x}}\mathrm{d}x$;

(9) $\displaystyle\int \frac{\sec^2 x}{2+\tan^2 x}\mathrm{d}x$;

(10) $\displaystyle\int \frac{\sqrt{1+x}}{1+\sqrt{1+x}}\mathrm{d}x$;

(11) $\displaystyle\int \frac{1}{\sqrt{2x-1}-\sqrt[4]{2x-1}}\mathrm{d}x$;

(12) $\displaystyle\int \frac{x}{\sqrt{x^2+2x+2}}\mathrm{d}x$;

(13) $\displaystyle\int \frac{2x-1}{\sqrt{9x^2-4}}\mathrm{d}x$;

(14) $\displaystyle\int \frac{1}{x\sqrt{x^2+4}}\mathrm{d}x$;

(15) $\displaystyle\int \frac{\ln x}{\sqrt{x}}\mathrm{d}x$;

(16) $\displaystyle\int \frac{x\mathrm{e}^x}{\sqrt{1+\mathrm{e}^x}}\mathrm{d}x$;

(17) $\int \dfrac{x\mathrm{e}^{\arctan x}}{\sqrt{(1+x^2)^3}}\mathrm{d}x$； (18) $\int \sin x \cdot \ln(\tan x)\mathrm{d}x$.

2. 已知曲线上任意一点 x 处切线的斜率等于该点处横坐标平方的 3 倍,且曲线过点 $(0,1)$,求该曲线方程.

3. 已知质点做直线运动,在时刻 t 的加速度为 $a=12t^2-3\sin t$,且 $t=0$ 时,$v=5$,$s=3$,求:

(1) 速度 v 与时间 t 的函数关系(提示 $a=v'$);

(2) 路程 s 与时间 t 的函数关系.

自测题 4

第 4 章参考答案

1. 选择题.

(1) 若 $\int f(x)\mathrm{d}x = 2^x + x + C$,则 $f(x) = ($).

A. $\dfrac{2^x}{\ln x} + \dfrac{1}{2}x$ B. $2^x\ln 2 + 1$ C. $2^{x+1}+1$ D. $2^x + 1$

(2) 设 $f(x)$ 是连续函数,$F(x)$ 是 $f(x)$ 的一个原函数,则(   ).

A. $F'(x) = f(x)$ B. $f'(x) = F(x)$

C. $F'(x) = f(x) + 1$ D. $f'(x) = F(x) + 1$

(3) 若 $\int f(x)\mathrm{d}x = F(x) + C$,则 $\int \dfrac{1}{x}f(\ln x)\mathrm{d}x = ($).

A. $F(\ln x)$ B. $F(\ln x) + C$ C. $\dfrac{1}{x}F(\ln x) + C$ D. $F\left(\dfrac{1}{x}\right) + C$

(4) $\mathrm{d}\left[\int a^{-2x}\mathrm{d}x\right] = ($).

A. a^{-2x} B. $-2a^{-2x}\ln a\,\mathrm{d}x$ C. $a^{-2x}\mathrm{d}x$ D. $a^{-2x}\mathrm{d}x + C$

(5) 若 $f'(x)$ 存在且连续,则 $\left[\int \mathrm{d}(f(x))\right]' = ($).

A. $f(x)$ B. $f(x) + C$ C. $f'(x) + C$ D. $f'(x)$

(6) 设 $f(x) = \dfrac{1}{1-x^2}$,则 $f(x)$ 的一个原函数是(   ).

A. $\arcsin x$ B. $\arctan x$ C. $\dfrac{1}{2}\ln\left|\dfrac{1+x}{1-x}\right|$ D. $\dfrac{1}{2}\ln\left|\dfrac{1-x}{1+x}\right|$

(7) 设 $I = \int a^{bx}\mathrm{d}x$,则 $I = ($).

A. $\dfrac{1}{b} \cdot \dfrac{a^{bx}}{\ln a} + C$ B. $\dfrac{1}{b} \cdot \ln a \cdot a^{bx} + C$

C. $\dfrac{a^{bx}}{\ln a} + C$ D. $\dfrac{1}{b} \cdot a^{bx} + C$

(8) $\int x\mathrm{d}(\mathrm{e}^{-x}) = ($).

A. $x\mathrm{e}^{-x} + C$ B. $x\mathrm{e}^{-x} + \mathrm{e}^{-x} + C$ C. $-x\mathrm{e}^{-x} + C$ D. $x\mathrm{e}^{-x} - \mathrm{e}^{-x} + C$

(9) 设 $I = \int \dfrac{1}{x^4}\mathrm{d}x$,则 $I = ($ $)$.

A. $-4x^{-5}+C$ B. $-\dfrac{1}{3x^3}+C$ C. $-\dfrac{x^3}{3}+C$ D. $\dfrac{1}{3x^3}+C$

(10) 设 $I = \int \dfrac{1}{\sqrt{1+x^2}}\mathrm{d}x$,则 $I = ($ $)$.

A. $\arctan x + C$ B. $2\sqrt{1+x^2}+C$

C. $\dfrac{1}{2}\ln(1+x^2)+C$ D. $\ln\left|x+\sqrt{1+x^2}\right|+C$

2. 填空题.

(1) 通过点 $(1,2)$,斜率为 $2x$ 的曲线方程是_____;

(2) $\int(\arctan x)'\mathrm{d}x = $ _____;

(3) $\left[\int\arccos\sqrt{x^2+1}\mathrm{d}x\right]' = $ _____;

(4) $x^3\mathrm{d}x = $ _____ $\mathrm{d}(3x^4+2)$;

(5) $\dfrac{1}{x}\mathrm{d}x = $ _____ $\mathrm{d}(3-2\ln|x|)$;

(6) $\int\sin(2x+3)\mathrm{d}x = $ _____;

(7) 若 $\int f(x)\mathrm{d}x = x^2+C$,则 $\int xf(1-x^2)\mathrm{d}x = $ _____;

(8) 若 $\int f(x)\mathrm{d}x = \sqrt{2x^2+1}+C$,则 $\int xf(2x^2+1)\mathrm{d}x = $ _____;

(9) $\int xf''(x)\mathrm{d}x = $ _____;

(10) 若 $f(x)$ 的一个原函数为 $\dfrac{\ln x}{x}$,则 $\int xf'(x)\mathrm{d}x = $ _____.

3. 求下列不定积分.

(1) $\int\left(2\mathrm{e}^x+\dfrac{3}{x}\right)\mathrm{d}x$; (2) $\int\left(\dfrac{3}{1+x^2}-\dfrac{2}{\sqrt{1-x^2}}\right)\mathrm{d}x$;

(3) $\int\dfrac{x}{(1-x)^2}\mathrm{d}x$; (4) $\int\dfrac{x^3}{x+3}\mathrm{d}x$;

(5) $\int x\cos x^2\mathrm{d}x$; (6) $\int\dfrac{1}{\sqrt{1+\mathrm{e}^x}}\mathrm{d}x$;

(7) $\int\left(\dfrac{1}{x^2\sqrt{x^2-1}}\right)\mathrm{d}x$; (8) $\int\sqrt{x}\sin\sqrt{x}\mathrm{d}x$;

(9) $\int\arctan\sqrt{x}\mathrm{d}x$; (10) $\int\mathrm{e}^x\sin 2x\mathrm{d}x$.

4. 综合应用题.

(1) 已知物体做直线运动,速度为 $v=3t-2$,且 $t=0$ 时,$s=5$,求物体的运动方程.

(2) 一曲线过点 $(\mathrm{e}^2,3)$,且在任意点处切线的斜率等于该点横坐标的倒数,求该曲线方程.

（3）一物体由静止开始运动，经过 t 秒后的速度是 $3t^2(\text{m/s})$，求：

① 在 3 s 时物体离开出发点的距离；

② 物体走完 360 m 需要的时间.

（4）已知某产品产量的变化率是时间 t 的函数，且 $f(t)=at+b(a,b$ 为常数），设此产品的产量函数为 $P(t)$，且 $P(0)=0$，求 $P(t)$.

（5）生产某产品的边际成本为 $C'(x)=8x($万元/百台），边际收入为 $R'(x)=100-2x$（万元/百台），其中 x 为产量，问：

① 产量为多少时利润最大？

② 按照利润最大时的产量再生产 200 台，利润有什么变化？

第5章 定积分及其应用

定积分是高等数学中又一个重要的基本概念,它在几何、物理、力学、经济学等各个领域中都有广泛的应用.本章将由典型实例引入定积分的概念,讨论定积分的性质和计算方法,举例说明定积分在实际问题中的应用,最后介绍广义积分的概念和计算.

5.1 定积分的概念与性质

一、引例

1. 曲边梯形的面积

所谓曲边梯形是指在直角坐标系下,由闭区间$[a,b]$上的连续曲线$y=f(x)\geqslant0$,$x=a$,$x=b$与x轴围成的平面图形$AabB$,如图5-1所示.

下面讨论怎样计算曲边梯形的面积.

当$f(x)$在$[a,b]$上是常数时,此曲边梯形即为一矩形,其面积可由公式

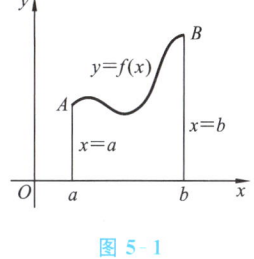

图 5-1

$$矩形面积＝底×高$$

计算.当$f(x)$在$[a,b]$上不断变动时,此曲边梯形的面积就不能按上述公式直接计算,但由于曲边梯形的高$f(x)$在区间$[a,b]$上是连续变化的,在很小一段区间上它的变化很小,近似于不变.因此,如果把区间$[a,b]$划分为许多小区间,在每个小区间上用其中某一点处的高近似代替同一个小区间上的小曲边梯形的高,那么,每个小曲边梯形就可近似地看成这样得到的小矩形.我们就以所有这些小矩形面积之和作为曲边梯形面积的近似值,并把区间$[a,b]$无限细分下去,使每个小区间的长度都趋于零,这时所有小矩形面积之和的极限就是曲边梯形面积的精确值.

根据以上分析,可按下面四步计算曲边梯形面积A(见图5-2).

（1）分割.

在区间 $[a,b]$ 内任意插入 $n-1$ 个分点：

$$a=x_0<x_1<x_2<\cdots<x_{i-1}<x_i<\cdots<x_{n-1}<x_n=b,$$

把区间 $[a,b]$ 分成 n 个小区间：$[x_0,x_1]$，$[x_1,x_2]$，$\cdots$，$[x_{i-1},x_i]$，$\cdots$，$[x_{n-1},x_n]$. 这些小区间的长度分别记为 $\Delta x_i=x_i-x_{i-1}(i=1,2,\cdots,n)$. 过每一分点作平行于 y 轴的直线，它们把曲边梯形分成 n 个小曲边梯形.

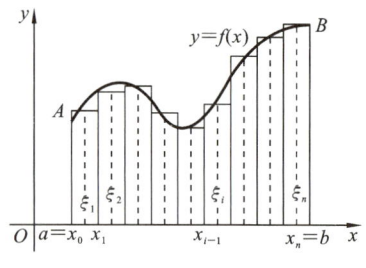

图 5-2

（2）近似代替.

在每个小区间 $[x_i-x_{i-1}](i=1,2,\cdots,n)$ 上任取一点 $\xi_i(x_{i-1}\leqslant\xi_i\leqslant x_i)$，用以 $f(\xi_i)$ 为高，Δx_i 为底边的小矩形面积 $f(\xi_i)\Delta x_i$ 近似代替相应的小曲边梯形面积 ΔA_i，即

$$\Delta A_i\approx f(\xi_i)\Delta x_i\quad(i=1,2,\cdots,n).$$

（3）求和.

曲边梯形的面积 A 近似地等于这 n 个小矩形面积之和，即

$$A=\sum_{i=1}^n\Delta A_i\approx\sum_{i=1}^n f(\xi_i)\Delta x_i.$$

（4）取极限.

用 $\lambda=\max\{\Delta x_i\}(i=1,2,\cdots,n)$ 表示所有小区间中最大区间的长度，当分点无限增多而 $\lambda\to0$ 时，上述和式的极限就是曲边梯形的面积，即

$$A=\lim_{\lambda\to0}\sum_{i=1}^n f(\xi_i)\Delta x_i.$$

2. 变速直线运动的路程

设一物体做直线运动，已知速度 $v=v(t)$ 是时间 t 的连续函数，且 $v(t)\geqslant0$，求在时间间隔 $[T_1,T_2]$ 上物体所经过的路程 s.

物体做变速直线运动时不能像匀速直线运动那样用速度乘时间求其路程，因为速度是变化的. 但是，由于速度是连续变化的，只要 t 在 $[T_1,T_2]$ 内某点处变化很小，相应的速度 $v=v(t)$ 也就变化不大. 因此，完全可以用类似于求曲边梯形面积的方法计算路程 s.

（1）分割.

在时间间隔 $[T_1,T_2]$ 内任意插入 $n-1$ 个分点：

$$T_1=t_0<t_1<t_2<\cdots<t_{i-1}<t_i<\cdots<t_{n-1}<t_n=T_2.$$

把区间 $[T_1,T_2]$ 分成 n 个小区间：$[t_0,t_1]$，$[t_1,t_2]$，$\cdots$，$[t_{i-1},t_i]$，$\cdots$，$[t_{n-1},t_n]$. 这些小区间的长度分别记为 $\Delta t_i=t_i-t_{i-1}(i=1,2,\cdots,n)$.

相应的路程 s 被分为 n 个小路程：$\Delta s_i(i=1,2,\cdots,n)$.

（2）近似代替.

在每个小区间上任取一点 $\xi_i(t_{i-1}\leqslant\xi_i\leqslant t_i)$，用 ξ_i 点的速度 $v(\xi_i)$ 近似代替物体在每个小区间上的速度. 用乘积 $v(\xi_i)\Delta t_i$ 近似代替物体在小区间上所经过的路程 Δs_i，即

$$\Delta s_i\approx v(\xi_i)\Delta t_i\quad(i=1,2,\cdots,n).$$

（3）求和.

变速直线运动的路程近似地等于这 n 个小区间内的路程近似值之和，即

$$s = \sum_{i=1}^{n} \Delta s_i \approx \sum_{i=1}^{n} v(\xi_i) \Delta t_i.$$

（4）取极限.

记 $\lambda = \max\{\Delta t_i\}(i = 1, 2, \cdots, n)$ 表示所有小区间中最大区间的长度，当分点无限增多而 $\lambda \to 0$ 时，上述和式的极限就是物体在时间间隔 $[T_1, T_2]$ 上所经过的路程 s 的精确值，即

$$s = \lim_{\lambda \to 0} \sum_{i=1}^{n} v(\xi_i) \Delta t_i.$$

从以上两个例子看出，虽然实际问题的意义不同，但是解决问题的方法相同，并且最后所得到的结果都归结为和式极限. 在科学技术中有许多实际问题也是归结为和式极限. 抛开实际问题的具体意义，数学上把这类和式用极限概括、抽象出定积分的概念.

二、定积分的定义

定义　设函数 $f(x)$ 在区间 $[a, b]$ 上有界，在区间 $[a, b]$ 上任意插入 $n-1$ 个分点
$$a = x_0 < x_1 < x_2 < \cdots < x_{i-1} < x_i < \cdots < x_{n-1} < x_n = b,$$
把区间 $[a, b]$ 分成 n 个小区间
$$[x_0, x_1], \quad [x_1, x_2], \quad \cdots, \quad [x_{i-1}, x_i], \quad \cdots, \quad [x_{n-1}, x_n],$$
各个小区间的长度分别记为
$$\Delta x_i = x_i - x_{i-1} \quad (i = 1, 2, \cdots, n).$$

在每个小区间 $[x_{i-1}, x_i]$ 上，任取一点 $\xi_i (x_{i-1} \leqslant \xi_i \leqslant x_i)$，得相应的函数值 $f(\xi_i)$，作乘积 $f(\xi_i) \Delta x_i (i = 1, 2, \cdots, n)$，把所有这些乘积加起来得和式 $\sum_{i=1}^{n} f(\xi_i) \Delta x_i$，记 $\lambda = \max\{\Delta x_i\}(i = 1, 2, \cdots, n)$，当 n 无限增大且 $\lambda \to 0$ 时，如果上述和式的极限存在，则称函数 $f(x)$ 在区间 $[a, b]$ 上可积，并将此极限称为函数 $f(x)$ 在区间 $[a, b]$ 上的定积分，记作 $\int_a^b f(x) \mathrm{d}x$，即 $\int_a^b f(x) \mathrm{d}x = \lim_{\lambda \to 0} \sum_{i=1}^{n} f(\xi_i) \Delta x_i$. 其中，$f(x)$ 称为被积函数，$f(x) \mathrm{d}x$ 称为被积表达式，$[a, b]$ 称为积分区间，a 为积分下限，b 为积分上限.

根据定积分的定义，上面两个例子都可以表示为以下定积分：

（1）曲边梯形面积 A 是曲边函数 $f(x)$ 在区间 $[a, b]$ 上的定积分，即 $A = \int_a^b f(x) \mathrm{d}x$；

（2）变速直线运动的路程 s 是速度函数 $v(x)$ 在时间间隔 $[T_1, T_2]$ 上的定积分，即 $s = \int_a^b v(t) \mathrm{d}t$.

关于定积分的定义作以下几点说明：

（1）和式 $\lim_{\lambda \to 0} \sum_{i=1}^{n} f(\xi_i) \Delta x_i$ 极限存在（即函数 $f(x)$ 在区间 $[a, b]$ 上可积）是指不论区间 $[a, b]$ 怎样分，也不论对点 $\xi_i (i = 1, 2, \cdots, n)$ 怎样取，极限都存在且相等.

（2）因为定积分是和式的极限，它是由函数 $f(x)$ 与区间 $[a, b]$ 确定的，因此，它与积分变量的记号无关，即

$$\int_a^b f(x)\mathrm{d}x = \int_a^b f(t)\mathrm{d}t = \int_a^b f(u)\mathrm{d}u.$$

(3) 在定积分的定义中,若 $a>b$,则规定 $\int_a^b f(x)\mathrm{d}x = -\int_b^a f(x)\mathrm{d}x$. 特殊地,当 $a=b$ 时,规定

$$\int_a^b f(x)\mathrm{d}x = \int_a^a f(x)\mathrm{d}x = 0.$$

函数 $f(x)$ 在 $[a,b]$ 上满足怎样的条件,函数 $f(x)$ 在 $[a,b]$ 上一定可积? 对于这个问题我们不作深入讨论,而只给出以下两个定理.

定理 1 设 $f(x)$ 在闭区间 $[a,b]$ 上连续,则 $f(x)$ 在区间 $[a,b]$ 上可积.

定理 2 设 $f(x)$ 在闭区间 $[a,b]$ 上有界,且只有有限个间断点,则 $f(x)$ 在区间 $[a,b]$ 上可积.

三、积分的几何意义

(1) 如果在 $[a,b]$ 上 $f(x) \geqslant 0$,则定积分 $\int_a^b f(x)\mathrm{d}x$ 在几何上表示曲线 $y=f(x)$,直线 $x=a$, $x=b$, $y=0$ 所围成的曲边梯形的面积.

(2) 如果在 $[a,b]$ 上 $f(x) \leqslant 0$,则所围成的曲边梯形在 x 轴的下方,这时定积分 $\int_a^b f(x)\mathrm{d}x$ 在几何上表示该曲边梯形面积的负值,即 $A = -\int_a^b f(x)\mathrm{d}x$,如图 5-3 所示.

(3) 如果 $f(x)$ 在区间 $[a,b]$ 上有正也有负,则定积分 $\int_a^b f(x)\mathrm{d}x$ 的几何意义是在 $[a,b]$ 上各个曲边梯形面积的代数和,即在 x 轴上方取正、下方取负,如图 5-4 所示.

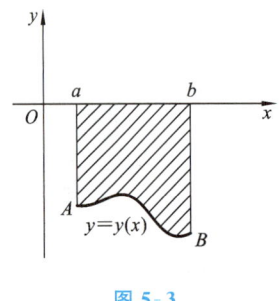

图 5-3   图 5-4

四、定积分的性质

假定各性质中所列出的定积分都是存在的.

性质 1 函数和(差)的定积分等于它们定积分的和(差),即

$$\int_a^b [f(x) \pm g(x)]\mathrm{d}x = \int_a^b f(x)\mathrm{d}x \pm \int_a^b g(x)\mathrm{d}x.$$

证

$$\int_a^b [f(x) \pm g(x)]\mathrm{d}x = \lim_{\lambda \to 0} \sum_{i=1}^n [f(\xi_i) \pm g(\xi_i)]\Delta x_i$$

$$= \lim_{\lambda \to 0} \sum_{i=1}^{n} f(\xi_i) \Delta x_i \pm \lim_{\lambda \to 0} \sum_{i=1}^{n} g(\xi_i) \Delta x_i$$

$$= \int_a^b f(x) \mathrm{d}x \pm \int_a^b g(x) \mathrm{d}x.$$

性质 1 可推广到有限多个函数代数和的情况.

性质 2 被积函数的常数因子可以提到积分号外面,即

$$\int_a^b k f(x) \mathrm{d}x = k \int_a^b f(x) \mathrm{d}x \quad (k \text{ 是常数}).$$

性质 3 如果积分区间 $[a,b]$ 被点 c 分成两个区间 $[a,c]$ 和 $[c,b]$,那么

$$\int_a^b f(x) \mathrm{d}x = \int_a^c f(x) \mathrm{d}x + \int_c^b f(x) \mathrm{d}x.$$

值得注意的是当点 c 不介于 a 与 b 之间,即 $c<a<b$ 或 $a<b<c$ 时,结论仍正确,即仍有 $\int_a^b f(x) \mathrm{d}x = \int_a^c f(x) \mathrm{d}x + \int_c^b f(x) \mathrm{d}x.$

性质 4 如果在区间 $[a,b]$ 上 $f(x) \equiv 1$,则

$$\int_a^b 1 \mathrm{d}x = \int_a^b \mathrm{d}x = b - a.$$

性质 5 如果在区间 $[a,b]$ 上,$f(x) \geqslant 0$,则 $\int_a^b f(x) \mathrm{d}x \geqslant 0 \ (a<b).$

证 因为 $f(x) \geqslant 0$,所以 $f(\xi_i) \geqslant 0 (i=1,2,\cdots,n)$. 又由于 $\Delta x_i \geqslant 0 (1,2,\cdots,n,)$,因此

$$\sum_{i=1}^{n} f(\xi_i) \Delta x \geqslant 0.$$

令 $\lambda = \max\{\Delta x_1, \cdots, \Delta x_n\} \to 0$,便得到要证的不等式.

推论 1 如果在区间 $[a,b]$ 上,$f(x) \leqslant g(x)$,则

$$\int_a^b f(x) \mathrm{d}x \leqslant \int_a^b g(x) \mathrm{d}x \quad (a < b).$$

证 因为 $g(x) - f(x) \geqslant 0$,由性质 5 得

$$\int_a^b [g(x) - f(x)] \mathrm{d}x \geqslant 0.$$

再利用性质 1,便得到要证的不等式.

推论 2 $\left| \int_a^b f(x) \mathrm{d}x \right| \leqslant \int_a^b |f(x)| \mathrm{d}x \ (a < b).$

性质 6(估值定理) 设 M 及 m 分别是函数 $f(x)$ 在区间 $[a,b]$ 上的最大值及最小值,则

$$m(b-a) \leqslant \int_a^b f(x) \mathrm{d}x \leqslant M(b-a) \quad (a < b).$$

性质 6 的几何解释:曲线 $y=f(x)$ 在 $[a,b]$ 上的曲边梯形面积介于以区间 $[a,b]$ 的长度为底,以 m 和 M 为高的两个矩形面积之间,如图 5-5 所示.

性质 7(定积分中值定理) 如果函数 $f(x)$ 在 $[a,b]$ 上连续,则在积分区间 $[a,b]$ 上至少存在一点 ξ,使得

$$\int_a^b f(x) \mathrm{d}x = f(\xi)(b-a) \quad (a \leqslant \xi \leqslant b).$$

性质 7 的几何解释:一条连续曲线 $y=f(x)$ 在区间 $[a,b]$ 上曲边梯形的面积等于以区间 $[a,b]$ 的长度为底边,以 $[a,b]$ 中一点 ξ 的函数值为高的矩形面积,如图 5-6 所示.

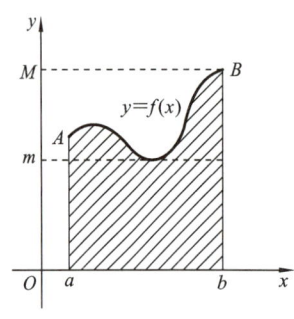
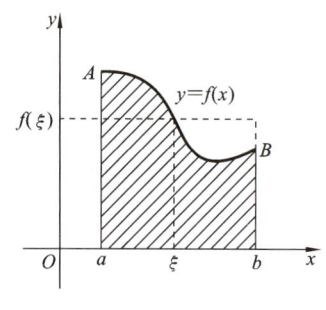

图 5-5   图 5-6

例 1 比较下列各对积分值的大小：

(1) $\int_0^1 \sqrt[3]{x}\,dx$ 与 $\int_0^1 x^3\,dx$；   (2) $\int_0^1 x\,dx$ 与 $\int_0^1 \ln(1+x)\,dx$.

解 (1) 根据幂函数的性质，在 $[0,1]$ 上有 $\sqrt[3]{x} \geqslant x^3$. 由性质 5 的推论 1，得

$$\int_0^1 \sqrt[3]{x}\,dx \geqslant \int_0^1 x^3\,dx.$$

(2) 令 $f(x)=x-\ln(1+x)$，在区间 $[0,1]$ 上有

$$f'(x)=1-\frac{1}{1+x}=\frac{x}{1+x}>0,$$

可知函数 $f(x)$ 在区间 $[0,1]$ 上单调增加，所以

$$f(x) \geqslant f(0)=[x-\ln(x+1)]\big|_{x=0}=0,$$

从而有 $x \geqslant \ln(1+x)$，由性质 5 的推论 1，得 $\int_0^1 x\,dx \geqslant \int_0^1 \ln(1+x)\,dx$.

例 2 估计定积分 $\int_{-1}^1 e^{-x^2}\,dx$ 的值.

解 首先，求 $f(x)=e^{-x^2}$ 在区间 $[-1,1]$ 上的最大值和最小值，再求 $f'(x)=-2xe^{-x^2}$，令 $f'(x)=0$，得驻点 $x=0$. 比较驻点 $x=0$、区间端点 $x=\pm1$ 的函数值，即

$$f(0)=e^0=1, \quad f(\pm1)=e^{-1}=\frac{1}{e},$$

得最小值 $m=\dfrac{1}{e}$，最大值 $M=1$.

最后，根据估值定理得 $\dfrac{2}{e} \leqslant \int_{-1}^1 e^{-x^2}\,dx \leqslant 2$.

习题 5-1

1. 利用定积分的几何意义，说明下列等式.

(1) $\int_0^1 2x\,dx = 1$；   (2) $\int_{-2}^2 x^2\,dx = 2\int_0^2 x^2\,dx$；

(3) $\int_{-\pi}^\pi \sin x\,dx = 0$；   (4) $\int_{-\frac{\pi}{2}}^{\frac{\pi}{2}} \cos x\,dx = 2\int_0^{\frac{\pi}{2}} \cos x\,dx$.

2. 利用定积分的性质，比较下列各对积分值的大小.

(1) $\int_0^1 x^2 \mathrm{d}x$ 与 $\int_0^1 x \mathrm{d}x$；　　　　(2) $\int_1^2 \ln x \mathrm{d}x$ 与 $\int_1^2 \ln^2 x \mathrm{d}x$；

(3) $\int_0^1 \mathrm{e}^x \mathrm{d}x$ 与 $\int_0^1 (1+x) \mathrm{d}x$；　　(4) $\int_0^{\frac{\pi}{2}} x \mathrm{d}x$ 与 $\int_0^{\frac{\pi}{2}} \sin x \mathrm{d}x$.

3. 估计下列各定积分的值.

(1) $\int_1^3 x^2 \mathrm{d}x$；　　(2) $\int_{\frac{1}{\sqrt{3}}}^{\sqrt{3}} x \arctan x \mathrm{d}x$；　　(3) $\int_{\frac{\pi}{4}}^{\frac{3\pi}{4}} (1 + \sin^2 x) \mathrm{d}x$.

5.2　微积分基本定理

虽然定积分与不定积分是两个完全不同的概念,但却存在某种内在联系,本节将讨论两者之间的内在联系,即微积分基本定理,从而得到定积分的有效计算方法.

一、积分上限的函数及其导数

我们知道,定积分 $\int_a^b f(t) \mathrm{d}t$ 在几何上表示连续曲线 $y = f(x)$ 在区间 $[a,b]$ 上的曲边梯形 $AabB$ 的面积.

如果 x 是区间 $[a,b]$ 上任意一点,同样定积分 $\int_a^x f(t) \mathrm{d}t$ 表示连续曲线 $y = f(x)$ 在部分区间 $[a,x]$ 上的曲边梯形 $AaxC$ 的面积,如图 5-7 中阴影部分所示的面积. 当 x 在区间 $[a,b]$ 上变化时,阴影部分的曲边梯形面积也随之变化,所以变上限定积分 $\int_a^x f(t) \mathrm{d}t$ 是上限变量 x 的函数,记作 $\Phi(x)$，即

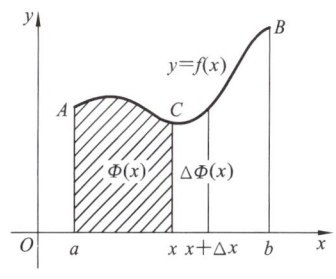

图 5-7

$$\Phi(x) = \int_a^x f(t) \mathrm{d}t \quad (a \leqslant x \leqslant b).$$

变上限定积分有下面重要的性质.

定理 1　若函数 $f(x)$ 在区间 $[a,b]$ 上连续,则变上限定积分

$$\Phi(x) = \int_a^x f(t) \mathrm{d}t$$

在区间 $[a,b]$ 上可导,并且它的导数等于被积函数在上限处的函数值,即

$$\Phi'(x) = \left[\int_a^x f(t) \mathrm{d}t \right]' = f(x).$$

证　按导数定义,证 $\lim\limits_{\Delta x \to 0} \dfrac{\Delta \Phi(x)}{\Delta x} = f(x)$ 即可. 给自变量 x 以增量 Δx，$x + \Delta x \in [a,b]$，由 $\Phi(x)$ 的定义得对应的函数 $\Phi(x)$ 的增量 $\Delta \Phi(x)$，即

$$\Delta \Phi(x) = \Phi(x + \Delta x) - \Phi(x) = \int_a^{x+\Delta x} f(t) \mathrm{d}t - \int_a^x f(t) \mathrm{d}t$$

$$= \int_a^x f(t)\mathrm{d}t + \int_x^{x+\Delta x} f(t)\mathrm{d}t - \int_a^x f(t)\mathrm{d}t$$

$$= \int_x^{x+\Delta x} f(t)\mathrm{d}t.$$

根据积分中值定理知道,在 x 与 $x+\Delta x$ 之间至少存在一点 ξ,使

$$\Delta \Phi(x) = \int_x^{x+\Delta x} f(t)\mathrm{d}t = f(\xi)\Delta x$$

成立. 又因为 $f(x)$ 在区间 $[a,b]$ 上连续,所以当 $\Delta x \to 0$ 时有 $\xi \to x$,$f(\xi) \to f(x)$,从而有

$$\Phi'(x) = \lim_{\Delta x \to 0} \frac{\Delta \Phi(x)}{\Delta x} = \lim_{\xi \to 0} f(\xi) = f(x).$$

故

$$\left(\int_a^x f(x)\mathrm{d}t \right)_x' = f(x).$$

本定理把导数和定积分这两个表面上看似不相干的概念联系了起来,它表明在某区间上连续的函数 $f(x)$,其变上限定积分 $\int_a^x f(t)\mathrm{d}t$ 是 $f(x)$ 的一个原函数,于是有以下定理.

定理 2 (原函数存在定理) 若函数 $f(x)$ 在区间 $[a,b]$ 上连续,则在该区间上 $f(x)$ 的原函数存在.

例 1 已知 $\Phi(x) = \int_0^x \frac{\tan t}{1+t^2}\mathrm{d}t$,求 $\Phi'(x)$.

解 根据定理 1,得

$$\Phi'(x) = \left(\int_0^x \frac{\tan t}{1+t^2}\mathrm{d}t \right)' = \frac{\tan x}{1+x^2}.$$

例 2 已知 $\Phi(x) = \int_x^1 t^2 \ln t^3 \mathrm{d}t$,求 $\Phi'(x)$.

解 根据定理 1,得

$$\Phi'(x) = \left(\int_x^1 t^2 \ln t^3 \mathrm{d}t \right)' = \left[-\int_1^x t^2 \ln t^3 \mathrm{d}t \right]' = -x^2 \ln x^3.$$

例 3 设 $\Phi(x) = \int_0^{x^3} \frac{1}{1+t^3}\mathrm{d}t$,求 $\Phi'(x)$.

解 积分上限是 x^3,它是 x 的函数,所以变上限积分是 x 的复合函数,由复合函数求导法则,得

$$\Phi'(x) = \left(\int_0^{x^3} \frac{1}{1+t^3}\mathrm{d}t \right)_x' = \left(\int_0^{x^3} \frac{1}{1+t^3}\mathrm{d}t \right)_{x^3}' \cdot (x^3)' = 3x^2 \cdot \frac{1}{1+(x^3)^3} = \frac{3x^2}{1+x^9}.$$

例 4 设 $y = \int_x^{x^2} \mathrm{e}^{-t^2}\mathrm{d}t$,求 $\frac{\mathrm{d}y}{\mathrm{d}x}$.

解 因为积分的上、下限都是变量,先把它拆成两个积分之和,再求导.

$$\frac{\mathrm{d}y}{\mathrm{d}x} = \left(\int_x^{x^2} \mathrm{e}^{-t^2}\mathrm{d}t \right)' = \left(\int_x^0 \mathrm{e}^{-t^2}\mathrm{d}t + \int_0^{x^2} \mathrm{e}^{-t^2}\mathrm{d}t \right)_x' = -\left(\int_0^x \mathrm{e}^{-t^2}\mathrm{d}t \right)_x' + \left(\int_0^{x^2} \mathrm{e}^{-t^2}\mathrm{d}t \right)_x'.$$

后一个积分上限是 x^2,它是 x 的复合函数,应按复合函数求导法则,从而有

$$\frac{\mathrm{d}y}{\mathrm{d}x} = -\mathrm{e}^{-x^2} + \left(\int_0^{x^2} \mathrm{e}^{-t^2}\mathrm{d}t \right)_{x^2}' \cdot (x^2)_x' = -\mathrm{e}^{-x^2} + 2x\mathrm{e}^{-x^4}.$$

二、牛顿-莱布尼茨公式

定理 3 若函数 $f(x)$ 在区间 $[a,b]$ 上连续，$F(x)$ 是 $f(x)$ 在区间 $[a,b]$ 上任一原函数，那么

$$\int_a^b f(x)\mathrm{d}x = F(b) - F(a).$$

证 由定理 1 知道 $\Phi(x) = \int_a^x f(t)\mathrm{d}t$ 是 $f(x)$ 在区间 $[a,b]$ 上的一个原函数，又由题设知道 $F(x)$ 也是 $f(x)$ 在区间 $[a,b]$ 上一个原函数。由原函数的性质可知，同一函数的两个不同原函数只相差一个常数，即

$$F(x) - \int_a^x f(t)\mathrm{d}t = C \ (a \leqslant x \leqslant b). \tag{5-1}$$

把 $x=a$ 代入式(5-1)中，因为 $\Phi(a) = \int_a^a f(t)\mathrm{d}t = 0$，定出常数 $C = F(a)$，于是得

$$F(x) - \int_a^x f(t)\mathrm{d}t = F(a).$$

将 $x=b$ 代入上式中，移项得 $\int_a^b f(t)\mathrm{d}t = F(b) - F(a)$。再把积分变量 t 换成 x，得

$$\int_a^b f(x)\mathrm{d}x = F(b) - F(a). \tag{5-2}$$

为了今后使用该公式方便，把式(5-2)右端的 $F(b)-F(a)$ 记作 $\left[F(x)\right]_a^b$，这样式(5-2)就写成以下形式：

$$\int_a^b f(x)\mathrm{d}x = \left[F(x)\right]_a^b = F(b) - F(a). \tag{5-3}$$

式(5-3)称为牛顿-莱布尼茨公式，也称为微积分基本公式。该公式把定积分的计算问题转化为求原函数的问题，从而给定积分的计算提供了一个简便且有效的方法。

例 5 计算 $\int_0^1 x^2\mathrm{d}x$。

解 由于 $\dfrac{1}{3}x^3$ 是 x^2 的一个原函数，所以

$$\int_0^1 x^2\mathrm{d}x = \left[\frac{x^3}{3}\right]_0^1 = \frac{1}{3}(1^3 - 0^3) = \frac{1}{3}.$$

当计算不定积分用到凑微分法时，计算定积分的过程可表述如下。

例 6 计算 $\int_1^{\mathrm{e}} \dfrac{\ln x}{x}\mathrm{d}x$。

解
$$\int_1^{\mathrm{e}} \frac{\ln x}{x}\mathrm{d}x = \int_1^{\mathrm{e}} \ln x \,\mathrm{d}\ln x = \frac{1}{2}\left[\ln^2 x\right]_1^{\mathrm{e}} = \frac{1}{2}(\ln^2 \mathrm{e} - \ln^2 1) = \frac{1}{2}.$$

例 7 计算 $\int_{\frac{\pi}{6}}^{\frac{\pi}{4}} \cos^2 x\,\mathrm{d}x$。

解
$$\int_{\frac{\pi}{6}}^{\frac{\pi}{4}} \cos^2 x\,\mathrm{d}x = \frac{1}{2}\int_{\frac{\pi}{6}}^{\frac{\pi}{4}} (1 + \cos 2x)\mathrm{d}x = \frac{1}{2}\int_{\frac{\pi}{6}}^{\frac{\pi}{4}} 1\,\mathrm{d}x + \frac{1}{4}\int_{\frac{\pi}{6}}^{\frac{\pi}{4}} \cos 2x\,\mathrm{d}2x$$

$$= \frac{1}{2}\left(\frac{\pi}{4} - \frac{\pi}{6}\right) + \left[\frac{1}{4}\sin 2x\right]_{\frac{\pi}{6}}^{\frac{\pi}{4}} = \frac{\pi}{24} + \frac{1}{4} - \frac{\sqrt{3}}{8}.$$

例8 计算 $\displaystyle\int_0^{2\pi}|\sin x|\,dx$.

解 由于 $|\sin x|$ 在区间 $[0,\pi]$ 上和 $[\pi,2\pi]$ 上符号不同,所以必须分区间计算.

$$\int_0^{2\pi}|\sin x|\,dx=\int_0^{\pi}\sin x\,dx+\int_{\pi}^{2\pi}(-\sin x)\,dx$$
$$=[-\cos x]_0^{\pi}+[\cos x]_{\pi}^{2\pi}$$
$$=[1+1]+[1-(-1)]=4.$$

例9 设 $f(x)=\begin{cases}x+1,&x\geqslant 0,\\ e^{-x},&x<0,\end{cases}$ 求 $\displaystyle\int_{-1}^{2}f(x)\,dx$.

解 由定积分性质 3,有

$$\int_{-1}^{2}f(x)\,dx=\int_{-1}^{0}f(x)\,dx+\int_{0}^{2}f(x)\,dx=\int_{-1}^{0}e^{-x}\,dx+\int_{0}^{2}(x+1)\,dx$$
$$=[-e^{-x}]_{-1}^{0}+\left[\frac{1}{2}x^2+x\right]_0^2=e+3.$$

习题 5-2

1. 求下列函数的导数.

(1) $f(x)=\displaystyle\int_0^1\sin t^2\,dt$;

(2) $f(x)=\displaystyle\int_0^x\sin t\,dt$;

(3) $f(x)=\displaystyle\int_{\sqrt{x}}^1\cos(t^2+1)\,dt$;

(4) $f(x)=\displaystyle\int_{2x}^{x^2}\sqrt{1+t^3}\,dt$.

2. 求下列极限.

(1) $\displaystyle\lim_{x\to 0}\frac{\displaystyle\int_0^x\cos t^2\,dt}{x}$;

(2) $\displaystyle\lim_{x\to 0}\frac{\displaystyle\int_0^x\ln(1+t)\,dt}{x^2}$.

3. 计算下列定积分.

(1) $\displaystyle\int_{-1}^{2}x^3\,dx$;

(2) $\displaystyle\int_0^2(x^2-2x)\,dx$;

(3) $\displaystyle\int_{-\frac{\pi}{2}}^{\frac{\pi}{2}}(\sin x+\cos x)\,dx$;

(4) $\displaystyle\int_0^1\frac{1}{1+x^2}\,dx$;

(5) $\displaystyle\int_1^2\left(x-\frac{1}{x}\right)^2\,dx$;

(6) $\displaystyle\int_0^{\frac{1}{2}}\frac{dx}{\sqrt{1-x^2}}$;

(7) $\displaystyle\int_{-1}^{0}\frac{3x^4+3x^2+1}{x^2+1}\,dx$;

(8) $\displaystyle\int_1^2\frac{e^{\frac{1}{x}}}{x^2}\,dx$;

(9) $\displaystyle\int_0^1\frac{e^x}{1+e^x}\,dx$;

(10) $\displaystyle\int_1^e\frac{1+\ln^2 x}{x}\,dx$;

(11) $\displaystyle\int_{-1}^{2}|2x|\,dx$;

(12) $\displaystyle\int_0^{\pi}\sqrt{1+\cos 2x}\,dx$.

4. 设 $f(x)=\begin{cases}2x+1,&x\leqslant 1,\\ x^2,&x>1,\end{cases}$ 求 $\displaystyle\int_0^2f(x)\,dx$.

5.3 定积分的换元积分法与分部积分法

一、定积分的换元积分法

牛顿-莱布尼茨公式告诉我们,计算连续函数 $f(x)$ 的定积分 $\int_a^b f(x)\mathrm{d}x$ 的有效、简便的方法是把它转化为 $f(x)$ 的原函数在区间 $[a,b]$ 上的增量. 这说明连续函数的定积分计算与不定积分有着密切的联系. 不定积分的计算方法有换元法与分部积分法,因此在一定的条件下,我们也可以在定积分的计算中应用换元法与分部积分法.

定理1 设函数 $f(x)$ 在区间 $[a,b]$ 上连续,作变换 $x=\varphi(t)$,它满足条件:

(1) $\varphi(\alpha)=a$,$\varphi(\beta)=b$;

(2) $\varphi(t)$ 在区间 $[\alpha,\beta]$ 上有连续导函数 $\varphi'(t)$;

(3) 当 t 在 $[\alpha,\beta]$ 上变化时,$x=\varphi(t)$ 的值在 $[a,b]$ 上变化,

则有定积分换元公式

$$\int_a^b f(x)\mathrm{d}x = \int_\alpha^\beta f[\varphi(t)]\varphi'(t)\mathrm{d}t. \tag{5-4}$$

这个公式与不定积分的换元积分公式很类似. 所不同的是,运用不定积分换元法时,最后需将变量还原,而运用定积分换元法时,需要将积分限作相应的改变.

使用定积分换元法公式应注意:"换元同时换限";α 不一定小于 β.

例1 求 $\int_0^4 \dfrac{\mathrm{d}x}{1+\sqrt{x}}$.

解 为了去掉被积函数中的根号,设 $t=\sqrt{x}$,于是 $x=t^2$,$\mathrm{d}x=2t\mathrm{d}t$.

确定积分限:当 $x=0$ 时,$t=0$;当 $x=4$ 时,$t=2$. 从定积分的换元积分公式得

$$\int_0^4 \frac{\mathrm{d}x}{1+\sqrt{x}} \xlongequal{t=\sqrt{x}} \int_0^2 \frac{2t}{1+t}\mathrm{d}t = 2\int_0^2 \left[1-\frac{1}{1+t}\right]\mathrm{d}t$$

$$= 2[t-\ln|1+t|]_0^2 = 2(2-\ln3).$$

例2 求 $\int_0^a \sqrt{a^2-x^2}\mathrm{d}x$ $(a>0)$.

解 设 $x=a\sin t\left(-\dfrac{\pi}{2}\leqslant t\leqslant\dfrac{\pi}{2}\right)$,则 $\mathrm{d}x=a\cos t\mathrm{d}t$,且当 $x=0$ 时,$t=0$;当 $x=a$ 时,$t=\dfrac{\pi}{2}$,于是

$$\int_0^a \sqrt{a^2-x^2}\mathrm{d}x = a^2\int_0^{\frac{\pi}{2}} \cos^2 t\mathrm{d}t = \frac{a^2}{2}\int_0^{\frac{\pi}{2}} (1+\cos2t)\mathrm{d}t$$

$$= \frac{a^2}{2}\left[t+\frac{1}{2}\sin2t\right]_0^{\frac{\pi}{2}} = \frac{\pi\cdot a^2}{4}.$$

注意:该题可利用定积分的几何意义求解,读者可自己思考.

例 3 证明 $\displaystyle\int_0^{\frac{\pi}{2}} \sin^n x \, \mathrm{d}x = \int_0^{\frac{\pi}{2}} \cos^n x \, \mathrm{d}x.$

证 令 $x = \dfrac{\pi}{2} - t$，于是有

$$\mathrm{d}x = -\mathrm{d}t, \quad \sin x = \sin\left(\frac{\pi}{2} - t\right) = \cos t,$$

又当 $x = 0$ 时，$t = \dfrac{\pi}{2}$；当 $x = \dfrac{\pi}{2}$ 时，$t = 0$.

由定积分换元积分公式得

$$\int_0^{\frac{\pi}{2}} \sin^n x \, \mathrm{d}x = -\int_{\frac{\pi}{2}}^{0} \cos^n t \, \mathrm{d}t = \int_0^{\frac{\pi}{2}} \cos^n t \, \mathrm{d}t = \int_0^{\frac{\pi}{2}} \cos^n x \, \mathrm{d}x,$$

即

$$\int_0^{\frac{\pi}{2}} \sin^n x \, \mathrm{d}x = \int_0^{\frac{\pi}{2}} \cos^n x \, \mathrm{d}x.$$

利用定积分换元积分公式可证明一个非常有用的定积分等式，有必要熟练掌握，如下.

* 设 $f(x)$ 在对称区间 $[-a, a]$ 上连续，则有

$$\int_{-a}^{a} f(x) \, \mathrm{d}x = \begin{cases} 2\displaystyle\int_0^a f(x) \, \mathrm{d}x, & f(x) \text{ 为偶函数}, \\ 0, & f(x) \text{ 为奇函数}. \end{cases}$$

例 4 求下列定积分：

(1) $\displaystyle\int_{-\pi}^{\pi} x^3 \cos^4 x \, \mathrm{d}x$；

(2) $\displaystyle\int_{-\frac{1}{2}}^{\frac{1}{2}} \frac{(\arcsin x)^2}{\sqrt{1-x^2}} \, \mathrm{d}x.$

解 (1) 因为积分区间 $[-\pi, \pi]$ 为对称区间，且 $x^3 \cos^4 x$ 为奇函数，故

$$\int_{-\pi}^{\pi} x^3 \cos^4 x \, \mathrm{d}x = 0.$$

(2) $\displaystyle\int_{-\frac{1}{2}}^{\frac{1}{2}} \frac{(\arcsin x)^2}{\sqrt{1-x^2}} \, \mathrm{d}x = 2\int_0^{\frac{1}{2}} \frac{(\arcsin x)^2}{\sqrt{1-x^2}} \, \mathrm{d}x \xrightarrow{\diamondsuit t = \arcsin x} 2\int_0^{\frac{\pi}{6}} \frac{t^2}{\cos t} \cos t \, \mathrm{d}t$

$$= 2\left[\frac{t^3}{3}\right]_0^{\frac{\pi}{6}} = \frac{\pi^3}{324}.$$

二、定积分的分部积分法

定理 2 设函数 $u = u(x), v = v(x)$ 在区间 $[a, b]$ 上有连续导数 $u'(x), v'(x)$，则有定积分的分部积分公式：

$$\int_a^b u \, \mathrm{d}v = [uv]_a^b - \int_a^b v \, \mathrm{d}u \tag{5-5}$$

这个公式与不定积分的分部积分公式很相似. 但应注意，这里每一项都带有积分限.

例 5 求 $\displaystyle\int_0^{\frac{\pi}{2}} x \cos x \, \mathrm{d}x.$

解 设 $u = x, \mathrm{d}v = \cos x \, \mathrm{d}x = \mathrm{d}\sin x$，由定积分的分部积分公式得

$$\int_0^{\frac{\pi}{2}} x \cos x \, \mathrm{d}x = [x \sin x]_0^{\frac{\pi}{2}} - \int_0^{\frac{\pi}{2}} \sin x \, \mathrm{d}x = \frac{\pi}{2} - [-\cos x]_0^{\frac{\pi}{2}} = \frac{\pi}{2} - 1.$$

例 6 求 $\displaystyle\int_0^1 \arcsin x \, \mathrm{d}x.$

解　设 $u=\arcsin x, \mathrm{d}v=\mathrm{d}x$, 则 $\mathrm{d}u=\dfrac{1}{\sqrt{1-x^2}}\mathrm{d}x, v=x$.

由定积分分部积分公式,得

$$\int_0^1 \arcsin x\,\mathrm{d}x = \left[x\arcsin x\right]_0^1 - \int_0^1 \frac{x}{\sqrt{1-x^2}}\mathrm{d}x = 1\cdot\frac{\pi}{2} + \int_0^1 \frac{\mathrm{d}(1-x^2)}{2\sqrt{1-x^2}}$$

$$= \frac{\pi}{2} + \left[\sqrt{1-x^2}\right]_0^1 = \frac{\pi}{2} - 1.$$

例 6 在应用分部积分法以后,还应用了定积分的凑微分法.

例 7　求 $\displaystyle\int_0^1 \mathrm{e}^{\sqrt{x}}\,\mathrm{d}x$.

解　先用换元法.令 $t=\sqrt{x}$, 则 $x=t^2, \mathrm{d}x=2t\mathrm{d}t$, 且当 $x=0$ 时, $t=0$; 当 $x=1$ 时, $t=1$, 于是

$$\int_0^1 \mathrm{e}^{\sqrt{x}}\,\mathrm{d}x = 2\int_0^1 t\mathrm{e}^t\,\mathrm{d}t.$$

再用分部积分法计算上式右端的积分.设 $u=t, \mathrm{d}v=\mathrm{e}^t\mathrm{d}t=\mathrm{d}\mathrm{e}^t$, 由分部积分公式,得

$$\int_0^1 t\mathrm{e}^t\,\mathrm{d}t = \left[t\mathrm{e}^t\right]_0^1 - \int_0^1 \mathrm{e}^t\,\mathrm{d}t = \mathrm{e} - \left[\mathrm{e}^t\right]_0^1 = \mathrm{e} - (\mathrm{e}-1) = 1,$$

所以

$$\int_0^1 \mathrm{e}^{\sqrt{x}}\,\mathrm{d}x = 2\int_0^1 t\mathrm{e}^t\,\mathrm{d}t = 2.$$

例 8　求 $\displaystyle\int_{\frac{1}{\mathrm{e}}}^{\mathrm{e}} |\ln x|\,\mathrm{d}x$.

解　利用定积分性质,通过积分变量的取值区间去掉被积函数中的绝对值.

当 $x\geqslant 1$ 时, $\ln x\geqslant 0$, 于是 $|\ln x|=\ln x$; 当 $0<x<1$ 时, $\ln x<0$, 于是 $|\ln x|=-\ln x$, 所以

$$\int_{\frac{1}{\mathrm{e}}}^{\mathrm{e}} |\ln x|\,\mathrm{d}x = \int_{\frac{1}{\mathrm{e}}}^{1} |\ln x|\,\mathrm{d}x + \int_1^{\mathrm{e}} |\ln x|\,\mathrm{d}x = -\int_{\frac{1}{\mathrm{e}}}^{1} \ln x\,\mathrm{d}x + \int_1^{\mathrm{e}} \ln x\,\mathrm{d}x.$$

再用定积分分部积分法求右端两个积分:

$$-\int_{\frac{1}{\mathrm{e}}}^{1} \ln x\,\mathrm{d}x = \left[-x\ln x\right]_{\frac{1}{\mathrm{e}}}^{1} + \int_{\frac{1}{\mathrm{e}}}^{1} x\cdot\frac{1}{x}\mathrm{d}x = \frac{1}{\mathrm{e}}\ln\frac{1}{\mathrm{e}} + \left[x\right]_{\frac{1}{\mathrm{e}}}^{1} = 1 - \frac{2}{\mathrm{e}};$$

$$\int_1^{\mathrm{e}} \ln x\,\mathrm{d}x = \left[x\ln x\right]_1^{\mathrm{e}} - \left[x\right]_1^{\mathrm{e}} = 1.$$

所以

$$\int_{\frac{1}{\mathrm{e}}}^{\mathrm{e}} |\ln x|\,\mathrm{d}x = \left(1 - \frac{2}{\mathrm{e}}\right) + 1 = 2 - \frac{2}{\mathrm{e}}.$$

利用定积分分部积分法可以证明一个有用的定积分公式:

$$I_n = \int_0^{\frac{\pi}{2}} \sin^n x\,\mathrm{d}x = \int_0^{\frac{\pi}{2}} \cos^n x\,\mathrm{d}x$$

$$= \begin{cases} \dfrac{n-1}{n}\times\dfrac{n-3}{n-2}\times\cdots\times\dfrac{3}{4}\times\dfrac{1}{2}\times\dfrac{\pi}{2}, & n\ \text{为正偶数},\\[2ex] \dfrac{n-1}{n}\times\dfrac{n-3}{n-2}\times\cdots\times\dfrac{4}{5}\times\dfrac{2}{3}\times 1, & n\ \text{为大于 1 的正奇数}. \end{cases}$$

当计算这类积分时,可直接引用此结果.例如:

$$\int_0^{\frac{\pi}{2}} \sin^5 x \mathrm{d}x = \frac{4}{5} \times \frac{2}{3} \times 1 = \frac{8}{15},$$

$$\int_0^{\frac{\pi}{2}} \cos^6 x \mathrm{d}x = \frac{5}{6} \times \frac{3}{4} \times \frac{1}{2} \times \frac{\pi}{2} = \frac{5\pi}{32}.$$

例 9 求 $\int_0^\pi \cos^8 \dfrac{x}{2} \mathrm{d}x$.

解 令 $t = \dfrac{x}{2}$，$x = 2t$，则 $\mathrm{d}x = 2\mathrm{d}t$. 当 $x = 0$ 时，$t = 0$；当 $x = \pi$ 时，$t = \dfrac{\pi}{2}$. 于是由定积分换元积分公式与上面的递推公式，得

$$\int_0^\pi \cos^8 \frac{x}{2} \mathrm{d}x = 2 \int_0^{\frac{\pi}{2}} \cos^8 t \mathrm{d}t = 2 \times \frac{7}{8} \times \frac{5}{6} \times \frac{3}{4} \times \frac{1}{2} \times \frac{\pi}{2} = \frac{35\pi}{128}.$$

习题 5-3

1. 写出下列定积分换元后的结果.

(1) $\displaystyle\int_0^4 \frac{1}{1+\sqrt{x}} \mathrm{d}x$，令 $u = \sqrt{x}$；

(2) $\displaystyle\int_1^{\sqrt{2}} \frac{\sqrt{4-x^2}}{x^2} \mathrm{d}x$，令 $x = 2\sin t \left(-\dfrac{\pi}{2} \leqslant t \leqslant \dfrac{\pi}{2}\right)$；

(3) $\displaystyle\int_0^1 (2x-1)^3 \mathrm{d}x$，令 $u = 2x - 1$；

(4) $\displaystyle\int_1^{\mathrm{e}} \frac{\ln^2 x}{x} \mathrm{d}x$，令 $u = \ln x$.

2. 利用换元积分法求下列定积分.

(1) $\displaystyle\int_{\frac{\pi}{3}}^\pi \sin\left(x + \frac{\pi}{3}\right) \mathrm{d}x$；

(2) $\displaystyle\int_{-2}^1 \frac{\mathrm{d}x}{(11+5x)^3}$；

(3) $\displaystyle\int_0^1 \frac{\sqrt{x}}{1+x} \mathrm{d}x$；

(4) $\displaystyle\int_0^{\frac{\pi}{2}} \sin\varphi \cos^3 \varphi \mathrm{d}\varphi$；

(5) $\displaystyle\int_0^\pi (1 - \sin^3 \theta) \mathrm{d}\theta$；

(6) $\displaystyle\int_{\frac{\pi}{6}}^{\frac{\pi}{2}} \cos^2 x \mathrm{d}x$；

(7) $\displaystyle\int_{\frac{1}{\sqrt{2}}}^1 \frac{\sqrt{1-x^2}}{x^2} \mathrm{d}x$；

(8) $\displaystyle\int_1^{\sqrt{3}} \frac{\mathrm{d}x}{x^2 \sqrt{1+x^2}}$；

(9) $\displaystyle\int_{-1}^1 \frac{x\mathrm{d}x}{\sqrt{5-4x}}$；

(10) $\displaystyle\int_{\frac{3}{4}}^1 \frac{\mathrm{d}x}{\sqrt{1-x}-1}$.

3. 利用函数的奇偶性求下列定积分.

(1) $\displaystyle\int_{-\pi}^\pi x^4 \sin x \mathrm{d}x$；

(2) $\displaystyle\int_{-\frac{\pi}{2}}^{\frac{\pi}{2}} 4\cos^4 \theta \mathrm{d}\theta$；

(3) $\displaystyle\int_{-1}^1 \frac{2+\sin x}{1+x^2} \mathrm{d}x$；

(4) $\displaystyle\int_{-5}^5 \frac{x^3 \sin^2 x}{x^4 + 2x^2 + 1} \mathrm{d}x$.

4. 利用分部积分法求下列定积分.

(1) $\displaystyle\int_1^{\mathrm{e}} \ln x \mathrm{d}x$；

(2) $\displaystyle\int_0^\pi x \sin x \mathrm{d}x$；

（3）$\displaystyle\int_0^1 x\mathrm{e}^{-x}\mathrm{d}x$；

（4）$\displaystyle\int_1^{\mathrm{e}} x\ln x\mathrm{d}x$；

（5）$\displaystyle\int_1^4 \frac{\ln x}{\sqrt{x}}\mathrm{d}x$；

（6）$\displaystyle\int_0^1 \arccos x\mathrm{d}x$；

（7）$\displaystyle\int_0^1 x\arctan x\mathrm{d}x$；

（8）$\displaystyle\int_0^{\frac{\pi}{2}} \mathrm{e}^{2x}\cos x\mathrm{d}x$．

5．求下列定积分．

（1）$\displaystyle\int_0^1 t\mathrm{e}^{-\frac{t^2}{2}}\mathrm{d}t$；

（2）$\displaystyle\int_1^{\mathrm{e}^2} \frac{\mathrm{d}x}{x\sqrt{1+\ln x}}$；

（3）$\displaystyle\int_{-\frac{\pi}{2}}^{\frac{\pi}{2}} \cos x\cdot\cos 2x\mathrm{d}x$；

（4）$\displaystyle\int_0^3 \frac{x\mathrm{d}x}{\sqrt{1+x}}$；

（5）$\displaystyle\int_0^{\frac{\pi}{2}} \frac{x+\sin x}{1+\cos x}\mathrm{d}x$；

（6）$\displaystyle\int_0^{\frac{\pi}{2}} \sqrt{1-\sin 2x}\mathrm{d}x$；

（7）$\displaystyle\int_0^{\pi} \sin^8 \frac{x}{2}\mathrm{d}x$；

（8）$\displaystyle\int_{-\frac{\pi}{2}}^{\frac{\pi}{2}} \sqrt{\cos x-\cos^3 x}\mathrm{d}x$．

6．若函数 $f(x)$ 在闭区间 $[a,b]$ 上连续，证明以下等式．

（1）$\displaystyle\int_0^{\frac{\pi}{2}} f(\sin x)\mathrm{d}x = \int_0^{\frac{\pi}{2}} f(\cos x)\mathrm{d}x$；

（2）$\displaystyle\int_0^{\pi} xf(\sin x)\mathrm{d}x = \frac{\pi}{2}\int_0^{\pi} f(\sin x)\mathrm{d}x$．

7．证明：（1）若 $f(x)$ 在 $[-a,a]$ 上连续且为偶函数，则 $\displaystyle\int_{-a}^a f(x)\mathrm{d}x = 2\int_0^a f(x)\mathrm{d}x$；

（2）若 $f(x)$ 在 $[-a,a]$ 上连续且为奇函数，则 $\displaystyle\int_{-a}^a f(x)\mathrm{d}x = 0$．

5.4　反　常　积　分

前面所讨论的定积分都是考虑在有限区间 $[a,b]$ 上的有界函数的积分，然而在实际应用中，我们还会遇到无穷区间上的积分和无界函数在有限区间上的积分，前者称为无穷积分，后者称为瑕积分，两者统称为反常积分．

一、无穷区间上的反常积分

定义 1　设函数 $f(x)$ 在区间 $[a,+\infty)$ 上连续，取 $b>a$，如果极限 $\displaystyle\lim_{b\to+\infty}\int_a^b f(x)\mathrm{d}x$ 存在，则称此极限为函数 $f(x)$ 在无穷区间 $[a,+\infty)$ 上的反常积分，记作 $\displaystyle\int_a^{+\infty} f(x)\mathrm{d}x$，即

$$\int_a^{+\infty} f(x)\mathrm{d}x = \lim_{b\to+\infty}\int_a^b f(x)\mathrm{d}x. \tag{5-6}$$

这时也称反常积分 $\displaystyle\int_a^{+\infty} f(x)\mathrm{d}x$ 收敛；如果上述极限不存在，则称反常积分 $\displaystyle\int_a^{+\infty} f(x)\mathrm{d}x$ 发散．

类似地,可以定义函数 $f(x)$ 在区间 $(-\infty,b)$ 和 $(-\infty,+\infty)$ 上的无穷积分.

定义 2 设函数 $f(x)$ 在区间 $(-\infty,b]$ 上连续,取 $a<b$,如果极限 $\lim\limits_{a\to-\infty}\int_a^b f(x)\mathrm{d}x$ 存在,则称此极限为函数 $f(x)$ 在无穷区间 $(-\infty,b]$ 上的反常积分,记作 $\int_{-\infty}^b f(x)\mathrm{d}x$,即

$$\int_{-\infty}^b f(x)\mathrm{d}x = \lim\limits_{a\to-\infty}\int_a^b f(x)\mathrm{d}x \tag{5-7}$$

这时也称反常积分 $\int_{-\infty}^b f(x)\mathrm{d}x$ 收敛;如果上述极限不存在,则称反常积分 $\int_{-\infty}^b f(x)\mathrm{d}x$ 发散.

定义 3 设函数 $f(x)$ 在区间 $(-\infty,+\infty)$ 上连续,如果反常积分

$$\int_{-\infty}^c f(x)\mathrm{d}x \quad \text{和} \quad \int_c^{+\infty} f(x)\mathrm{d}x$$

都收敛,则称上述两个反常积分之和为函数 $f(x)$ 在无穷区间 $(-\infty,+\infty)$ 上的反常积分,记作 $\int_{-\infty}^{+\infty} f(x)\mathrm{d}x$,即

$$\begin{aligned}\int_{-\infty}^{+\infty} f(x)\mathrm{d}x &= \int_{-\infty}^c f(x)\mathrm{d}x + \int_c^{+\infty} f(x)\mathrm{d}x\\ &= \lim\limits_{a\to-\infty}\int_a^c f(x)\mathrm{d}x + \lim\limits_{b\to+\infty}\int_c^b f(x)\mathrm{d}x\end{aligned} \tag{5-8}$$

这时也称反常积分 $\int_{-\infty}^{+\infty} f(x)\mathrm{d}x$ 收敛;否则就称反常积分 $\int_{-\infty}^{+\infty} f(x)\mathrm{d}x$ 发散.

上述反常积分统称为无穷区间上的反常积分.

例 1 计算反常积分 $\int_{-\infty}^{+\infty} \dfrac{\mathrm{d}x}{1+x^2}$.

解 由式(5-8)得

$$\begin{aligned}\int_{-\infty}^{+\infty} \frac{\mathrm{d}x}{1+x^2} &= \int_{-\infty}^0 \frac{\mathrm{d}x}{1+x^2} + \int_0^{+\infty} \frac{\mathrm{d}x}{1+x^2} = \lim\limits_{a\to-\infty}\int_a^0 \frac{\mathrm{d}x}{1+x^2} + \lim\limits_{b\to+\infty}\int_0^b \frac{\mathrm{d}x}{1+x^2}\\ &= \lim\limits_{a\to-\infty}\left[\arctan x\right]_a^0 + \lim\limits_{b\to+\infty}\left[\arctan x\right]_0^b\\ &= \lim\limits_{a\to-\infty}(-\arctan a) + \lim\limits_{b\to+\infty}\arctan b\\ &= -\left(-\frac{\pi}{2}\right) + \frac{\pi}{2} = \pi.\end{aligned}$$

如图 5-8 所示,这个反常积分值的几何意义:当 $a\to-\infty$,$b\to+\infty$ 时,虽然图中阴影部分向左、右无限延伸,但其面积却有极限值 π. 简单地说,它是位于曲线 $y=\dfrac{1}{1+x^2}$ 下方、x 轴上方图形的面积.

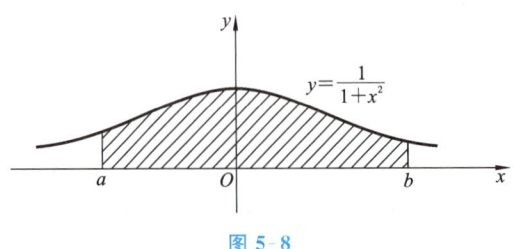

图 5-8

例 2　计算反常积分 $\int_{-\infty}^{0} e^{x} \mathrm{d}x$.

解　由式(5-7)得

$$\int_{-\infty}^{0} e^{x} \mathrm{d}x = \lim_{a \to -\infty} \int_{a}^{0} e^{x} \mathrm{d}x = \lim_{a \to -\infty} \left[e^{x} \right]_{a}^{0} = \lim_{a \to -\infty} (1 - e^{a}) = 1.$$

例 3　计算反常积分 $\int_{2}^{+\infty} \dfrac{\mathrm{d}x}{x(\ln x)}$.

解　由式(5-6)得

$$\int_{2}^{+\infty} \frac{\mathrm{d}x}{x(\ln x)} = \lim_{b \to +\infty} \int_{2}^{b} \frac{\mathrm{d}x}{x(\ln x)} = \lim_{b \to +\infty} \left[\ln |\ln x| \right]_{2}^{b}$$
$$= \lim_{b \to +\infty} \left[\ln |\ln b| - \ln |\ln 2| \right] = +\infty.$$

因此, 无穷积分 $\int_{2}^{+\infty} \dfrac{\mathrm{d}x}{x(\ln x)}$ 发散.

例 4　证明反常积分 $\int_{a}^{+\infty} \dfrac{\mathrm{d}x}{x^{p}}(a > 0)$ 当 $p > 1$ 时收敛, 当 $p \leqslant 1$ 时发散.

证　当 $p = 1$ 时,

$$\int_{a}^{+\infty} \frac{\mathrm{d}x}{x^{p}} = \int_{a}^{+\infty} \frac{\mathrm{d}x}{x} = \left[\ln x \right]_{a}^{+\infty} = +\infty.$$

当 $p \neq 1$ 时,

$$\int_{a}^{+\infty} \frac{\mathrm{d}x}{x^{p}} = \left[\frac{x^{1-p}}{1-p} \right]_{a}^{+\infty} = \frac{1}{1-p} \lim_{x \to +\infty} (x^{1-p} - a^{1-p}) = \begin{cases} +\infty, & p < 1, \\ \dfrac{a^{1-p}}{p-1}, & p > 1. \end{cases}$$

因此, 当 $p > 1$ 时, 该反常积分收敛, 其值为 $\dfrac{a^{1-p}}{p-1}$; 当 $p \leqslant 1$ 时, 该反常积分发散.

二、无界函数的反常积分

现在我们考虑无界函数在区间 $[a, b]$ 上的积分.

定义 4　设函数 $f(x)$ 在区间 (a, b) 上连续, 而在点 a 的右邻域(以 a 为左端点的任意一个开区间)内无界, 取 $\varepsilon > 0$, 如果极限

$$\lim_{\varepsilon \to 0^{+}} \int_{a+\varepsilon}^{b} f(x) \mathrm{d}x$$

存在, 则称此极限为函数 $f(x)$ 在区间 (a, b) 上的反常积分, 记作 $\int_{a}^{b} f(x) \mathrm{d}x$, 即

$$\int_{a}^{b} f(x) \mathrm{d}x = \lim_{\varepsilon \to 0^{+}} \int_{a+\varepsilon}^{b} f(x) \mathrm{d}x. \tag{5-9}$$

这时称反常积分 $\int_{a}^{b} f(x) \mathrm{d}x$ 收敛. 如果上述极限不存在, 则称该反常积分发散.

点 $x = a$ 称为函数 $f(x)$ 的瑕点. 对于点 $x = b$ 是瑕点的情形, 可类似地给出定义.

定义 5　设函数 $f(x)$ 在区间 $[a, b)$ 上连续, 而在点 b 的左邻域(以 b 为右端点的任意一个开区间)内无界, 取 $\varepsilon > 0$, 如果极限

$$\lim_{\varepsilon \to 0^{+}} \int_{a}^{b-\varepsilon} f(x) \mathrm{d}x$$

存在,则称此极限为函数 $f(x)$ 在区间 $[a,b]$ 上的反常积分,记作 $\int_a^b f(x)\mathrm{d}x$,即

$$\int_a^b f(x)\mathrm{d}x = \lim_{\varepsilon \to 0^+} \int_a^{b-\varepsilon} f(x)\mathrm{d}x. \tag{5-10}$$

这时称反常积分 $\int_a^b f(x)\mathrm{d}x$ 收敛. 如果上述极限不存在,则称该反常积分发散.

定义 6 设函数 $f(x)$ 在区间 $[a,b]$ 上除点 $c(a<c<b)$ 外连续,而在点 c 的邻域内无界,如果两个反常积分

$$\int_a^c f(x)\mathrm{d}x \quad 和 \quad \int_c^b f(x)\mathrm{d}x$$

都收敛,则定义

$$\int_a^b f(x)\mathrm{d}x = \int_a^c f(x)\mathrm{d}x + \int_c^b f(x)\mathrm{d}x = \lim_{\varepsilon \to 0^+} \int_a^{c-\varepsilon} f(x)\mathrm{d}x + \lim_{\varepsilon' \to 0^+} \int_{c+\varepsilon'}^b f(x)\mathrm{d}x \tag{5-11}$$

否则,就称反常积分 $\int_a^b f(x)\mathrm{d}x$ 发散(式中 ε,ε' 为任意大于零的数).

例 5 计算反常积分 $\int_0^a \dfrac{\mathrm{d}x}{\sqrt{a^2-x^2}}(a>0)$.

解 因为 $\lim\limits_{x \to a^+} \dfrac{1}{\sqrt{a^2-x^2}} = +\infty$,所以被积函数在点 $x=a$ 的左邻域内无界(即 $x=a$ 是被积函数的瑕点). 由式(5-10)得

$$\int_0^a \frac{\mathrm{d}x}{\sqrt{a^2-x^2}} = \lim_{\varepsilon \to 0^+} \int_0^{a-\varepsilon} \frac{\mathrm{d}x}{\sqrt{a^2-x^2}} = \lim_{\varepsilon \to 0^+} \left[\arcsin \frac{x}{a} \right]_0^{a-\varepsilon}$$

$$= \lim_{\varepsilon \to 0^+} \left(\arcsin \frac{a-\varepsilon}{a} - 0 \right)$$

$$= \arcsin 1 = \frac{\pi}{2}.$$

因此,反常积分 $\int_0^a \dfrac{\mathrm{d}x}{\sqrt{a^2-x^2}}$ $(a>0)$ 收敛.

如图 5-9 所示,这个反常积分值的几何意义:位于曲线 $y = \dfrac{1}{\sqrt{a^2-x^2}}$ 之下,x 轴之上,直线 $x=0$ 与 $x=a$ 之间图形的面积.

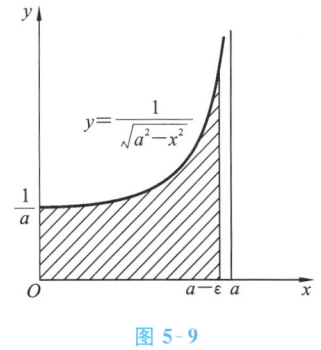

图 5-9

例 6 讨论反常积分 $\int_{-1}^1 \dfrac{\mathrm{d}x}{x^2}$ 的收敛性.

解 被积函数 $f(x)=\dfrac{1}{x^2}$ 在积分区间 $[-1,1]$ 上除 $x=0$ 以外连续,且 $\lim\limits_{x \to 0} \dfrac{1}{x^2}=\infty$,于是

$$\lim_{\varepsilon \to 0^+} \int_{-1}^{0-\varepsilon} \frac{\mathrm{d}x}{x^2} = \lim_{\varepsilon \to 0^+} \left[-\frac{1}{x} \right]_{-1}^{-\varepsilon} = \lim_{\varepsilon \to 0^+} \left(\frac{1}{\varepsilon} - 1 \right) = +\infty,$$

即反常积分 $\int_{-1}^0 \dfrac{\mathrm{d}x}{x^2}$ 发散,所以反常积分 $\int_{-1}^1 \dfrac{\mathrm{d}x}{x^2}$ 发散.

注意:如果疏忽了 $x=0$ 是被积函数的无穷间断点,就会得到以下的错误结果:

$$\int_{-1}^1 \frac{\mathrm{d}x}{x^2} = \left[-\frac{1}{x} \right]_{-1}^1 = -1-1 = -2.$$

例 7　讨论反常积分 $\displaystyle\int_0^1 \frac{\mathrm{d}x}{x^p}$ 的收敛性.

解　$x=0$ 是函数 $\dfrac{1}{x^p}$ 的无穷间断点（瑕点）.

当 $p=1$ 时，有

$$\int_0^1 \frac{\mathrm{d}x}{x} = \lim_{\varepsilon\to 0^+}\int_\varepsilon^1 \frac{\mathrm{d}x}{x} = \lim_{\varepsilon\to 0^+}\big[\ln|x|\big]_\varepsilon^1 = \lim_{\varepsilon\to 0^+}\big[\ln 1 - \ln\varepsilon\big] = +\infty.$$

因此，积分 $\displaystyle\int_0^1 \frac{\mathrm{d}x}{x^p}$ 发散.

当 $p\neq 1$ 时，有

$$\int_0^1 \frac{\mathrm{d}x}{x^p} = \lim_{\varepsilon\to 0^+}\int_\varepsilon^1 x^{-p}\,\mathrm{d}x = \lim_{\varepsilon\to 0^+}\left[\frac{1}{1-p}x^{1-p}\right]_\varepsilon^1 = \frac{1}{1-p}\lim_{\varepsilon\to 0^+}\left[1 - \frac{1}{\varepsilon^{p-1}}\right]$$

$$= \begin{cases} \dfrac{1}{1-p}, & \text{当 } p < 1 \text{ 时,} \\[2mm] \text{发散}, & \text{当 } p > 1 \text{ 时.} \end{cases}$$

综上所述，当 $p<1$ 时，反常积分收敛，其值为 $\dfrac{1}{1-p}$；当 $p\geqslant 1$ 时，反常积分发散.

例 7 中的积分通常称为 p 积分，p 积分的敛散性在解决实际问题时常用到，现总结如下：

(1) 反常积分 $\displaystyle\int_a^{+\infty} \frac{\mathrm{d}x}{x^p}(a>0)$ 当 $p>1$ 时收敛，当 $p\leqslant 1$ 时发散；

(2) 反常积分 $\displaystyle\int_0^1 \frac{\mathrm{d}x}{x^p}$ 当 $p<1$ 时收敛，当 $p\geqslant 1$ 时发散.

习题 5-4

1. 计算下列反常积分或判断它的敛散性.

(1) $\displaystyle\int_1^{+\infty} \frac{\mathrm{d}x}{x^4}$;

(2) $\displaystyle\int_1^{+\infty} \frac{\mathrm{d}x}{\sqrt{x}}$;

(3) $\displaystyle\int_0^{+\infty} \mathrm{e}^{-ax}\,\mathrm{d}x\,(a>0)$;

(4) $\displaystyle\int_{-\infty}^{+\infty} \frac{2x}{x^2+1}\,\mathrm{d}x$;

(5) $\displaystyle\int_0^{+\infty} \mathrm{e}^{-pt}\sin\omega t\,\mathrm{d}t\,(p>0)$;

(6) $\displaystyle\int_{-\infty}^{+\infty} \frac{\mathrm{d}x}{x^2+2x+2}$;

(7) $\displaystyle\int_e^{+\infty} \frac{\ln x}{x}\,\mathrm{d}x$;

(8) $\displaystyle\int_e^{+\infty} \frac{\mathrm{d}x}{x(\ln x)^2}$;

(9) $\displaystyle\int_0^1 \frac{x\,\mathrm{d}x}{\sqrt{1-x^2}}$;

(10) $\displaystyle\int_0^2 \frac{\mathrm{d}x}{(1-x)^2}$;

(11) $\displaystyle\int_a^{2a} \frac{\mathrm{d}x}{(x-a)^{\frac{3}{2}}}$;

(12) $\displaystyle\int_1^2 \frac{x}{\sqrt{x-1}}\,\mathrm{d}x$;

(13) $\displaystyle\int_1^e \frac{\mathrm{d}x}{x\,\sqrt{1-(\ln x)^2}}$.

2. 利用递推公式计算反常积分 $\displaystyle I_n = \int_0^{+\infty} x^n\mathrm{e}^{-x}\,\mathrm{d}x$.

5.5 定积分的应用举例

本节首先介绍定积分微元法,再举例说明定积分的具体应用.

一、定积分微元法

用定积分表示一个量,如几何量、物理量或其他的量,一般分四步考虑.首先来回顾一下解决曲边梯形面积的过程.

第一步——分割:将区间 $[a,b]$ 任意分为 n 个子区间 $[x_{i-1},x_i]$ $(i=1,2,3,\cdots,n)$,其中 $x_0=a$,$x_n=b$.

第二步——近似代替:在任意一个子区间 $[x_{i-1},x_i]$ 上任取一点 ξ_i,作小曲边梯形面积 ΔA_i 的近似值,即 $\Delta A_i \approx f(\xi_i)\Delta x_i$.

第三步——求和:得曲边梯形的面积 A 的近似值,$A \approx \sum_{i=1}^{n} f(\xi_i)\Delta x_i$.

第四步——取极限:$n\to\infty$,且 $\lambda=\max\{\Delta x_i\}\to 0$,得曲边梯形的面积,即

$$A = \lim_{\lambda \to 0}\sum_{i=1}^{n} f(\xi_i)\Delta x_i = \int_a^b f(x)\mathrm{d}x.$$

对照上述四步,我们发现第二步近似代替时其形式 $f(\xi_i)\Delta x_i$ 与第四步积分 $\int_a^b f(x)\mathrm{d}x$ 中的被积分式 $f(x)\mathrm{d}x$ 具有类似的形式,如果把第二步中的 ξ_i 用 x 代替,Δx_i 用 $\mathrm{d}x$ 替代,那么它就是第四步积分中的积分表达式.基于此,我们把上述四步简化为以下两步.

第一步,选取积分变量,例如,选为 x,并确定其范围,$x \in [a,b]$,在其上任取一个子区间记作 $[x,x+\mathrm{d}x]$.

第二步,取曲边梯形面积 A 在子区间 $[x,x+\mathrm{d}x]$ 上的部分量 ΔA 的近似值,$\Delta A \approx f(x)\mathrm{d}x$,$f(x)\mathrm{d}x$ 称为面积微元,记为 $\mathrm{d}A=f(x)\mathrm{d}x$(见图 5-10),于是

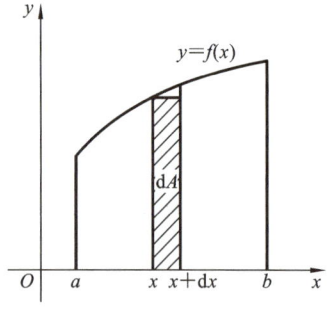

图 5-10

$$A = \int_a^b f(x)\mathrm{d}x$$

上述简化了步骤的定积分方法称为定积分微元法.

二、平面图形的面积

1. 直角坐标情形

由前面的讨论可知,如果 $f(x)\geqslant 0$,则曲线 $y=f(x)$ 与直线 $x=a$,$x=b$,$y=0$ 所围成的平面图形的面积 A 的微元是 $\mathrm{d}A=f(x)\mathrm{d}x$;如果 $f(x)$ 在 $[a,b]$ 上有正有负,那么它的面积 A 的微元应是以 $|f(x)|$ 为高、以 $\mathrm{d}x$ 为底的矩形面积(见图 5-11),即 $\mathrm{d}A=|f(x)|\mathrm{d}x$.于是,总

有 $A = \int_a^b |f(x)| \mathrm{d}x$.

例 1　求由曲线 $y = x^3$ 与直线 $x = -1, x = 2$ 及 x 轴所围成的平面图形的面积(见图5-12).

解　由式(5-12)得

$$A = \int_{-1}^2 |x^3| \mathrm{d}x = \int_{-1}^0 (-x^3) \mathrm{d}x + \int_0^2 x^3 \mathrm{d}x = \frac{17}{4}.$$

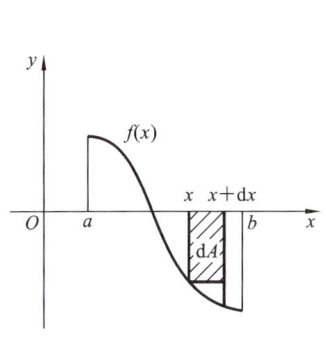

图 5-11

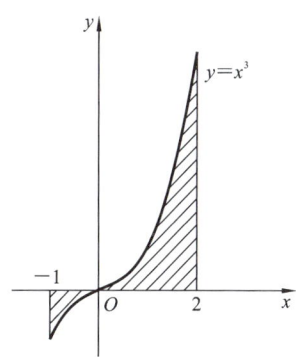

图 5-12

求由两条曲线 $y = f(x), y = g(x)$ 与两条直线 $x = a, x = b$ 所围成的平面图形的面积,如图 5-13 所示.不难得出,面积微元 $\mathrm{d}A = |f(x) - g(x)| \mathrm{d}x$,从而有

$$A = \int_a^b |f(x) - g(x)| \mathrm{d}x.$$

例 2　求由抛物线 $y = x^2$ 与直线 $y = 2x$ 所围成的平面图形的面积.

解　如图 5-14 所示,联立两方程 $\begin{cases} y = x^2 \\ y = 2x, \end{cases}$ 解得交点 $O(0,0), A(2,4)$,且

$$\mathrm{d}A = |2x - x_2| \mathrm{d}x = (2x - x^2) \mathrm{d}x,$$

从而

$$A = \int_0^2 (2x - x^2) \mathrm{d}x = \left[x^2 - \frac{1}{3} x^3 \right]_0^2 = \frac{4}{3}.$$

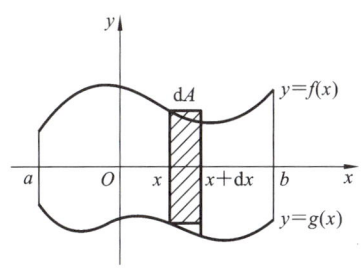

图 5-13

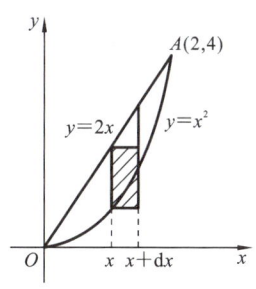

图 5-14

在计算平面图形的面积时,恰当地选择积分变量,有利于问题的解决.

例 3　求由抛物线 $y^2 = 2x$ 与直线 $y = x - 4$ 所围成的平面图形的面积.

解　如图 5-15 所示,联立两方程 $\begin{cases} y^2 = 2x \\ y = x - 4, \end{cases}$ 解得交点 $A(2, -2), B(8, 4)$.

如果选择 y 作积分变量，$y \in [-2, 4]$，任取一个子区间 $[y, y+\mathrm{d}y] \subset [-2, 4]$，则得面积微元

$$\mathrm{d}A = (x_2 - x_1)\mathrm{d}y = \left[(y+4) - \frac{y^2}{2}\right]\mathrm{d}y,$$

于是

$$A = \int_{-2}^{4} \left[y + 4 - \frac{y^2}{2}\right]\mathrm{d}y = \left[\frac{1}{2}y^2 + 4y - \frac{1}{6}y^3\right]_{-2}^{4} = 18.$$

如果选择 x 作积分变量，那么它的表达式就比上式复杂。读者不妨自行尝试。

例 4 求椭圆 $x = a\cos t$，$y = b\sin t$ 的面积，如图 5-16 所示。其中 $a > 0$，$b > 0$。

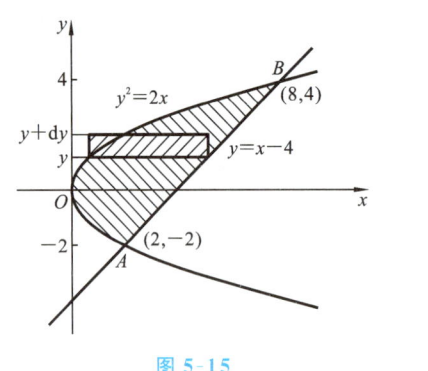

图 5-15

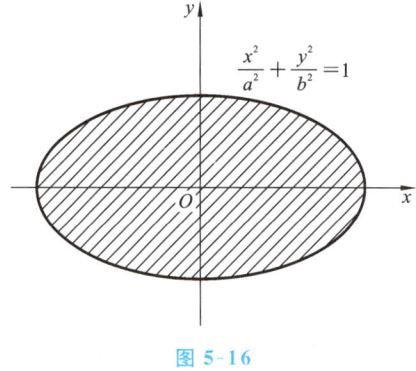

图 5-16

解 因为图形关于坐标轴对称，所以椭圆面积是它在第一象限部分的面积的 4 倍，即 $A = 4\int_0^a y\,\mathrm{d}x$。

把 $x = a\cos t$，$y = b\sin t$ 代入上述积分式中，由定积分的换元法得

$$A = 4\int_0^a y\,\mathrm{d}x = 4\int_{\frac{\pi}{2}}^{0} b\sin t(-a\sin t)\,\mathrm{d}t = 4ab\int_0^{\frac{\pi}{2}} \sin^2 t\,\mathrm{d}t$$

$$= 4ab\int_0^{\frac{\pi}{2}} \frac{1}{2}(1 - \cos 2t)\,\mathrm{d}t = 4ab \times \frac{1}{2} \times \left[t - \frac{1}{2}\sin 2t\right]_0^{\frac{\pi}{2}}$$

$$= 2ab \cdot \frac{\pi}{2} = \pi ab.$$

一般地，当曲边梯形的曲边 $y = f(x)$（$f(x) \geqslant 0$，$x \in [a, b]$）由参数方程 $\begin{cases} x = \varphi(t), \\ y = \psi(t) \end{cases}$ 给出时，如果 $x = \varphi(t)$ 满足 $\varphi(\alpha) = a$，$\varphi(\beta) = b$，$\varphi(t)$ 在 $[\alpha, \beta]$（或 $[\beta, \alpha]$）上具有连续导数，$y = \psi(t)$ 连续，则由曲边梯形的面积公式及定积分的换元法可知，曲边梯形的面积为

$$A = \int_a^b f(x)\,\mathrm{d}x = \int_\alpha^\beta \psi(t)\varphi'(t)\,\mathrm{d}t.$$

2. 极坐标情形

由极坐标系下的方程给出的曲线 $\rho = \rho(\theta)$ 与两条射线 $\theta = \alpha$，$\theta = \beta$ 所围图形（见图 5-17）称为曲边扇形。下面讨论它的面积 A 的求法。

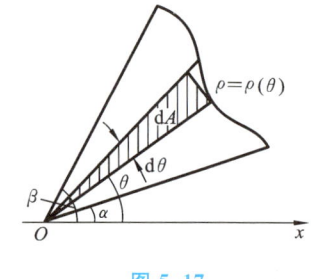

图 5-17

这里用从原点出发的射线把曲边扇形分割成小曲边扇形,即取辐角 θ 为积分变量,积分区间为 $[\alpha,\beta]$,对应小区间 $[\theta,\theta+\mathrm{d}\theta]$ 的小曲边扇形面积用以 $\rho(\theta)$ 为半径、以 $\mathrm{d}\theta$ 为圆心角的扇形面积 $\dfrac{1}{2}[\rho(\theta)]^2\mathrm{d}\theta$ 作为近似值,即得面积微元为

$$\mathrm{d}A = \frac{1}{2}\big[\rho(\theta)\big]^2\mathrm{d}\theta,$$

于是

$$A = \int_\alpha^\beta \frac{1}{2}\big[\rho(\theta)\big]^2\mathrm{d}\theta.$$

例 5 求心形线 $r=a(1+\cos\theta)$(见图 5-18)所围成的面积 $(a>0)$.

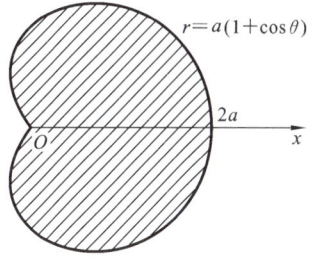

图 5-18

解 由上述公式,再利用图形的对称性,得

$$A = 2\int_0^\pi \frac{1}{2}\big[a(1+\cos\theta)\big]^2\mathrm{d}\theta = a^2\int_0^\pi (1+2\cos\theta+\cos^2\theta)\mathrm{d}\theta$$

$$= a^2\int_0^\pi \Big(\frac{3}{2}+2\cos\theta+\frac{1}{2}\cos2\theta\Big)\mathrm{d}\theta$$

$$= a^2\Big[\frac{3}{2}\theta+2\sin\theta+\frac{1}{4}\sin2\theta\Big]_0^\pi = \frac{3}{2}\pi a^2.$$

三、求体积

1. 求旋转体的体积

一平面图形绕平面内的一条直线旋转所成的立体称为旋转体,该直线称为旋转轴. 常见的旋转体有圆柱体、圆锥体、圆台体和球体等. 怎样求旋转体的体积呢?

设一旋转体是由连续曲线 $y=f(x)$ 与直线 $x=a,x=b$ 及 x 轴围成的曲边梯形,绕 x 轴旋转一周而成的旋转体(见图 5-19),现在用微元法讨论它的体积 V 的计算方法.

选择 x 为积分变量,积分区间为 $[a,b]$. 考虑小区间 $[x,x+\mathrm{d}x]$ 上小旋转体的体积 ΔV,用底面半径为 $f(x)$、高为 $\mathrm{d}x$ 的圆柱体体积 $\pi[f(x)]^2\mathrm{d}x$ 作为近似,即得体积微元为 $\mathrm{d}V=\pi[f(x)]^2\mathrm{d}x$. 于是,旋转体的体积 $V=\displaystyle\int_a^b\pi[f(x)]^2\mathrm{d}x$.

类似地,可求得由曲线 $x=\varphi(y)$ 与直线 $y=c,y=d$ 及 y 轴所围成的曲边梯形绕 y 轴旋转一周而成的旋转体的体积(见图 5-20)为

$$V = \int_c^d \pi[\varphi(y)]^2\mathrm{d}y. \tag{5-12}$$

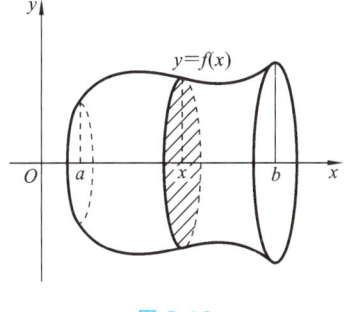

图 5-19

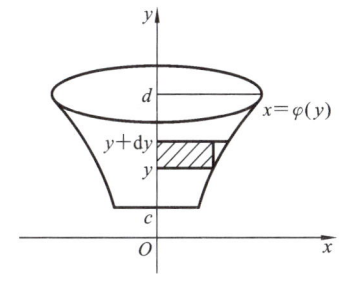

图 5-20

例 6 设平面图形由曲线 $y=2\sqrt{x}$ 与直线 $x=1$ 及 $y=0$ 围成,试求:

(1) 绕 x 轴旋转而成的旋转体的体积;

(2) 绕 y 轴旋转而成的旋转体的体积.

解 (1) 取 x 为积分变量,积分区间为 $[0,1]$,对应于小区间 $[x,x+\mathrm{d}x]$ 的小旋转体的体积为 ΔV,用小矩形(见图 5-21(a)中阴影部分)绕 x 轴旋转而成的小圆柱体(见图 5-21(b))的体积作为近似,即得体积微元为

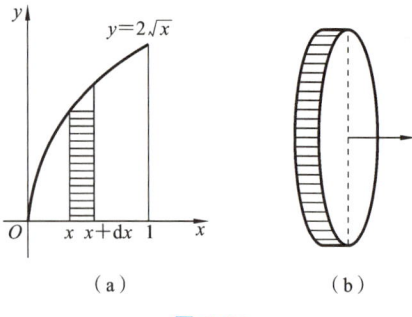

(a)　(b)

图 5-21

$$\mathrm{d}V=\pi(2\sqrt{x})^2\mathrm{d}x.$$

于是,绕 x 轴旋转而成的旋转体体积为

$$V_x=\int_0^1\pi(2\sqrt{x})^2\mathrm{d}x=4\pi\int_0^1 x\mathrm{d}x=4\pi\left[\frac{1}{2}x^2\right]_0^1=2\pi.$$

(2) 取 y 为积分变量,积分区间为 $[0,2]$,对应于小区间 $[y,y+\mathrm{d}y]$ 的小旋转体的体积为 ΔV,用小矩形(见图 5-22(a)中的阴影部分)绕 y 轴旋转所得的空心圆柱体(见图 5-22(b))的体积作为近似,而空心圆柱体的体积等于高为 $\mathrm{d}y$、半径为 1 的圆柱体的体积减去半径为 $\frac{1}{4}y^2$ 的圆柱体的体积,即得体积微元为

$$\mathrm{d}V=\pi\cdot 1^2\cdot\mathrm{d}y-\pi\left(\frac{1}{4}y^2\right)^2\mathrm{d}y=\pi\left(1-\frac{1}{16}y^4\right)\mathrm{d}y,$$

于是,绕 y 轴旋转而成的旋转体的体积为

$$V_y=\int_0^2\pi\left(1-\frac{1}{16}y^4\right)\mathrm{d}y=\pi\left[y-\frac{1}{80}y^5\right]_0^2=\frac{8}{5}\pi.$$

2. 平行截面面积为已知的立体的体积

对于一般的空间立体,如果它与某一轴线(如 x 轴)相垂直的平面的截面面积 $A(x)$($a\leqslant x\leqslant b$)是一已知的连续函数(见图 5-23),那么根据微元法,可取体积微元为 $\mathrm{d}V=A(x)\mathrm{d}x$,于是空间立体的体积为

$$V=\int_a^b A(x)\mathrm{d}x. \tag{5-13}$$

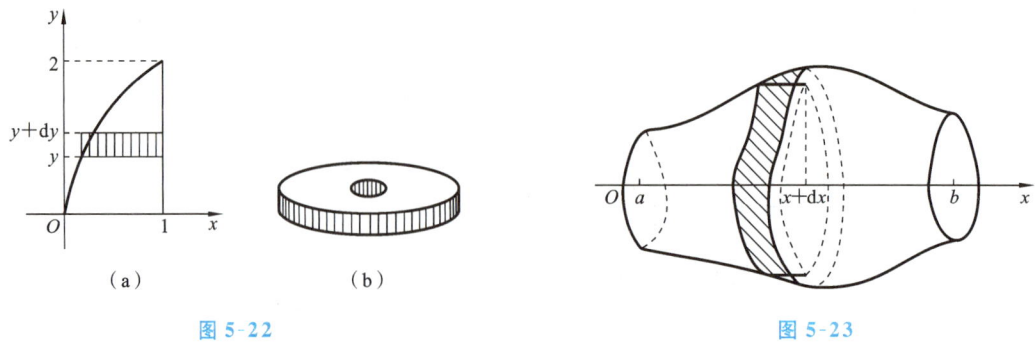

(a)　(b)

图 5-22　　　　　**图 5-23**

例 7 一平面过半径为 R 的圆柱体的底圆中心,且与底面的夹角为 α,截得一楔形体(见

图 5-24).求这楔形体的体积.

解 取坐标系如图 5-24 所示,于是底圆的方程为 $x^2 + y^2 = R^2$,任取 $x \in [-R, R]$,用过点 $(x, 0)$ 且垂直于 x 轴的平面截得的截面是一个直角三角形,它的一条直角边的长度为 y,另一条直角边的长度为 $y\tan\alpha$,因此截面的面积为

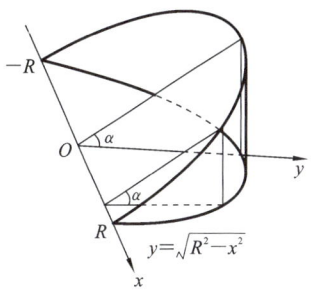

$$A(x) = \frac{1}{2}y \cdot y\tan\alpha = \frac{1}{2}(R^2 - x^2)\tan\alpha.$$

于是由式(5-13)得

$$V = \int_{-R}^{R} A(x)\mathrm{d}x = \frac{1}{2}\tan\alpha \int_{-R}^{R} (R^2 - x^2)\mathrm{d}x$$

$$= \frac{2}{3}R^3\tan\alpha.$$

图 5-24

四、积分的其他应用

1. 变力沿直线所做的功

例 8 已知 1 N 的力能使某弹簧拉长 1 cm,求使弹簧拉长 5 cm 拉力所做的功.

解 取弹簧的平衡点作为原点建立坐标系,如图 5-25 所示.由胡克定律可知,在弹性限度内拉长弹簧所需的拉力 F 与拉长长度 x 成正比,即 $F = kx$,其中 k 为弹性系数.已知拉长 $x = 1 \text{ cm} = 0.01 \text{ m}$ 需拉力 $F = 1 \text{ N}$,于是 $k = 100 \text{ N/m}$,即 $F = 100x$.

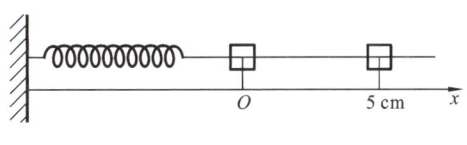

图 5-25

在区间 $[0, 0.05]$ 中任一小区间 $[x, x+\mathrm{d}x]$ 上拉力所做的功的微元为

$$\mathrm{d}W = F\mathrm{d}x = 100x\mathrm{d}x,$$

于是拉力使弹簧拉长 5 cm $= 0.05$ m 所做的功为

$$W = \int_{0}^{0.05} 100x\mathrm{d}x = \left[50x^2\right]_{0}^{0.05} = 0.125 \text{ J}.$$

例 9 修建一座大桥的桥墩时先要下围囹,并且抽尽其中的水以便施工.已知围囹的直径为 20 m,水深 27 m,围囹高出水面 3 m,求抽尽水所做的功.

解 按图 5-26 建立直角坐标系.

(1)取积分变量为 x,积分区间为 $[3, 30]$.

(2)在区间 $[3, 30]$ 上任取一小区间 $[x, x+\mathrm{d}x]$,与它对应的一薄层(圆柱)水的重量为 $9.8\rho(\pi 10^2 \mathrm{d}x)$ N.其中水的密度 $\rho = 10^3 \text{ kg/m}^3$.

将这一薄层水抽出围囹所做的功近似于克服这一薄层水的重力所做的功,即功的微元为 $\mathrm{d}W = 9.8 \times 10^5 \pi x \mathrm{d}x$.

(3)写出定积分表达式,得所求功为

$$W = \int_{3}^{30} 9.8 \times 10^5 \pi x \mathrm{d}x = 9.8 \times 10^5 \pi \left[\frac{x^2}{2}\right]_{3}^{30} \approx 1.37 \times 10^9 \text{ J}.$$

例 10 设有一直径为 8 m 的半球形水池盛满水,若将池中的水抽干,问至少需做多少功?

解 建立直角坐标系,如图 5-27 所示,池壁与 xOy 平面的交线为半圆周 $x^2+y^2=16(x \geqslant 0)$.

取 x 为积分变量,$x \in [0,4]$. 与小区间 $[x,x+dx]$ 对应的是厚度为 dx 的一层水,这层水的体积 $dV \approx \pi y^2 dx = \pi(16-x^2)dx(m^3)$,其所受重力 $dP \approx \rho g dV = \pi g(16-x^2)dx(kN)$,其中水的密度 $\rho = 10^3$ kg/m^3,重力加速度 $g = 9.8$ m/s^2,把这层水抽出,至少需提升 x(单位:m)距离,故至少需做的功为

$$\Delta W \approx dW = \pi \rho g(16-x^2)x dx.$$

因此,把水抽干需做的功至少为

$$W = \int_0^4 \pi \rho g(16-x^2)x dx = \int_0^4 \pi \rho g(16x-x^3)dx$$

$$= \pi \rho g \left[8x^2 - \frac{x^4}{4} \right]_0^4 = 64\pi \rho g \approx 1969.4 \text{ kJ}.$$

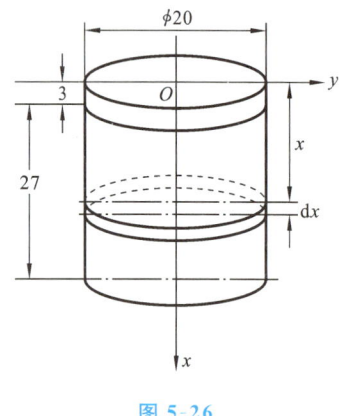

图 5-26

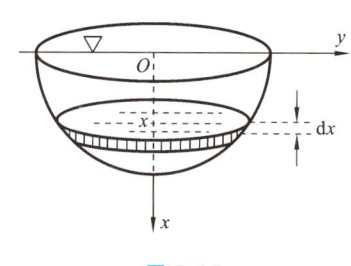

图 5-27

2. 求水压力

例 11 设有一等腰三角形闸门,垂直置于水中,底边与水面相齐,已知闸门底边长为 a(单位:m),高为 h(单位:m),试求闸门的一侧所受的水压力(水的密度 $\rho = 1$ t/m^3).

解 建立坐标系(见图 5-28),三角形的一条等腰边的方程为

$$y = \frac{a}{2}\left(1 - \frac{x}{h}\right).$$

因为压强与水深成正比,同一深度的压强是相同的,于是将闸门水平分割成小横条,即取变量 x 为积分变量,$x \in [0,h]$. 对应小区间为 $[x,x+dx]$,闸门上有高为 dx 的小条,其面积 $\Delta A \approx dA = 2y dx = a\left(1 - \frac{x}{h}\right)dx(m^2)$,其上的压强近似等于 $gx(kN/m^2)$,g 为重力加速度,故其上所受的

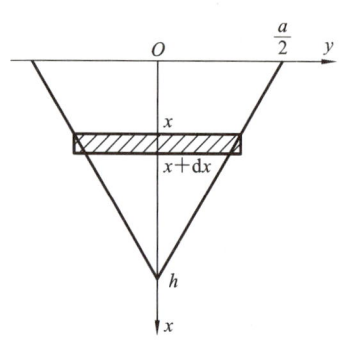

图 5-28

水压力为

$$\Delta F \approx \mathrm{d}F = agx\left(1 - \frac{x}{h}\right)\mathrm{d}x.$$

于是整个闸门所受的水压力为

$$F = \int_0^h agx\left(1 - \frac{x}{h}\right)\mathrm{d}x = ag\left[\frac{1}{2}x^2 - \frac{1}{3h}x^3\right]_0^h = \frac{g}{6}ah^2.$$

3. 求平均值

我们知道 n 个数 $y_1, y_2, \cdots, y_n$ 的算术平均值为

$$\bar{y} = \frac{y_1 + y_2 + \cdots + y_n}{n} = \frac{1}{n}\sum_{i=1}^n y_i.$$

那么如何求连续函数 $y = f(x)$ 在 $[a,b]$ 上的平均值呢？

解决问题的思路：将 $[a,b]$ 分成 n 等份，当 n 很大时，每个子区间 $[x_i, x_i + \Delta x]$ $(i = 1,$ $2, \cdots, n)$ 的长度 $\Delta x = \dfrac{b-a}{n}$ 就很小. 由于函数 $f(x)$ 在 $[a,b]$ 上连续，它在子区间 $[x_i, x_i + \Delta x]$ 上的函数值差别就很小，因此可以取 $f(x_i)$ 作为函数在该子区间上平均值的近似值. 于是，函数在 $[a,b]$ 上的平均值近似为

$$\bar{y} \approx \frac{f(x_1) + f(x_2) + \cdots + f(x_n)}{n} = \frac{1}{b-a}\sum_{i=1}^n f(x_i)\Delta x.$$

n 越大，近似值的精度越高. 当 $n \rightarrow +\infty$ 时，函数的平均值为

$$\bar{y} = \lim_{n\to\infty}\frac{1}{n}\sum_{i=1}^n f(x_i) = \lim_{\Delta x\to 0}\frac{1}{b-a}\sum_{i=1}^n f(x_i)\Delta x = \frac{1}{b-a}\int_a^b f(x)\mathrm{d}x.$$

例 12　求从 $0 \sim t$ s 这段时间内自由落体的平均速度.

解　因为自由落体的速度 $v = gt$，所以

$$\bar{v} = \frac{1}{t-0}\int_0^t gt\,\mathrm{d}t = \frac{1}{2}gt.$$

例 13　求 $y = \ln x$ 在 $[1,2]$ 上的平均值.

解　平均值

$$\bar{y} = \frac{1}{2-1}\int_1^2 \ln x\,\mathrm{d}x = 2\ln 2 - 1.$$

4. 定积分在经济上的应用

在第 3 章中已经介绍了经济学中常见的几种函数，如成本函数 $C(x)$、收益函数 $R(x)$、利润函数 $L(x)$、需求函数 $Q = f(P)$；又介绍了它们的导数，分别为边际成本函数 $C'(x)$、边际收益函数 $R'(x)$、边际利润函数 $L'(x)$、边际需求函数 $Q' = f'(P)$. 其中 x 表示产量、销售量、需求量，P 为价格. 由某一经济函数求它的边际函数是求导运算，在实际问题中也有相反的要求，即已知边际函数，需考虑对应的经济函数，这是积分运算. 下面通过具体例子说明定积分在经济中的应用.

例 14　每天生产某产品 x 单位时，固定成本为 20 元，边际成本函数为 $C'(x) = 0.4x + 2$（元/单位）.

（1）求成本函数 $C(x)$；

（2）如果这种产品销售价为 18 元/单位，且产品可以全部售出，求利润函数 $L(x)$；

（3）每天生产多少单位产品时，才能获得最大利润？

解 （1）边际成本的某个原函数 $C_1(x)$ 为可变成本，它满足 $C_1(0)=0$，故

$$C_1(x) = \int (0.4x + 2) \mathrm{d}x = 0.2x^2 + 2x + C.$$

由 $C_1(0)=0$，得 $C=0$，所以

$$C_1(x) = 0.2x^2 + 2x.$$

成本函数是可变成本 $C_1(x)$ 与固定成本 C_0 之和，于是

$$C(x) = C_1(x) + C_0 = 0.2x^2 + 2x + 20.$$

（2）利润函数是收益函数与成本函数之差，于是

$$L(x) = R(x) - C(x) = 18x - (0.2x^2 + 2x + 20)$$
$$= 16x - 0.2x^2 - 20.$$

（3）$L'(x) = 16 - 0.4x$．令 $L'(x) = 0$，得 $x=40$，即当天生产 40 单位产品时，利润最大，最大利润为

$$L(40) = (16 \times 40 - 0.2 \times 40^2 - 20) \text{ 元} = 300 \text{ 元}.$$

例 15 已知生产某产品 x 单位时，总收益的变化率（即边际收益）为 $R'(x) = 200 - \dfrac{x}{100}$ $(x \geqslant 0)$．

（1）求生产该产品 50 单位时的总收益；

（2）如果已经生产了 100 单位，求再生产 100 单位时总收益的增加量．

解 （1）总收益函数 $R(x)$ 为

$$R(x) = \int_0^x R'(t) \mathrm{d}t = \int_0^x \left(200 - \frac{t}{100}\right) \mathrm{d}t.$$

当 $x=50$ 时，

$$R(50) = \int_0^{50} \left(200 - \frac{t}{100}\right) \mathrm{d}t = \left[200t - \frac{t^2}{200}\right]_0^{50}$$
$$= \left(200 \times 50 - \frac{2500}{200}\right) \text{元} = 9987.5 \text{ 元}.$$

（2）已经生产了 100 单位，再生产 100 单位所增加的收益为

$$R = R(200) - R(100) = \int_0^{200} \left(200 - \frac{t}{100}\right) \mathrm{d}t - \int_0^{100} \left(200 - \frac{t}{100}\right) \mathrm{d}t$$
$$= \int_{100}^{200} \left(200 - \frac{t}{100}\right) \mathrm{d}t = \left[200t - \frac{t^2}{200}\right]_{100}^{200}$$
$$= 19850 \text{ 元}.$$

习题 5-5

1. 求由下列各组函数所围成的平面图形的面积．

（1）$xy = 1, y = x, x = 2$；

（2）$y = \mathrm{e}^x, y = \mathrm{e}^{-x}, x = 1$；

(3) $x=y^2$, $y=x^2$;

(4) $y=x^2$, $x+y=2$.

2. 求抛物线 $y=-x^2+4x-3$ 及其在点 $(0,-3)$ 和 $(3,0)$ 处的切线所围成的平面图形的面积.

3. 平面图形由 $y=\sin x(0{\leqslant}x{\leqslant}\pi)$ 和 $y=0$ 围成,试求:

(1) 该图形绕 x 轴旋转所成的旋转体的体积;

(2) 该图形绕 y 轴旋转所成的旋转体的体积.

4. 平面图形由 $y=2x-x^2$ 和 $y=0$ 围成,试求该图形分别绕 x 轴和 y 轴旋转所得的旋转体的体积.

5. 一物体的底面是半径为 R 的圆,用垂直于底圆某一直径的平面截该物体,所得截面都是正方形,求该物体的体积.

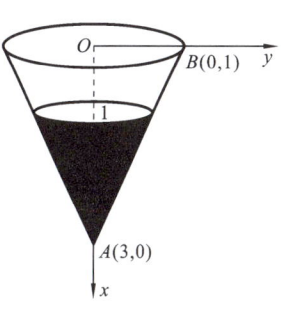

图 5-29

6. 一圆锥形容器放置如图 5-29 所示,上底半径为 1 m,高 3 m,锥中水深 2 m,如果将水全部抽出,则需做功多少?

7. 一块底为 4 m、高为 3 m 的等腰三角形平板铅直地置于水中,底边在上,平行于水面,位于水面下 1 m,求该平板的一侧受到的水压力.

8. 某下水管道的横截面是直径为 3 m 的圆,下水管道水平铺设,下水管道内的水深 1.5 m,求与下水管道垂直的闸门所受的压力.

9. 由胡克定律知道,弹簧的伸长与拉力成正比.已知把弹簧拉长 1 cm 的拉力为 1 N,求把弹簧拉长 10 cm 所做的功.

10. 某厂每批生产某产品 x 单位时,边际成本为 5 元/单位,边际收益为 $10-0.02x$(元/单位),生产 10 单位产品的总成本为 250 元.问:每批生产多少单位产品时利润最大?并求出最大利润.

11. 某产品的边际收益函数和边际成本函数分别为 $R'(x)=18$(万元/吨)和 $C'(x)=3x^2-18x+33$(万元/吨),其中 x 为产量(单位为吨),$0{\leqslant}x{\leqslant}10$,且固定成本为 10 万元.问:当产量 x 为多少吨时,利润最大?并求出最大利润.

12. 计算函数 $y=2xe^{-x}$ 在 $[0,2]$ 上的平均值.

数 学 实 验

定积分例 1

定积分例 2

积分符号的由来

积分的本质是无穷小的和.在拉丁文中,"Summa"表示"和"的意思,而将"Summa"的第一个字母"S"拉长,就形成了现在的积分符号"$\int$".这个符号的发明者是德国数学家莱布尼茨(Leibniz).

莱布尼茨学识渊博,在数学史上被誉为最伟大的符号学家,享有"符号大师"的美誉.他曾说:"要发明,就要挑选恰当的符号.要做到这一点,就要用含义简明的少量符号来表达和比较忠实地描绘事物的内在本质,从而最大限度地减少人的思维劳动."莱布尼茨创设了积分符号、微分符号,以及商"a/b"、比"$a:b$"、相似"$\sim$"、全等"$\cong$"、并集"$\bigcup$"、交集"$\bigcap$"等符号.

牛顿和莱布尼茨在微积分方面都作出了巨大贡献,但他们在研究方法和途径上存在一定的差异.牛顿基于力学研究微积分,采用几何方法;莱布尼茨在研究曲线的切线和面积问题时采用分析学方法,并引入微积分的概念.在微积分内容的研究顺序上,牛顿先有导数概念,后有积分概念;莱布尼茨先有求积概念,后有导数概念.在微积分的应用方面,牛顿充分结合了运动学,造诣较深;莱布尼茨追求简洁与准确.

此外,牛顿和莱布尼茨的学风也截然不同.牛顿作为科学家,治学严谨.他迟迟没有发表微积分著作《流数术》的主要原因是他没有找到科学、合理的逻辑基础,同时可能也担心遭到反对.与此相反,莱布尼茨作为哲学家,富于想象,比较大胆,勇于推广.在创作年代上,牛顿比莱布尼茨领先10年,但在发表时间上,莱布尼茨却领先牛顿3年.

尽管牛顿和莱布尼茨采用的方法不同,但他们殊途同归,各自完成了创建微积分的伟大事业.

复习题 5

1. 计算下列定积分.

(1) $\int_1^e \dfrac{\mathrm{d}x}{x(2x+1)}$;

(2) $\int_0^1 \dfrac{4}{4-\mathrm{e}^x}\mathrm{d}x$;

(3) $\int_0^{\frac{\pi}{2}} \dfrac{\sin x\cos x}{1+\cos^2 x}\mathrm{d}x$;

(4) $\int_0^{\ln 2} x\mathrm{e}^{-2x}\mathrm{d}x$;

(5) $\int_0^4 \dfrac{1}{1+\sqrt{x}}\mathrm{d}x$;

(6) $\int_0^{\frac{\pi}{4}} \dfrac{\sin x}{1+\cos x+\cos 2x}\mathrm{d}x$;

(7) $\int_0^1 \dfrac{1}{x^2+x+1}\mathrm{d}x$;

(8) $\int_0^{\frac{3}{4}} \dfrac{x+1}{\sqrt{x^2+1}}\mathrm{d}x$;

(9) $\int_{-2}^{-\sqrt{2}} \dfrac{\mathrm{d}x}{x\sqrt{x^2-1}}$;

(10) $\int_0^{\pi} (x\sin x)^2\mathrm{d}x$;

(11) $\int_0^{\frac{\pi}{2}} |\sin x - \cos x| \, dx$;　　　　(12) $\int_0^2 \sqrt{x^2 - 4x + 4} \, dx$.

2. 证明 $\int_0^1 x^m (1-x)^n \, dx = \int_0^1 x^n (1-x)^m \, dx \, (m,n \in \mathbf{N})$.

3. 求由曲线 $y = x^3$ 与 $y = \sqrt{x}$ 围成的平面图形的面积.

4. 求由抛物线 $y = 1 - x^2$ 及其在点 $(1,0)$ 处的切线和 y 轴围成的图形的面积.

5. 求由曲线 $x = \sqrt{2-y}$,直线 $y = x$ 及 y 轴围成的平面图形绕 x 轴旋转一周所得的旋转体的体积.

6. 设平面图形 D 由抛物线 $y = 1 - x^2$ 和 x 轴围成.试求:

(1) D 绕 x 轴旋转一周所得旋转体的体积;

(2) D 绕 y 轴旋转一周所得旋转体的体积.

7. 下列广义积分是否收敛? 如果收敛,则在收敛时求出它的值.

(1) $\int_0^{+\infty} \dfrac{\arctan x}{(1+x^2)^{\frac{3}{2}}} \, dx$;　　　　(2) $\int_{-2}^{2} \dfrac{4x}{x^2 - 4} \, dx$;

(3) $\int_3^4 \dfrac{dx}{\sqrt{6x - x^2 - 8}}$;　　　　(4) $\int_0^{+\infty} x \cos x \, dx$.

自测题 5

第 5 章参考答案

1. 选择题.

(1) 若 $\int_0^1 (2x - k) \, dx = 0$,则 $k = ($　　$)$.

A. 0　　　　　　B. -1　　　　　　C. 1　　　　　　D. 不存在

(2) 若 $\int_0^1 x(a - x) \, dx = 1$,则常数 $a = ($　　$)$.

A. $\dfrac{8}{3}$　　　　　　B. $\dfrac{1}{3}$　　　　　　C. $\dfrac{4}{3}$　　　　　　D. $\dfrac{2}{3}$

(3) 若函数 $f(x) = x^3 + x$,则 $\int_{-2}^{2} -f(x) \, dx = ($　　$)$.

A. 8　　　　B. $\int_0^2 f(x) \, dx$　　　　C. 0　　　　D. $2\int_0^2 f(x) \, dx$

(4) $\int_{-\frac{\pi}{2}}^{\frac{\pi}{2}} |\sin x| \, dx = ($　　$)$.

A. 0　　　　　　B. π　　　　　　C. $\dfrac{\pi}{2}$　　　　　　D. 2

(5) $\lim\limits_{x \to 0} \dfrac{\int_0^x \sin t^2 \, dt}{x^3} = ($　　$)$.

A. 1　　　　　　B. 0　　　　　　C. $\dfrac{1}{2}$　　　　　　D. $\dfrac{1}{3}$

(6) 由曲线 $y = e^x$ 与直线 $x = 0, x = 2$ 及 x 轴围成的平面图形的面积为($　　$).

A. $e^2 - 1$　　　　B. $e^2 + 1$　　　　C. e^2　　　　D. 1

(7) 由曲线 $y=\sqrt{x}$ 与直线 $x=1,x=3$ 围成的平面图形绕 x 轴旋转而成的旋转体的体积为( ).

A. 2π B. 4 C. 4π D. 5π

(8) 下列反常积分收敛的是( ).

A. $\int_2^{+\infty}\sqrt{x}\,dx$ B. $\int_2^{+\infty}\dfrac{1}{\sqrt{x}}\,dx$ C. $\int_2^{+\infty}\dfrac{1}{x}\,dx$ D. $\int_2^{+\infty}\dfrac{1}{x^3}\,dx$

(9) 下列积分结果正确的是( ).

A. $\int_2^{+\infty}\dfrac{1}{x^5}\,dx=\dfrac{1}{16}$ B. $\int_2^{+\infty}\dfrac{1}{x^5}\,dx=\dfrac{1}{64}$

C. $\int_2^{+\infty}\dfrac{1}{\sqrt[3]{x}}\,dx=1$ D. $\int_2^{+\infty}\dfrac{1}{\sqrt[3]{x}}\,dx=\dfrac{3}{2}$

(10) 已知 $F'(x)=f(x)$,则 $\int_a^x f(t+a)\,dt=$ ( ).

A. $F(x)-F(a)$ B. $F(t)-F(a)$

C. $F(x+a)-F(2a)$ D. $F(t+a)-F(2a)$

2. 填空题.

(1) $\int_0^1 x^3\,dx$ _____ $\int_0^1 x^4\,dx$.(填写"$=$"或"$\geqslant$"或"$\leqslant$")

(2) $\dfrac{d}{dx}\int_0^1 \cos x^2\,dx=$ _____.

(3) $\dfrac{d}{dx}\int_{x^3}^b \ln(3+t)\,dt=$ _____.

(4) $\int_{-\pi}^{\pi} x\sin^2 x\,dx=$ _____.

(5) 当 $a\geqslant 0$ 时,$\int_0^a \sqrt{a^2-x^2}\,dx=$ _____.

(6) $\int_0^2 (x^3+\sqrt{x})\,dx=$ _____.

(7) 若 $f(x)$ 在 $[a,b]$ 上连续,且 $\int_a^b f(x)\,dx=0$,则 $\int_a^b [f(x)+1]\,dx=$ _____.

(8) 若函数 $f(x)$ 在 $[a,b]$ 上连续,$F(x)$ 是 $f(x)$ 的 _____,则 $\int_a^b f(x)\,dx=F(b)-F(a)$.

(9) 由曲线 $y=\dfrac{1}{x},y=x,x=3$ 所围成的平面图形的面积为 A,则 $A=$ _____.

(10) 由曲线 $y=x^2$ 和直线 $x=1,x=2,y=-1$ 所围成的图形绕直线 $y=-1$ 旋转所得旋转体的体积的定积分表达式是_____.

3. 计算题.

(1) 计算 $\int_0^1 (2x-1)^7\,dx$.

(2) 计算 $\int_1^e \dfrac{dx}{x(2x+1)}$.

(3) 设 $f(x) = \begin{cases} x+1, & x \geqslant 0 \\ e^{-x}, & x < 0 \end{cases}$，求 $\int_{-1}^{2} f(x) dx$.

(4) 计算 $\int_{0}^{\pi} \cos^8 \frac{x}{2} dx$.

(5) 计算 $\int_{0}^{3} e^{\sqrt{3x}} dx$.

(6) 计算 $\int_{0}^{1} \frac{2x-1}{1+x^2} dx$.

(7) 计算 $\int_{0}^{1} x\sqrt{1+x} dx$.

(8) 计算 $\int_{0}^{\frac{\pi}{4}} \frac{x}{\cos^2 x} dx$.

(9) 计算 $\int_{0}^{27} \frac{1}{1+\sqrt[3]{x}} dx$.

(10) 已知 $f(x) = \begin{cases} \tan^2 x - 1, & 0 \leqslant x \leqslant \frac{\pi}{4}, \\ \sin x \cos^3 x, & \frac{\pi}{4} < x \leqslant \frac{\pi}{2}, \end{cases}$ 求 $\int_{0}^{\frac{\pi}{2}} f(x) dx$.

4. 综合题.

(1) 求 $\int_{a}^{2a} x \ln(x+a) dx$.

(2) 求 $\int_{0}^{\pi} \sqrt{\sin^3 x - \sin^5 x} dx$.

(3) 设 $f(x)$ 在 $0 \leqslant x \leqslant +\infty$ 上连续，若 $\int_{0}^{f(x)} t^2 dt = x^2(1+x)$，求 $f(2)$.

(4) 设 $f(x)$ 在 $[a, b]$ 上有连续的导数，且 $f(a) = f(b) = 0$，又 $\int_{a}^{b} f^2(x) dx = 1$，求 $\int_{a}^{b} xf(x)f'(x) dx$.

(5) 当 a 为何值时，抛物线 $y=x^2$ 与直线 $x=a, x=a+1, y=0$ 围成的图形的面积最小?

(6) 一个弹簧压缩 x (cm) 产生 $4x$ 的力，求将它从自然长度压缩 5 cm 需做多少功?

(7) 平面图形由 $x=y^2$ 和 $y=x^2$ 围成，求:

① 所围成的平面图形的面积；

② 所围成的平面图形绕 x 轴旋转所得旋转体的体积.

(8) 设平面图形 D 由抛物线 $y=1-x^2$ 和 x 轴围成. 试求:

① D 的面积；

② D 绕 x 轴旋转所得旋转体的体积；

③ D 绕 y 轴旋转所得旋转体的体积.

(9) 已知 $f(x) = \tan^2 x$，求 $\int_{0}^{\frac{\pi}{4}} f'(x)f''(x) dx$.

(10) 设 $f(x)$ 可导，且 $f(0)=0, f'(0)=2$，求 $\lim\limits_{x \to 0} \frac{\int_{0}^{x} f(t) dt}{x^2}$.

第6章　微分方程

寻求变量之间的函数关系是解决实际问题时常见的重要课题. 但是, 人们往往并不能直接由所给的条件找到函数关系, 却比较容易列出表示未知函数及其导数与自变量之间关系的等式, 然后再从中解得待求的函数关系. 这样的等式称为微分方程. 本章将讨论几种特殊类型的微分方程及其解法.

6.1　微分方程的基本概念

定义 1　含有未知函数的导数(或微分)的方程称为微分方程. 有时简称方程. 未知函数是一元函数的微分方程称为常微分方程, 未知函数是多元函数的微分方程称为偏微分方程. 本章只介绍常微分方程, 并简称为微分方程. 例如:

(1) $\dfrac{\mathrm{d}x}{\mathrm{d}t}=2t$;

(2) $(y-2xy)\mathrm{d}x+x^2\mathrm{d}y=0$;

(3) $mv'(t)=mg-k\cdot v(t)$;

(4) $y''=\dfrac{1}{a}\sqrt{1+y'^2}$ (a 为常数);

(5) $\dfrac{\mathrm{d}^2\theta}{\mathrm{d}t^2}+\dfrac{g}{l}\sin\theta=0$ (g, l 为常数).

在微分方程里, 未知函数的最高阶导数的阶数称为微分方程的阶. 如(1)(2)(3)都是一阶的, (4)(5)都是二阶的.

通常 n 阶微分方程的一般形式为

$$F(x,y,y',y'',\cdots,y^{(n)})=0 \quad 或 \quad y^{(n)}=f(x,y,y',y'',\cdots,y^{(n-1)}).$$

其中: x 是自变量; y 是未知函数; F、f 都是已知函数, 并且一定含有 $y^{(n)}$. 本章我们主要介绍几种特殊类型的一阶与二阶微分方程.

定义 2　使微分方程成为恒等式的函数称为该微分方程的解. 例如 $x=t^2$, $x=t^2+C$(C 为任意常数)都是(1)的解.

定义3　设函数 $y_1(x), y_2(x)$ 是定义在区间 (a,b) 内的函数,若存在两个不全为零的数 k_1, k_2 使得对于 (a,b) 内的任意 x 恒有

$$k_1 y_1 + k_2 y_2 = 0$$

成立,则称函数 $y_1(x), y_2(x)$ 在 (a,b) 内线性相关,否则称线性无关.

可见 $y_1(x), y_2(x)$ 线性相关的充分必要条件是 $\dfrac{y_1}{y_2}$ 在 (a,b) 内恒为常数.若 $\dfrac{y_1}{y_2}$ 不恒为常数,则 $y_1(x), y_2(x)$ 线性无关.例如 e^x 与 $2e^x$ 线性相关,e^x 与 e^{-x} 线性无关.

当 $y_1(x), y_2(x)$ 线性无关时,函数 $y = C_1 y_1(x) + C_2 y_2(x)$ 中含有两个相互独立的常数.

若 n 阶微分方程的解中含有 n 个相互独立的任意常数,这样的解称为微分方程的通解.例如 $x = t^2 + C(C$ 为任意常数)是(1)的通解.但有时为了完全确定地反映某一客观事物的规律性,必须确定这些常数的值.因此,我们把确定这些常数的附加条件称为微分方程的初始条件.

不含任意常数的确定解称为微分方程的特解.例如 $x = t^2$ 是(1)的特解.

微分方程的解(通解或特解)可以用显函数 $y = f(x)$ 或隐函数 $F(x,y) = 0$ 的方式表示.

一个微分方程与其初始条件构成的问题称为初值问题.求解某初值问题就是求方程的特解.通常,一阶微分方程的初始条件的一般形式是当 $x = x_0$ 时,$y = y_0$,记为 $y(x_0) = y_0$,或写成 $y|_{x=x_0} = y_0$.

二阶微分方程的初始条件的一般形式是当 $x = x_0$ 时,$y = y_0, y' = y_0'$,记为 $y(x_0) = y_0$,$y'(x_0) = y_0'$ 或写成 $y|_{x=x_0} = y_0, y'|_{x=x_0} = y_0'$.

例1　验证函数 $y = C_1 \cos kx + C_2 \sin kx (C_1, C_2$ 为任意常数)是微分方程 $\dfrac{d^2 y}{dx^2} + k^2 y = 0(k \neq 0)$ 的通解.

证　因为

$$\frac{dy}{dx} = -C_1 k \sin kx + C_2 k \cos kx,$$

$$\frac{d^2 y}{dx^2} = -k^2(C_1 \cos kx + C_2 \sin kx),$$

将 y 及 $\dfrac{d^2 y}{dx^2}$ 代入原方程左边,得

$$-k^2(C_1 \cos kx + C_2 \sin kx) + k^2(C_1 \cos kx + C_2 \sin kx) \equiv 0 = \text{右边}$$

证毕.

例2　求例1中微分方程满足初始条件 $y(0) = A, y'(0) = 0$ 的特解.

解　将 $y(0) = A, y'(0) = 0$ 分别代入

$$y = C_1 \cos kx + C_2 \sin kx \quad \text{和} \quad \frac{dy}{dx} = -C_1 k \sin kx + C_2 k \cos kx$$

结合 $k \neq 0$ 得

$$C_1 = A, \quad C_2 = 0$$

于是原方程的特解为 $y = A \cos kx$.

习题 6-1

1. 下列方程中,哪些是微分方程?哪些不是微分方程?如果是微分方程,指出它的阶数.

(1) $x\mathrm{d}x+y^2\mathrm{d}y=0$;　　　　　(2) $xy^2+2x+y=0$;

(3) $x(y')^2+2yy'+x=0$;　　　　(4) $\dfrac{\mathrm{d}y}{\mathrm{d}x}-5\dfrac{\mathrm{d}^2y}{\mathrm{d}x^2}=7$.

2. 请指出下列函数是否为微分方程的解,若是,请指出是通解还是特解(其中 C_1,C_2 为任意常数).

(1) $y'+3y=0$,$y=7\mathrm{e}^{-3x}$;

(2) $y''+y'=0$,$y=C_1+C_2\mathrm{e}^{-x}$;

(3) $(x-2y)y'=2x-y$,$x^2-xy+y^2=C_1$;

(4) $y''+y'^2=2\mathrm{e}^{-y}$,$\mathrm{e}^y+C_1=(x+C_2)^2$.

6.2　一阶微分方程

一、可分离变量的微分方程

定义 1　经过适当的运算可化成形如

$$y'=f(x)\cdot g(y)\quad\text{或}\quad\dfrac{\mathrm{d}y}{\mathrm{d}x}=f(x)\cdot g(y)\tag{6-1}$$

的一阶微分方程称为可分离变量的微分方程.其特点是经过适当的运算,可以将两个不同变量的函数与微分分离到方程的两边,即分离变量法.具体解法如下.

(1) 分离变量,即式(6-1)整理为

$$\dfrac{1}{g(y)}\mathrm{d}y=f(x)\mathrm{d}x.\tag{6-2}$$

(2) 在式(6-2)两边同时求积分,得

$$\int\dfrac{1}{g(y)}\mathrm{d}y=\int f(x)\mathrm{d}x.$$

(3) 设 $G(y)$,$F(x)$ 分别是 $\dfrac{1}{g(y)}$,$f(x)$ 的一个原函数,得

$$G(y)=F(x)+C,$$

即原方程的通解.

有时为了使通解的形式简单,任意常数不一定都写成 C,也可根据通解表达式的特点,将任意常数写成其他形式,如 $-\dfrac{1}{2}C^2$,$\ln|C|$ 等.

例 1　求方程 $y'=-\dfrac{y}{x}$ 的通解.

解　因为 $y'=-\dfrac{y}{x}$,所以 $\dfrac{\mathrm{d}y}{y}=-\dfrac{\mathrm{d}x}{x}$,两边积分得

$$\int\dfrac{\mathrm{d}y}{y}=-\int\dfrac{\mathrm{d}x}{x},$$

则 $\qquad \ln|y| = -\ln|x| + \ln|C|, \quad$ 即 $\quad \ln|y| + \ln|x| = \ln|C|.$

于是原方程的通解为

$$xy = C \quad 或 \quad y = \frac{C}{x}.$$

例 2 求解初值问题 $\begin{cases} y' - \mathrm{e}^{2x-y} = 0, \\ y|_{x=0} = 0. \end{cases}$

解 因为 $y' - \mathrm{e}^{2x-y} = 0$,所以 $\mathrm{e}^y \mathrm{d}y = \mathrm{e}^{2x} \mathrm{d}x$,两边积分得

$$\int \mathrm{e}^y \mathrm{d}y = \int \mathrm{e}^{2x} \mathrm{d}x,$$

原方程的通解为

$$\mathrm{e}^y = \frac{1}{2}\mathrm{e}^{2x} + \frac{1}{2}C,$$

即

$$2\mathrm{e}^y = \mathrm{e}^{2x} + C.$$

又由 $\qquad\qquad y|_{x=0} = 0,$

得 $\qquad\qquad C = 1,$

所以原方程的特解为

$$2\mathrm{e}^y = \mathrm{e}^{2x} + 1.$$

微分方程可以描述许多现象.在科学技术与工程领域,有许多规律是通过微分方程找到的.

例 3 一颗雨滴由静止下落,其质量为 m,大小不变.受到的空气阻力与下落速度 v 成正比,受到的浮力是 f,求在时刻 t 雨滴下落的速度.

解 由牛顿第二定律,有

$$m\frac{\mathrm{d}v}{\mathrm{d}t} = mg - f - kv \quad (k \text{ 为比例常数,且 } k > 0). \qquad (6\text{-}3)$$

上式可写为

$$\frac{\mathrm{d}v}{mg - f - kv} = \frac{\mathrm{d}t}{m},$$

两边积分,得

$$-\frac{1}{k}\ln(mg - f - kv) + \frac{1}{k}\ln C = \frac{1}{m}t,$$

所以方程(6-3)的通解为

$$v = \frac{1}{k}\left(mg - f - C\mathrm{e}^{-\frac{k}{m}t}\right).$$

又因为 $v|_{t=0} = 0$,得

$$C = mg - f.$$

所以雨滴在时刻 t 的下落速度为

$$v = \frac{mg - f}{k}\left(1 - \mathrm{e}^{-\frac{k}{m}t}\right).$$

二、一阶线性微分方程

定义 2 经过适当的运算可化成形如

$$y' + P(x)y = Q(x) \tag{6-4}$$

的一阶微分方程称为一阶线性微分方程. 其特点是 y, y' 的最高次数都是一次, $P(x), Q(x)$ 是已知的自变量的连续函数.

若 $Q(x) = 0$, 则称方程 (6-4) 为齐次的. 此时方程 (6-4) 为

$$y' + P(x)y = 0. \tag{6-5}$$

若 $Q(x) \neq 0$, 则称方程 (6-4) 为非齐次的. 此时方程 (6-5) 称为对应于方程 (6-4) 的一阶线性齐次微分方程. 很明显, 此时方程 (6-5) 为可分离变量的微分方程. 由分离变量法得方程 (6-5) 的通解为

$$y = Ce^{-\int P(x)dx}. \tag{6-6}$$

其中: C 为任意常数. 显然方程 (6-6) 不是方程 (6-4) 的解, 我们设想方程 (6-4) 的解仍具有方程 (6-6) 的形式, 但 C 不再是常数, 而是变量 x 的函数, 令为 $u(x)$, 即

$$y = u(x)e^{-\int P(x)dx} \tag{6-7}$$

是方程 (6-4) 的解, 其中 $u(x)$ 是待定函数. 将方程 (6-7) 代入方程 (6-4) 得

$$u'(x) = Q(x)e^{\int P(x)dx},$$

积分得

$$u(x) = \int Q(x)e^{\int P(x)dx}dx + C.$$

其中: C 为任意常数, 将 $u(x)$ 代入方程 (6-7), 得方程 (6-4) 的通解为

$$y = e^{-\int P(x)dx}\left[C + \int Q(x)e^{\int P(x)dx}dx \right]. \tag{6-8}$$

这种求一阶线性非齐次微分方程通解的方法称为常数变易法.

例 4　求方程 $y' - \dfrac{y}{x} = x^2$ 满足 $y|_{x=1} = 0$ 的特解.

解　因为 $y' - \dfrac{y}{x} = x^2$, 所以 $P(x) = -\dfrac{1}{x}$, $Q(x) = x^2$. 由式 (6-8) 得原方程的通解为

$$y = e^{\int \frac{1}{x}dx}\left[C + \int x^2 e^{\int \left(-\frac{1}{x} \right)dx}dx \right] = e^{\ln x}\left(C + \int x^2 e^{-\ln x}dx \right)$$

$$= x\left(C + \int x\,dx \right) = x\left(C + \frac{x^2}{2} \right) = \frac{x^3}{2} + Cx.$$

又由

$$y|_{x=1} = 0$$

得

$$C = -\frac{1}{2}.$$

所以原方程的特解为

$$y = \frac{x^3}{2} - \frac{1}{2}x.$$

例 5　求方程 $y^2 dx + (x - 2xy - y^2)dy = 0$ 的通解.

解　所给方程中含有 y^2, 因此若仍把 y 看作函数, 把 x 看作自变量, 则方程不是线性的. 但是 x 的最高次数为一次. 对于这样的方程, 我们不妨把 x 看作函数, 把 y 看作自变量, 于是原方程可写为

$$\frac{\mathrm{d}x}{\mathrm{d}y}+\frac{1-2y}{y^2}x=1.$$

这是一个关于未知函数为 x 的一阶线性非齐次微分方程,其中

$$P(y)=\frac{1-2y}{y^2}, \quad Q(y)=1,$$

代入一阶线性非齐次方程的通解公式,有

$$x=\mathrm{e}^{-\int\frac{1-2y}{y^2}\mathrm{d}y}\left[C+\int\mathrm{e}^{\int\frac{1-2y}{y^2}\mathrm{d}y}\mathrm{d}y\right]=y^2\mathrm{e}^{\frac{1}{y}}(C+\mathrm{e}^{-\frac{1}{y}}),$$

即得原方程的通解为

$$x=y^2(1+C\mathrm{e}^{\frac{1}{y}}).$$

习题 6-2

1. 求下列微分方程的通解.

(1) $xy'-y\ln y=0$;

(2) $\dfrac{\mathrm{d}y}{\mathrm{d}x}=10^{x+y}$;

(3) $y'=1+x+y^2+xy^2$;

(4) $(1+\mathrm{e}^x)yy'=\mathrm{e}^x$.

2. 求下列微分方程的通解.

(1) $y'+y\tan x=\cos x$;

(2) $x\ln x\mathrm{d}y+(y-ax\ln x-ax)\mathrm{d}x=0$;

(3) $(x\cos y+\sin 2y)y'=1$;

(4) $y'+y=x^2\mathrm{e}^x$.

3. 求下列初值问题.

(1) $\begin{cases}(\ln y)y'=\dfrac{y}{x^2},\\ y|_{x=2}=1;\end{cases}$

(2) $\begin{cases}xy\mathrm{d}x-(1+y^2)\sqrt{1+x^2}\mathrm{d}y=0,\\ y|_{x=0}=\mathrm{e};\end{cases}$

(3) $\begin{cases}\dfrac{\mathrm{d}y}{\mathrm{d}x}+5y=-4\mathrm{e}^{-3x},\\ y|_{x=0}=-4;\end{cases}$

(4) $\begin{cases}\dfrac{\mathrm{d}I}{\mathrm{d}t}+\dfrac{R}{L}I=\dfrac{1}{L}\cos t(其中,R,L 为常数),\\ I|_{t=0}=\dfrac{R}{L^2+R^2}.\end{cases}$

6.3 二阶常系数线性微分方程

一、二阶线性微分方程解的结构

定义1 经过适当的运算可化成形如

$$y''+p(x)y'+q(x)y=f(x) \tag{6-9}$$

的二阶微分方程称为二阶线性微分方程,简称二阶线性方程. 其特点是 y'', y', y 的最高次数均为一次, $p(x)$, $q(x)$, $f(x)$ 都是已知的自变量的连续函数. 其中 $f(x)$ 称为自由项,当 $f(x)=$

0 时,称为二阶线性齐次方程;当 $f(x) \neq 0$ 时,称为二阶线性非齐次方程,这时它所对应的二阶线性齐次方程是令 $f(x)=0$ 时的方程.例如,二阶线性非齐次方程 $y''+xy'+y=2x$ 所对应的二阶线性齐次方程为 $y''+xy'+y=0$,但方程 $(y'')^2+xy'=0$ 不是二阶线性微分方程.

二阶线性微分方程的解有以下特点.

定理 1 如果函数 y_1,y_2 是线性齐次方程的两个解,则函数 $y=C_1y_1+C_2y_2$(其中 C_1,C_2 为常数)仍为该方程的解.

定理 2 如果函数 y_1,y_2 是线性齐次方程的两个线性无关的特解,则函数 $y=C_1y_1+C_2y_2$(其中 C_1,C_2 为常数)为该方程的通解.

定理 3 如果函数 y^* 是线性非齐次方程的一个特解,Y 是该方程所对应的线性齐次方程的通解,则 $y=Y+y^*$ 为该线性非齐次方程的通解.

定理 4 设二阶线性非齐次微分方程为

$$y''+p(x)y'+q(x)y=f_1(x)+f_2(x), \tag{6-10}$$

且 y_1^* 与 y_2^* 分别是

$$y''+p(x)y'+q(x)y=f_1(x) \tag{6-11}$$

和

$$y''+p(x)y'+q(x)y=f_2(x) \tag{6-12}$$

的一个特解,则 $y_1^*+y_2^*$ 是方程(6-10)的一个特解.

以上定理是求二阶线性微分方程解的理论依据,读者可结合微分方程解的概念理解.

二、二阶常系数线性齐次方程的解法

由定理 2 知,要求线性齐次方程的通解,只需求出它的两个线性无关的特解.

定义 2 在方程(6-9)中,若 $p(x)$,$q(x)$ 均为常数,则称此方程为二阶常系数线性微分方程.同时,若 $f(x)=0$,则称为二阶常系数线性齐次微分方程.设

$$y''+py'+qy=0, \tag{6-13}$$

根据方程的特点,设 $y=e^{rx}$(r 是常数)是方程(6-13)的解,并代入方程(6-13)得

$$e^{rx}(r^2+pr+q)=0,$$

所以

$$r^2+pr+q=0. \tag{6-14}$$

由上可知,只要 r 满足方程(6-14),函数 $y=e^{rx}$ 就是方程(6-13)的解.称方程(6-14)为方程(6-13)的特征方程,它的根称为特征根.根据特征根的不同情况,方程(6-13)对应的通解如表 6-1 所示.

表 6-1

特征方程 $r^2+pr+q=0$ 的两个根 r_1,r_2	微分方程 $y''+py'+qy=0$ 的通解
两个不相等的实数根 r_1,r_2	$y=C_1e^{r_1x}+C_2e^{r_2x}$
两个相等的实数根 $r_1=r_2=r$	$y=(C_1+C_2x)e^{rx}$
一对共轭复数根 $r_{1,2}=\alpha\pm\beta i$	$y=e^{\alpha x}(C_1\cos\beta x+C_2\sin\beta x)$

例 1 求方程 $y''-2y'-3y=0$ 的通解.

解 方程 $y''-2y'-3y=0$ 的特征方程为

$$r^2 - 2r - 3 = 0,$$

它有两个不相等的实根

$$r_1 = -1, \quad r_2 = 3.$$

所以原方程的通解为

$$y = C_1 e^{-x} + C_2 e^{3x}.$$

例 2 求解初值问题 $\begin{cases} y'' - 4y' + 4y = 0, \\ y\big|_{x=0} = 1, y'\big|_{x=0} = 4. \end{cases}$

解 方程 $y'' - 4y' + 4y = 0$ 的特征方程为

$$r^2 - 4r + 4 = 0,$$

它有两个相等的实根

$$r_1 = r_2 = 2.$$

所以方程 $y'' - 4y' + 4y = 0$ 的通解为

$$y = (C_1 + C_2 x) e^{2x},$$

对 y 求导,得

$$y' = C_2 e^{2x} + 2(C_1 + C_2 x) e^{2x}.$$

又由 $y\big|_{x=0} = 1, y'\big|_{x=0} = 4$ 解得 $C_1 = 1, C_2 = 2$,所以原方程的特解是

$$y = (1 + 2x) e^{2x}.$$

例 3 求方程 $y'' + 2y' + 3y = 0$ 的通解.

解 方程 $y'' + 2y' + 3y = 0$ 的特征方程为 $r^2 + 2r + 3 = 0$,它有两个共轭复根

$$r_{1,2} = \frac{-2 \pm \sqrt{4-12}}{2} = -1 \pm \sqrt{2}\,\mathrm{i},$$

即

$$\alpha = -1, \quad \beta = \sqrt{2},$$

所以原方程的通解为

$$y = e^{-x}(C_1 \cos \sqrt{2}\,x + C_2 \sin \sqrt{2}\,x).$$

三、二阶常系数线性非齐次方程的解法

由定理 3 知二阶常系数线性非齐次方程的通解等于它所对应的线性齐次方程的通解与其自身的一个特解之和,齐次方程的通解已解决,现在关键是求线性非齐次方程的一个特解.由方程的特点可以看出,自由项 $f(x)$ 的类型不同,特解也就不同.本节只介绍几种特殊类型的自由项所对应的特解,如表 6-2 所示.

表 6-2

自由项 $f(x)$	方程 $y'' + py' + qy = f(x)$ 的特解 y^* 的形式
$f(x) = P_n(x)$($P_n(x)$ 为 x 的 n 次多项式)	$y^* = x^k Q_n(x),$ 其中 $Q_n(x)$ 与 $P_n(x)$ 是同次多项式, $k = \begin{cases} 0, & \text{若 } q \neq 0 \ (r = 0 \text{ 为非特征根}); \\ 1, & \text{若 } q = 0, p \neq 0 \ (r = 0 \text{ 为特征单根}); \\ 2, & \text{若 } q = 0, p = 0 \ (r = 0 \text{ 为特征重根}) \end{cases}$

续表

自由项 $f(x)$	方程 $y''+py'+qy=f(x)$ 的特解 y^* 的形式
$f(x)=Ae^{\alpha x}$（A,α 为常数）	$y^*=Bx^k e^{\alpha x}$，其中 B 为待定常数，$k=\begin{cases}0, & \text{若 }\alpha\text{ 不是式(6-14)的根；}\\1, & \text{若 }\alpha\text{ 是式(6-14)的单根；}\\2, & \text{若 }\alpha\text{ 是式(6-14)的重根}\end{cases}$
$f(x)=e^{\alpha x}(A\cos\beta x+B\sin\beta x)$（$A,B,\alpha,\beta$ 为常数）	$y^*=x^k e^{\alpha x}(C\cos\beta x+D\sin\beta x)$，其中 C,D 为待定常数，$k=\begin{cases}0, & \text{若 }\alpha+\beta i\text{ 不是式(6-14)的根；}\\1, & \text{若 }\alpha+\beta i\text{ 是式(6-14)的根}\end{cases}$

例 4 求方程 $y''-3y'+y=x^2$ 的一个特解.

解 由表 6-2，设方程的特解为 $y^*=Ax^2+Bx+C$，则
$$y^{*'}=2Ax+B,\quad y^{*''}=2A,$$
代入方程后，得
$$Ax^2+(-6A+B)x+(2A-3B+C)=x^2.$$
比较两边 x 同次幂的系数，得
$$\begin{cases}A=1,\\-6A+B=0,\\2A-3B+C=0,\end{cases}$$
解得
$$A=1,\quad B=6,\quad C=16.$$
故原方程的一个特解为
$$y^*=x^2+6x+16.$$

例 5 求方程 $y''+y'=x^3-x+1$ 的一个特解.

解 因为 y 的系数 $q=0$，故设方程的特解为
$$y^*=x(Ax^3+Bx^2+Cx+D),$$
则
$$y^{*'}=4Ax^3+3Bx^2+2Cx+D,\quad y^{*''}=12Ax^2+6Bx+2C,$$
代入方程后得
$$4Ax^3+(12A+3B)x^2+(6B+2C)x+(2C+D)=x^3-x+1.$$
比较两边 x 同次幂的系数，得
$$\begin{cases}4A=1,\\12A+3B=0,\\6B+2C=-1,\\2C+D=1,\end{cases}$$
解得
$$A=\frac{1}{4},\quad B=-1,\quad C=\frac{5}{2},\quad D=-4,$$

故原方程的一个特解为

$$y^* = x\left(\frac{1}{4}x^3 - x^2 + \frac{5}{2}x - 4\right).$$

例 6 求方程 $y'' + y' + y = 2e^{2x}$ 的一个特解.

解 因为 $\alpha = 2$ 不是特征方程 $r^2 + r + 1 = 0$ 的根,故设方程的特解为

$$y^* = Be^{2x},$$

则

$$y^{*'} = 2Be^{2x}, \quad y^{*''} = 4Be^{2x},$$

代入方程得

$$B = \frac{2}{7}.$$

所以原方程的一个特解为 $y^* = \frac{2}{7}e^{2x}$.

例 7 求方程 $y'' + 2y' - 3y = e^x$ 的通解.

解 特征方程为 $r^2 + 2r - 3 = 0$,其根为 $r_1 = -3, r_2 = 1$,得它对应的齐次方程的通解是 $Y = C_1 e^{-3x} + C_2 e^x$. 因为 $\alpha = 1$ 是特征方程的单根,故设原方程的特解为

$$y^* = Bxe^x,$$

则

$$y^{*'} = Be^x + Bxe^x, \quad y^{*''} = 2Be^x + Bxe^x,$$

代入原方程得 $B = \frac{1}{4}$,于是原方程的一个特解为

$$y^* = \frac{1}{4}xe^x,$$

所以原方程的通解为

$$y = C_1 e^{-3x} + C_2 e^x + \frac{1}{4}xe^x.$$

例 8 求方程 $y'' + 3y' - y = e^x \cos 2x$ 的一个特解.

解 由题意知 $\alpha + \beta i = 1 + 2i$ 不是特征方程 $r^2 + 3r - 1 = 0$ 的根,故设特解为

$$y^* = e^x(C\cos 2x + D\sin 2x),$$

则

$$y^{*'} = e^x[(C + 2D)\cos 2x + (D - 2C)\sin 2x],$$
$$y^{*''} = e^x[(4D - 3C)\cos 2x + (-4C - 3D)\sin 2x],$$

代入方程得

$$(10D - C)\cos 2x - (D + 10C)\sin 2x = \cos 2x.$$

比较 $\cos 2x$ 与 $\sin 2x$ 两边的系数得

$$\begin{cases} 10D - C = 1, \\ D + 10C = 0. \end{cases}$$

解此方程组得

$$C = \frac{-1}{101}, \quad D = \frac{10}{101}.$$

所以原方程的特解为

$$y^* = \mathrm{e}^x \left(\frac{-1}{101} \cos 2x + \frac{10}{101} \sin 2x \right).$$

例 9 一质点由静止状态开始运动,其加速度 $a = -4s(t) + 3\sin t$,求运动方程 $s = s(t)$.

解 由导数的物理意义知

$$a = s''(t),$$

所以

$$s'' = -4s + 3\sin t,$$

即

$$s'' + 4s = 3\sin t, \qquad\qquad (6\text{-}15)$$

因为方程 $s'' + 4s = 0$ 的特征方程 $r^2 + 4 = 0$ 的根为 $r_{1,2} = \pm 2\mathrm{i}$,所以方程 $s'' + 4s = 0$ 的通解为

$$S = C_1 \cos 2t + C_2 \sin 2t.$$

因 $\alpha + \beta \mathrm{i} = \mathrm{i}$ 不是特征根,设方程(6-15)的特解为 $s^* = C\cos t + D\sin t$,代入方程(6-15)得 $C = 0, D = 1$,故方程(6-15)的通解为

$$s = C_1 \cos 2t + C_2 \sin 2t + \sin t.$$

又因为物体由静止状态开始运动,即 $s|_{t=0} = 0, s'|_{t=0} = 0$,于是

$$C_1 = 0, \quad C_2 = -\frac{1}{2},$$

所以运动方程为

$$s = -\frac{1}{2} \sin 2t + \sin t.$$

习题 6-3

1. 求下列方程的通解.

(1) $y'' + 5y' + 4y = 0$;   (2) $2y'' - 3y' = 0$;

(3) $y'' + 2y' + y = 0$;   (4) $4y'' - 12y' + 9y = 0$;

(5) $y'' + 2y' + 4y = 0$;   (6) $y'' - y' + 2y = 0$.

2. 写出下列方程的一个特解形式.

(1) $y'' + 5y' + 4y = 3x^2 + 1$;   (2) $y'' + 3y' = 3x^2 + 1$;

(3) $4y'' + 12y' + 9y = \mathrm{e}^{-\frac{3}{2}x}$;   (4) $y'' + 2y' + 5y = \mathrm{e}^{-x} \sin 2x$.

3. 求下列方程的通解.

(1) $y'' + 4y' + 4y = 4$;   (2) $2y'' + y' - y = 2\mathrm{e}^x$.

4. 设一质量为 m 的潜水艇从水面由静止状态下沉,所受阻力与下沉速度成正比(比例系数 k 大于 0),试求潜水艇下沉深度 h 与时间 t 的函数关系.

数学实验

微分方程例 1   微分方程例 2   微分方程例 3

生物中的数学

在生物学和医药科学中,数学的应用日益广泛.例如,备受关注的基因治疗方案中许多重要方面需要借助统计学、模型识别以及大范围优化方法实现.此外,在生物学的其他领域,如生理学中,数学同样发挥着重要作用.以肾脏为例,肾脏的功能之一是维持血液中物质(如盐)的浓度在理想水平,从而调节血液的组成.当人体摄入过多盐分时,肾脏必须排出盐浓度高于血液中盐浓度的尿液.肾脏周围有数百万个肾单位,这些肾单位通过与血管接触从血液中吸收盐分并将其转移到肾中.生物学家已经将这一过程涉及的物质与人体组织视为一个整体,但对这一过程的精确机制仍只能部分理解.

肾脏工作过程的初级数学模型虽然简单,但已经能够说明尿液的形成以及肾脏做出的抉择,例如是排出一大泡稀释的尿液,还是一小泡浓缩的尿液.然而,我们目前对这种机理的理解仍处于非常初级的阶段.一个更完善的模型可能会包含偏微分方程、随机方程、流体力学、弹性力学、滤波理论以及控制理论,甚至可能需要一些我们目前尚未掌握的工具.

在生理学的其他领域,如心脏力学、钙(骨)力学、听觉过程、细胞的附着与游离(这些过程对生物过程非常重要,例如发炎和伤口愈合)以及生物流体等,现代数学研究已经取得了一些成就.未来,我们有望在这些领域取得更多的突破.

数学有望在多个领域取得重要进展,包括一般性的生长过程、胚胎学、细胞染色、免疫学、反复出现的传染病以及环保项目(如植物的大范围现象和动物群体行为的建模)等.当然,还有人类大脑,包括其感觉神经元、运动神经元,以及与情感和梦想相关的过程.

复习题 6

1. 求下列微分方程的通解.

(1) $2x^2 yy' = y^2 + 1$;

(2) $y' - xy' = a(y^2 + y')$;

(3) $(x^2 - 1)y' + 2xy - \cos x = 0$;

(4) $2y\mathrm{d}x + (y^2 - 6x)\mathrm{d}y = 0$;

(5) $2y'' + 5y' = 5x^2 - 2x - 1$;

(6) $y'' + a^2 y = \mathrm{e}^x \ (a > 0)$.

2. 求解下列初值问题.

(1) $\begin{cases} \cos y\mathrm{d}x + (1 + \mathrm{e}^{-x})\sin y\mathrm{d}y = 0, \\ y(0) = \dfrac{\pi}{4}; \end{cases}$

(2) $\begin{cases} y' + y\cot x = 5\mathrm{e}^{\cos x}, \\ y\left(\dfrac{\pi}{2}\right) = -4; \end{cases}$

(3) $\begin{cases} y'' - 3y' - 4y = 0, \\ y(0) = 0, y'(0) = -5; \end{cases}$

(4) $\begin{cases} y'' + y = \sin 2x, \\ y(\pi) = 1, y'(\pi) = 1. \end{cases}$

3. 设曲线上任一点 P 处的切线与 x 轴的交点为 A,原点与点 P 之间的距离等于点 A 与点 P 之间的距离,且曲线过点 $(1,2)$,求此曲线方程.

第 6 章参考答案

自测题 6

1. 选择题.

(1) 下列方程不是微分方程的是（　　　）.

A. $y'+3y=0$
B. $\dfrac{d^2 y}{d^2 x}=3x+\sin x$

C. $3y^2-2x+y=0$
D. $(x^2+y^2)dx+(x^2-y^2)dy=0$

(2) 下列方程是可分离变量方程的是（　　　）.

A. $y'=x^2+y$
B. $x^2(dx+dy)=y(dx-dy)$

C. $(3x+xy^2)dx=(5y+xy)dy$
D. $(x+y^2)dx=(y+x^2)dy$

(3) 一曲线在其上任一点处的切线斜率为 $-\dfrac{2x}{y}$，则该曲线是（　　　）.

A. 直线　　　　B. 抛物线　　　　C. 双曲线　　　　D. 椭圆

(4) 下列函数中,线性相关的是（　　　）.

A. x 与 $x+1$　　　B. x^2 与 $-2x^2$　　　C. $\sin x$ 与 $\cos x$　　　D. $\sin x$ 与 $e^x \sin x$

(5) 下列方程是线性微分方程的是（　　　）.

A. $x(y')^2-2yy'+x=0$
B. $2x^2 y''+3x^3 y'+x=0$

C. $(x^2-y^2)dx+(x^2+y^2)dy=0$
D. $(y'')^2+5y'+3y-x=0$

(6) 特征方程 $r^2-2r+2=0$ 所对应的齐次线性微分方程是（　　　）.

A. $y''-2y'+2=0$
B. $y''-2y'-2=0$

C. $y''-2y'+2y=0$
D. $y''-2y'-2y=0$

(7) 方程 $y''=x+\sin x$ 的通解是（　　　）.

A. $y=\dfrac{x^3}{6}-\sin x+C_1 x+C_2$
B. $y=\dfrac{x^3}{6}-\sin x+Cx$

C. $y=\dfrac{x^3}{6}+\sin x+C_1 x+C_2$
D. $y=\dfrac{x^2}{2}-\cos x+C$

(8) 下列函数中,可以是微分方程 $y''+y=0$ 的解的函数是（　　　）.

A. $y=\cos x$　　　B. $y=x$　　　C. $y=-\sin x$　　　D. $y=e^x$

(9) 方程 $y''-4y'+3y=0$ 满足初始条件 $y(0)=6$，$y'(0)=10$ 的特解是（　　　）.

A. $y=3e^x+e^{3x}$　　　B. $y=2e^x+3e^{3x}$　　　C. $y=4e^x+2e^{3x}$　　　D. $y=C_1 e^x+C_2 e^{3x}$

(10) 在下列微分方程中,通解为 $y=C_1\cos x+C_2\sin x$ 的是（　　　）.

A. $y''-y'=0$　　　B. $y''+y'=0$　　　C. $y''+y=0$　　　D. $y''-y=0$

2. 填空题.

(1) 微分方程 $(y'')^2+5(y')^3+3y-x=0$ 的阶数是_____.

(2) n 阶微分方程的通解中含有_____个独立的任意常数.

(3) 一阶齐次线性微分方程的一般形式为_____,其通解是_____.

(4) 一曲线过点 $(1,2)$,其上任意一点 $P(x,y)$ 处切线的纵截距等于 P 点的横坐标,则此曲线满足的方程是_____,初始条件是_____,曲线方程是_____.

(5) 方程 $y''-2y=0$ 的通解是_____.

（6）方程 $y'' + y = 2\cos x$ 的一个特解可设为 $y^* = $ _____．

（7）以 $y = C_1 x e^x + C_2 e^x$ 为通解的二阶常系数线性齐次微分方程是 _____．

（8）微分方程 $4y'' + 4y' + y = 0$ 满足初始条件 $y(0) = 2, y'(0) = 0$ 的特解是 _____．

（9）微分方程 $y'' - 4y' + 5y = 0$ 的特征根是 _____．

（10）已知 $y_1 = e^{x^2}, y_2 = x e^{x^2}$ 都是微分方程 $y'' - 4xy' + (4x^2 - 2)y = 0$ 的解，则此方程的通解为 _____．

3．求下列微分方程的通解．

（1）$\dfrac{\mathrm{d}y}{\mathrm{d}x} = \dfrac{xy}{1+x^2}$；

（2）$y' + y = \cos x$；

（3）$\sec^2 x \cdot \tan y \mathrm{d}x + \sec^2 y \cdot \tan x \mathrm{d}y = 0$；

（4）$y'' + y = \sin x$；

（5）$y'' - y' - 2y = 0$；

（6）$y'' + 5y' + 4y = 3 - 2x$．

4．求下列微分方程满足所给初始条件的特解．

（1）$\cos y \cdot \sin x \mathrm{d}x - \cos x \cdot \sin y \mathrm{d}y = 0, y(0) = \dfrac{\pi}{4}$；

（2）$y'' - 5y' + 6y = 0, y(0) = 1, y'(0) = 2$；

（3）$4y'' + 16y' + 15y = 4e^{-\frac{3}{2}x}, y(0) = 3, y'(0) = -\dfrac{11}{2}$．

5．综合题．

（1）某曲线通过原点，且在点 (x, y) 处的切线斜率为 $2x + y$，求该曲线方程．

（2）设有一质量为 m 的质点做直线运动，从速度为 0 的时刻起，有一个与该质点运动方向相同，大小与时间成正比（比例系数为 k_1）的力作用于它．此外，该质点还受到一个与速度成正比（比例系数为 k_2）的阻力作用．求该质点运动速度与时间之间的函数关系．

第7章　多元函数微积分

前面所讨论的函数都只有一个自变量,这种函数称为一元函数.但在实际问题中常常会遇到含有两个或更多个自变量的函数,即多元函数.本章将在一元函数微积分的基础上讨论多元函数微积分及其应用,讨论中将以二元函数微积分为主,然后将讨论的结果推广到一般的多元函数.

7.1　多元函数的基本概念

一、多元函数的概念

先看几个例子.

例1　圆柱体的体积 V 与它的底面半径 r,高 h 之间具有以下关系:

$$V = \pi r^2 h.$$

当 r, h 在一定范围($r > 0, h > 0$)内取定一对数值(r, h)时,V 的值也随之确定.

例2　R 是电阻 R_1, R_2 并联后的总电阻.由电学知道:

$$R = \frac{R_1 R_2}{R_1 + R_2}.$$

当 R_1, R_2 在一定范围($R_1 > 0, R_2 > 0$)内取定一对数值(R_1, R_2)时,R 的值也随之确定.

上面两例的具体含义虽各不相同,但它们却有共同的性质,抽出这些共性就可得到以下二元函数的定义.

定义1　设有变量 x, y 和 z,如果当自变量 x, y 在一定范围内任意取定一对值(x, y)时,变量 z 按照一定的对应法则,总有确定的数值和这对值对应,则称 z 为 x, y 的二元函数,记作

$$z = f(x, y) \quad \text{或} \quad z = z(x, y).$$

其中:x, y 称为自变量;z 称为因变量.自变量 x, y 的变化范围称为函数的定义域.

类似地,可以定义三元函数 $u = f(x, y, z)$ 及三元以上的函数.

例如,长方体的体积 V 是它的长 a、宽 b、高 c 的函数:

$$V = abc.$$

二元及二元以上的函数统称为多元函数.

对于二元函数 $z = f(x, y)$,当 $x = x_0$, $y = y_0$ 时,函数的对应值记为 $f(x_0, y_0)$ 或 $z|_{(x_0, y_0)}$. 例如,$z = f(x, y) = x^2 + 2y^2 + 3$,则

$$f(0, 1) = 0^2 + 2 \times 1^2 + 3 = 5;$$

$$f\left(1, \frac{y}{x}\right) = 1^2 + 2 \times \left(\frac{y}{x}\right)^2 + 3 = 4 + \frac{2y^2}{x^2}.$$

如同用 x 轴上的点表示数值一样,可以用 xOy 面上的点 $P(x, y)$ 表示一对有序数组 (x, y),则 $z = f(x, y)$ 也可简记为 $z = f(P)$,称 z 为点 P 的函数. 如果对于点 $P(x, y)$,函数 $z = f(x, y)$ 有确定的值和它对应,则称函数 $z = f(x, y)$ 在点 $P(x, y)$ 处有定义,函数的定义域就是使函数有定义的点的全体构成的点集.

因此,二元函数 $z = f(x, y)$ 的定义域是 xOy 面上的点集.

类似地,三元函数 $u = f(x, y, z)$ 的定义域是空间内的点集.

关于多元函数的定义域,与一元函数类似,若函数的自变量有某种实际意义,则应根据它的实际意义决定其取值范围,即函数的定义域. 如上述例1中圆柱体的底面半径 r 和高 h 都必须大于零. 对于单纯由数学式表示的函数,使表达式有意义的自变量的取值范围就是函数的定义域.

二元函数的定义域一般来说是 xOy 面上的某一个区域. 所谓区域,指的是由一条或几条曲线围成的平面上的一部分. 如果区域延伸到无限远处,就称该区域是无界的. 否则,它可包含在一个以原点为圆心,以适当长为半径的圆内,这样的区域称为有界区域. 围成区域的曲线称为区域的边界,连同边界在内的区域称为闭区域,不包括边界的区域称为开区域. 开区域和闭区域统称区域.

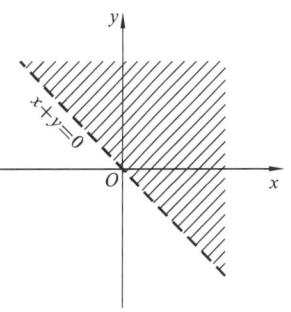

图 7-1

对于任何 $\delta > 0$,与点 $P_0(x_0, y_0)$ 的距离小于 δ 的点的全体称为点 $P_0(x_0, y_0)$ 的 δ 邻域,记作 $U(P_0, \delta)$,即 $U(P_0, \delta) = \{(x, y) \mid \sqrt{(x - x_0)^2 + (y - y_0)^2} < \delta\}$. 由此可见,二元函数的定义域比一元函数要复杂些,不过若用图形表示,就显得清晰多了,例如,函数 $z = \ln(x + y)$ 的定义域为满足 $x + y > 0$ 的点 (x, y) 的全体,即平面点集 $\{(x, y) \mid x + y > 0\}$(见图 7-1).

例 3 求二元函数 $z = \ln(x^2 + y^2 - 1) + \sqrt{4 - x^2 - y^2}$ 的定义域.

解 要使函数有意义,必须满足:

$$\begin{cases} 4 - x^2 - y^2 \geqslant 0, \\ x^2 + y^2 - 1 > 0, \end{cases}$$

即 $1 < x^2 + y^2 \leqslant 4$. 函数的定义域为 $D = \{(x, y) \mid 1 < x^2 + y^2 \leqslant 4\}$,即 xOy 面上,以原点为圆心,半径为 2 的圆与以原点为圆心,半径为 1 的圆围成的圆环部分,且不包括边界曲线内圆 $x^2 + y^2 = 1$,但包括边界曲线外圆 $x^2 + y^2 = 4$(见图 7-2).

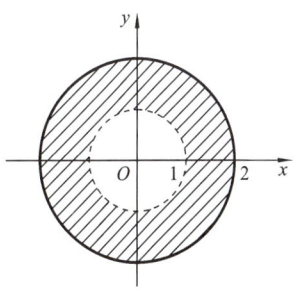

图 7-2

二、二元函数的极限

定义 2 如果函数 $z=f(x,y)$ 在点 $P_0(x_0,y_0)$ 的某一邻域内有定义（点 $P_0(x_0,y_0)$ 可除外），当点 $P(x,y)$ 以任意方式趋近于点 $P_0(x_0,y_0)$ 时，对应的函数值 $f(x,y)$ 无限趋近于一个确定的常数 A，则称当 (x,y) 趋近于 (x_0,y_0) 时，函数 $f(x,y)$ 以 A 为极限. 记为

$$\lim_{(x,y)\to(x_0y_0)} f(x,y)=A.$$

下面举例说明二元函数极限的求法.

例 4 求 $\lim\limits_{(x,y)\to(0,0)}(x^2+y^2)\sin\dfrac{1}{x^2+y^2}$.

解 令 $u=x^2+y^2$，因为当 $x\to0,y\to0$ 时，$u\to0$，所以

$$\lim_{(x,y)\to(0,0)}(x^2+y^2)\sin\frac{1}{x^2+y^2}=\lim_{u\to0}u\sin\frac{1}{u}=0.$$

本例说明，二元函数的极限的求解有时可转化为一元函数极限的求解.

例 5 考察函数 $g(x,y)=\begin{cases}\dfrac{xy}{x^2+y^2}, & x^2+y^2\neq0 \\ 0, & x^2+y^2=0\end{cases}$ 当 $(x,y)\to(0,0)$ 时的极限是否存在.

解 当点 (x,y) 沿着直线 $y=kx(k\neq0)$ 趋于 $(0,0)$ 时，即当 $y=kx,x\to0$ 时，有

$$\lim_{\substack{x\to0\\y=kx\to0}}g(x,y)=\lim_{x\to0}g(x,kx)=\lim_{x\to0}\frac{kx^2}{x^2+k^2x^2}=\frac{k}{1+k^2}.$$

随着 k 值不同，$\dfrac{k}{1+k^2}$ 的值也不同，故 $\lim\limits_{(x,y)\to(0,0)}g(x,y)$ 不存在.

三、二元函数的连续性

定义 3 设函数 $z=f(x,y)$ 在点 $P_0(x_0,y_0)$ 的某一邻域内有定义，且

$$\lim_{(x,y)\to(x_0,y_0)}f(x,y)=f(x_0,y_0),$$

则称函数 $z=f(x,y)$ 在点 $P_0(x_0,y_0)$ 处连续；否则，称 $z=f(x,y)$ 在点 $P_0(x_0,y_0)$ 处间断，且点 (x_0,y_0) 称为该函数的间断点.

如果函数 $z=f(x,y)$ 在区域 D 内的每一点处都连续，则称函数在区域 D 内连续.

与一元函数类似，多元函数有下述重要结论：

（1）如果多元函数在有界闭区域 D 上连续，那么它必在 D 上至少取得最大值和最小值各一次；

（2）多元连续函数的和、差、积均为连续函数，当分母不为零时，连续函数的商为连续函数，多元连续函数的复合函数也为连续函数；

（3）一切多元初等函数在其定义域内均是连续的.

习题 7-1

1. 已知函数 $f(x,y)=2x^2+xy-\sin\dfrac{x}{y}$，求 $f(ax,ay)$.

2. 已知函数 $f(x,y)=\dfrac{2xy}{x^2+y^2}$,求 $f\left(1,\dfrac{y}{x}\right)$.

3. 求下列函数的定义域 D,并作出 D 的图形.

(1) $z=x+\sqrt{y}$;

(2) $z=\ln(y-x^2)$;

(3) $z=\dfrac{\sqrt{x}}{x^2+y^2}$;

(4) $z=\sqrt{4-x^2-y^2}$;

(5) $z=\sqrt{1-x^2}+\sqrt{1-y^2}$;

(6) $z=\arcsin(x^2+y^2)$;

(7) $z=\ln(x+y)+\sqrt{4-x^2-y^2}$;

(8) $z=\arcsin\dfrac{x^2+y^2}{4}+\arccos\dfrac{1}{x^2+y^2}$.

4. 设圆锥高为 H,母线长为 L,试将圆锥的体积 V 表示为 H,L 的函数.

5. 求下列极限.

(1) $\lim\limits_{(x,y)\to(1,2)}\dfrac{x^2-y^2}{x-y}$;

(2) $\lim\limits_{(x,y)\to(0,1)}\dfrac{2-xy}{x^2+y^2+1}$;

(3) $\lim\limits_{(x,y)\to(0,1)}\arcsin\sqrt{x^2+y^2}$;

(4) $\lim\limits_{(x,y)\to(0,0)}\dfrac{\sin(x^2+y^2)}{x^2+y^2}$;

(5) $\lim\limits_{(x,y)\to(0,0)}\dfrac{\mathrm{e}^{x+y}-1}{x+y}$;

(6) $\lim\limits_{(x,y)\to(0,0)}\dfrac{\ln(1+x^2+y^2)}{x^2+y^2}$;

(7) $\lim\limits_{(x,y)\to(0,0)}\dfrac{1-\sqrt{xy+1}}{xy}$;

(8) $\lim\limits_{(x,y)\to(0,0)}\dfrac{\sin(xy)}{x}$.

7.2 偏 导 数

一、偏导数的定义及其求法

在研究二元函数时,有时要求在其中一个自变量固定不变时函数关于另一个自变量的变化率,这就产生了偏导数的概念.

1. 偏导数的定义

定义 设函数 $z=f(x,y)$ 在点 (x_0,y_0) 的某个邻域内有定义,当 y 固定在 y_0 处,而 x 在 x_0 处有增量 Δx 时,函数有增量 $\Delta z_x=f(x_0+\Delta x,y_0)-f(x_0,y_0)$,若

$$\lim\limits_{\Delta x\to0}\frac{\Delta z_x}{\Delta x}=\lim\limits_{\Delta x\to0}\frac{f(x_0+\Delta x,y_0)-f(x_0,y_0)}{\Delta x}$$

存在,则称此极限为函数 $z=f(x,y)$ 在点 (x_0,y_0) 处对 x 的偏导数,记作

$$\frac{\partial z}{\partial x}\bigg|_{(x_0,y_0)},\quad \frac{\partial f}{\partial x}\bigg|_{(x_0,y_0)},\quad z'_x\big|_{(x_0,y_0)}\quad \text{或}\quad f'_x(x_0,y_0).$$

类似地,函数 $z=f(x,y)$ 在点 (x_0,y_0) 处对 y 的偏导数定义为

$$\lim_{\Delta y \to 0} \frac{\Delta z_y}{\Delta y} = \lim_{\Delta y \to 0} \frac{f(x_0, y_0 + \Delta y) - f(x_0, y_0)}{\Delta y},$$

记作

$$\frac{\partial z}{\partial y}\bigg|_{(x_0, y_0)}, \quad \frac{\partial f}{\partial y}\bigg|_{(x_0, y_0)}, \quad z'_y\big|_{(x_0, y_0)} \quad \text{或} \quad f'_y(x_0, y_0).$$

如果函数 $z = f(x, y)$ 在区域 D 内每一点 (x, y) 处对 x 的偏导数都存在,那么这个偏导数就是 x, y 的函数,称为函数 $z = f(x, y)$ 对自变量 x 的偏导函数,记作

$$\frac{\partial z}{\partial x}, \quad \frac{\partial f}{\partial x}, \quad z'_x \quad \text{或} \quad f'_x(x, y).$$

类似地,可以定义函数 $z = f(x, y)$ 对自变量 y 的偏导函数,记作

$$\frac{\partial z}{\partial y}, \quad \frac{\partial f}{\partial y}, \quad z'_y \quad \text{或} \quad f'_y(x, y).$$

在不致引起混淆的前提下,偏导函数也简称为偏导数.

偏导数的概念可以推广到二元以上的函数,在此不再一一叙述.

2. 偏导数的求法

由偏导数的定义可以看出,对某一个变量求偏导数,就是将其余变量看作常数,再对该变量求导,所以求函数的偏导数不需要建立新的运算方法.

例 1　求 $z = x^2 - 3xy + 2y^3$ 在点 $(2, 1)$ 处的两个偏导数.

解　因为 $\dfrac{\partial z}{\partial x} = 2x - 3y, \dfrac{\partial z}{\partial y} = -3x + 6y^2$,所以

$$\frac{\partial z}{\partial x}\bigg|_{(2,1)} = 1, \quad \frac{\partial z}{\partial y}\bigg|_{(2,1)} = 0.$$

例 2　求 $z = x^2 \sin 2y$ 的偏导数.

解
$$\frac{\partial z}{\partial x} = 2x \sin 2y, \quad \frac{\partial z}{\partial y} = 2x^2 \cos 2y.$$

例 3　设 $z = x^y (x > 0, x \neq 1)$,求证:$\dfrac{x}{y} \cdot \dfrac{\partial z}{\partial x} + \dfrac{1}{\ln x} \cdot \dfrac{\partial z}{\partial y} = 2z.$

证　因为 $\dfrac{\partial z}{\partial x} = yx^{y-1}, \dfrac{\partial z}{\partial y} = x^y \ln x$,所以

$$\frac{x}{y} \frac{\partial z}{\partial x} + \frac{1}{\ln x} \frac{\partial z}{\partial y} = \frac{x}{y} yx^{y-1} + \frac{1}{\ln x} x^y \ln x = 2x^y = 2z,$$

即等式成立.

二、高阶偏导数

设函数 $z = f(x, y)$ 在区域 D 内具有偏导数 $\dfrac{\partial z}{\partial x} = f'_x(x, y), \dfrac{\partial z}{\partial y} = f'_y(x, y)$,那么在 D 内 $f'_x(x, y), f'_y(x, y)$ 都是 x, y 的函数. 如果这两个函数的偏导数也存在,则称它们为函数 $z = f(x, y)$ 的二阶偏导数.按照对变量求导次序的不同,有下列四个二阶偏导数:

$$\frac{\partial}{\partial x}\left(\frac{\partial z}{\partial x}\right) = \frac{\partial^2 z}{\partial x^2} = f''_{xx}(x, y), \quad \frac{\partial}{\partial y}\left(\frac{\partial z}{\partial x}\right) = \frac{\partial^2 z}{\partial x \partial y} = f''_{xy}(x, y),$$

$$\frac{\partial}{\partial x}\left(\frac{\partial z}{\partial y}\right)=\frac{\partial^2 z}{\partial y \partial x}=f''_{yx}(x,y), \qquad \frac{\partial}{\partial y}\left(\frac{\partial z}{\partial y}\right)=\frac{\partial^2 z}{\partial y^2}=f''_{yy}(x,y).$$

其中 $\dfrac{\partial^2 z}{\partial x \partial y}$，$\dfrac{\partial^2 z}{\partial y \partial x}$ 称为混合偏导数.由此同样可得 3 阶,4 阶,$\cdots$,n 阶偏导数,二阶及二阶以上的偏导数统称为高阶偏导数;$\dfrac{\partial z}{\partial x}$，$\dfrac{\partial z}{\partial y}$ 称为一阶偏导数.

例 4 设 $z=x^3 y-3xy^3+1$,求所有二阶偏导数.

解
$$\frac{\partial z}{\partial x}=3x^2 y-3y^3, \qquad \frac{\partial z}{\partial y}=x^3-9xy^2, \qquad \frac{\partial^2 z}{\partial x^2}=6xy,$$

$$\frac{\partial^2 z}{\partial x \partial y}=3x^2-9y^2, \qquad \frac{\partial^2 z}{\partial y \partial x}=3x^2-9y^2, \qquad \frac{\partial^2 z}{\partial y^2}=-18xy.$$

从上述例题中可知 $\dfrac{\partial^2 z}{\partial x \partial y}=\dfrac{\partial^2 z}{\partial y \partial x}$.

定理 如果函数 $z=f(x,y)$ 的两个二阶混合偏导数 $\dfrac{\partial^2 z}{\partial x \partial y}$ 及 $\dfrac{\partial^2 z}{\partial y \partial x}$ 在区域 D 内连续,那么在该区域内这两个二阶混合偏导数必相等.

也就是说,二阶混合偏导数在连续的条件下与求导的次序无关.对二阶以上的偏导数也有类似的结论.

习题 7-2

1. 求 $f(x,y)=x^2+\ln(xy+2)+y^2$ 在点 $(1,1)$ 处的两个偏导数.

2. 求下列函数的偏导数.

(1) $z=x^3 y-y^3 x$;

(2) $z=\sin(xy)+\cos(x+y)$;

(3) $z=e^{x^2+y^2}$;

(4) $z=\ln(x^2+y^2)$;

(5) $z=x^2 e^{xy}$;

(6) $z=\dfrac{\cos x^2}{y}$;

(7) $z=\sqrt{\ln(xy)}$;

(8) $z=\dfrac{x+y}{x-y}$;

(9) $z=\dfrac{x}{x^2+y^2}$;

(10) $z=(\sin x)^{\cos y}$.

3. 设 $T=2\pi\sqrt{\dfrac{l}{g}}$,试证明 $l\dfrac{\partial T}{\partial l}+g\dfrac{\partial T}{\partial g}=0$.

4. 设 $z=x e^{\frac{y}{x}}$,试证明 $x\dfrac{\partial z}{\partial x}+y\dfrac{\partial z}{\partial y}=z$.

5. 求下列函数的二阶偏导数.

(1) $z=x^2 y+y^2 x$;

(2) $z=x^2 y^3+3xy+2$;

(3) $z=x^4-4x^2 y^2+y^4$;

(4) $z=\sin^2(ax+by)$;

(5) $z=x\ln(xy)$;

(6) $z=x^2\arctan\dfrac{y}{x}-y^2\arctan\dfrac{x}{y}$.

7.3 全 微 分

对于一元函数 $y=f(x)$,我们曾经讨论过用自变量增量的线性函数 $A\Delta x$ 近似代替函数增量 Δy 的问题,对于二元函数也要讨论类似的问题.

一、全微分定义

定义 1 设函数 $z=f(x,y)$ 在区域 D 内有定义,点 $P(x,y)\in D$,当自变量 x 取得增量 Δx,自变量 y 取得增量 Δy,得到点 $P_1(x+\Delta x,y+\Delta y)\in D$ 时,有

$$\Delta z=f(x+\Delta x,y+\Delta y)-f(x,y).$$

Δz 称为函数在点 (x,y) 对应于自变量增量 $\Delta x,\Delta y$ 的全增量.

定义 2 如果函数 $z=f(x,y)$ 在点 (x,y) 的全增量 $\Delta z=f(x+\Delta x,y+\Delta y)-f(x,y)$ 可表示为 $\Delta z=A\Delta x+B\Delta y+\omega$,其中 A,B 与 $\Delta x,\Delta y$ 的变化无关,ω 是 $\rho=\sqrt{(\Delta x)^2+(\Delta y)^2}$ 的高阶无穷小,即 $\lim\limits_{\rho\to 0}\dfrac{\omega}{\rho}=0$,则称 $A\Delta x+B\Delta y$ 为函数 $z=f(x,y)$ 在点 (x,y) 处的全微分,记为 dz,即

$$dz=A\Delta x+B\Delta y.$$

这时,也称函数 $z=f(x,y)$ 在点 (x,y) 处可微.

如果函数 $z=f(x,y)$ 在区域 D 内每一点处都可微,则称函数 $z=f(x,y)$ 在区域 D 内可微.

定理 1 如果函数 $z=f(x,y)$ 在点 (x_0,y_0) 处可微,则函数 $z=f(x,y)$ 在点 (x_0,y_0) 处连续.

现在的问题是如何确定 dz 表达式中的 A 与 B.

假设 $z=f(x,y)$ 在点 (x,y) 处可微,又因为全微分对一切 $\Delta x,\Delta y$ 都成立,那么对 $\Delta y=0$ 自然也成立,在全微分表达式中,令 $\Delta y=0$,则 $\Delta z_x=A\Delta x+\omega$,$\omega$ 是 $\rho=\sqrt{(\Delta x)^2}$ 的高阶无穷小,即 $\lim\limits_{\Delta x\to 0}\dfrac{\omega}{\sqrt{(\Delta x)^2}}=0$,所以 $\dfrac{\Delta z_x}{\Delta x}=A+\dfrac{\omega}{\Delta x}$.对该式取 $\Delta x\to 0$ 时的极限,有

$$\lim_{\Delta x\to 0}\frac{\Delta z_x}{\Delta x}=\lim_{\Delta x\to 0}\left(A+\frac{\omega}{\Delta x}\right)=A.$$

又因为 $\lim\limits_{\Delta x\to 0}\dfrac{\Delta z_x}{\Delta x}=\dfrac{\partial z}{\partial x}$,所以 $A=\dfrac{\partial z}{\partial x}$,同理可得 $B=\dfrac{\partial z}{\partial y}$.

定理 2(可微的必要条件) 若 $z=f(x,y)$ 在点 (x,y) 处可微,则 $\dfrac{\partial z}{\partial x},\dfrac{\partial z}{\partial y}$ 都存在,且

$$dz=\frac{\partial z}{\partial x}\Delta x+\frac{\partial z}{\partial y}\Delta y.$$

与一元函数一样,当 x,y 是自变量时,规定 $\mathrm{d}x=\Delta x,\mathrm{d}y=\Delta y$,则上式可写成

$$\mathrm{d}z=\frac{\partial z}{\partial x}\mathrm{d}x+\frac{\partial z}{\partial y}\mathrm{d}y=f'_x\mathrm{d}x+f'_y\mathrm{d}y.$$

定理 3(可微的充分条件) 如果函数 $z=f(x,y)$ 在点 (x_0,y_0) 的某一邻域内偏导数 $\dfrac{\partial z}{\partial x}$ 与 $\dfrac{\partial z}{\partial y}$ 连续,则称函数 $z=f(x,y)$ 在点 (x_0,y_0) 处可微.

以上对于二元函数全微分的概念可以推广到二元以上的函数.例如,若三元函数 $u=f(x,y,z)$ 具有连续偏导数,则

$$\mathrm{d}u=\frac{\partial u}{\partial x}\mathrm{d}x+\frac{\partial u}{\partial y}\mathrm{d}y+\frac{\partial u}{\partial z}\mathrm{d}z=f'_x\mathrm{d}x+f'_y\mathrm{d}y+f'_z\mathrm{d}z.$$

例 1 求函数 $z=\dfrac{y}{x}$ 在点 $(2,1)$ 处当 $\Delta x=0.1,\Delta y=-0.2$ 时的全增量与全微分.

解 全增量

$$\Delta z=\frac{y+\Delta y}{x+\Delta x}-\frac{y}{x}=\frac{1-0.2}{2+0.1}-\frac{1}{2}\approx-0.119.$$

因为

$$\frac{\partial z}{\partial x}\bigg|_{(2,1)}=-\frac{y}{x^2}\bigg|_{(2,1)}=-\frac{1}{4}=-0.25,\quad \frac{\partial z}{\partial y}\bigg|_{(2,1)}=\frac{1}{x}\bigg|_{(2,1)}=\frac{1}{2}=0.5,$$

所以

$$\mathrm{d}z=\frac{\partial z}{\partial x}\bigg|_{(2,1)}\Delta x+\frac{\partial z}{\partial y}\bigg|_{(2,1)}\Delta y=-0.25\times0.1+0.5\times(-0.2)=-0.125.$$

例 2 计算函数 $z=\mathrm{e}^{xy}$ 的全微分.

解 因为 $\dfrac{\partial z}{\partial x}=y\mathrm{e}^{xy},\dfrac{\partial z}{\partial y}=x\mathrm{e}^{xy}$,所以

$$\mathrm{d}z=\frac{\partial z}{\partial x}\mathrm{d}x+\frac{\partial z}{\partial y}\mathrm{d}y=y\mathrm{e}^{xy}\mathrm{d}x+x\mathrm{e}^{xy}\mathrm{d}y.$$

二、全微分在近似计算中的应用

设函数 $z=f(x,y)$ 在点 (x,y) 处可微,则函数的全增量与全微分之差 ω 是一个比 ρ 高阶的无穷小,所以当 $|\Delta x|$ 和 $|\Delta y|$ 很小时,常用全微分 $\mathrm{d}z$ 代替全增量 Δz,即

$$\mathrm{d}z\approx\Delta z,$$

所以 $f(x+\Delta x,y+\Delta y)-f(x,y)\approx\dfrac{\partial z}{\partial x}\mathrm{d}x+\dfrac{\partial z}{\partial y}\mathrm{d}y$,即

$$f(x+\Delta x,y+\Delta y)\approx f(x,y)+\frac{\partial z}{\partial x}\mathrm{d}x+\frac{\partial z}{\partial y}\mathrm{d}y.$$

可以利用这一结论作近似计算.

例 3 设圆锥的底半径 r 由 30 cm 增加到 30.1 cm,高 h 由 60 cm 减少到 59.5 cm,试求圆锥的体积变化的近似值.

解 圆锥的体积的计算公式为 $V=\dfrac{1}{3}\pi r^2h$. 取 $r=30,h=60$,则 $\Delta r=0.1,\Delta h=-0.5$.

因为

$$\frac{\partial V}{\partial r}\Big|_{(30,60)}=\frac{2}{3}\pi rh\Big|_{(30,60)}=1200\pi,\quad \frac{\partial V}{\partial h}\Big|_{(30,60)}=\frac{1}{3}\pi r^2\Big|_{(30,60)}=300\pi,$$

所以

$$\Delta V\approx[1200\pi\times0.1+300\pi\times(-0.5)]\ \text{cm}^3=-30\pi\ \text{cm}^3\approx-94.2\ \text{cm}^3,$$

即体积减少约 $94.2\ \text{cm}^3$.

例 4 利用全微分近似计算 $1.08^{3.96}$ 的值.

解 设函数 $z=f(x,y)=x^y$,计算 $f(1.08,3.96)$,取 $x=1,y=4,\Delta x=0.08,\Delta y=-0.04$.

由于 $f(1,4)=1,\dfrac{\partial z}{\partial x}\Big|_{(1,4)}=yx^{y-1}\big|_{(1,4)}=4,\dfrac{\partial z}{\partial y}\Big|_{(1,4)}=x^y\ln x\big|_{(1,4)}=0$,所以

$$f(1.08,3.96)\approx f(1,4)+\frac{\partial z}{\partial x}\Big|_{(1,4)}\Delta x+\frac{\partial z}{\partial y}\Big|_{(1,4)}\Delta y=1+4\times0.08+0\times(-0.04)=1.32,$$

所以 $1.08^{3.96}\approx1.32$.

习题 7-3

1. 求下列函数的全微分.

(1) $z=\ln(1+x^2+y^2)$;

(2) $z=xy+\dfrac{x}{y}$;

(3) $z=\arcsin xy$;

(4) $u=x^{yz}$.

2. 求函数 $z=\mathrm{e}^{\frac{x}{y}}$ 当 $x=1,y=1$ 时的全微分.

3. 设 $z=\dfrac{y^2}{x}$,当 $x=2,y=1,\Delta x=0.1,\Delta y=-0.2$ 时,求 $\mathrm{d}z$ 及 Δz.

4. 求下列近似值.

(1) $(0.98)^{2.01}$;

(2) $\sin 29°\tan 46°$.

5. 设矩形边长 $x=6\ \text{m},y=8\ \text{m}$,当 x 增加 2 cm,y 减少 5 cm 时,求矩形的对角线和面积变化的近似值.

7.4　多元复合函数求导法则和隐函数求导公式

一、多元复合函数求导法则

现在要将一元函数微分学中复合函数的求导法则推广到多元复合函数的情形. 多元复合函数的求导法则在多元函数微分学中起着重要作用.

定理 如果函数 $u=\varphi(x,y),v=\psi(x,y)$ 在点 (x,y) 处的偏导数 $\dfrac{\partial u}{\partial x},\dfrac{\partial u}{\partial y},\dfrac{\partial v}{\partial x},\dfrac{\partial v}{\partial y}$ 都存在,且在点 (x,y) 对应的点 (u,v) 处函数 $z=f(u,v)$ 有连续偏导数,则复合函数 $z=f[\varphi(x,y),\psi(x,y)]$ 在点 (x,y) 处有偏导数,且有

$$\begin{cases}\dfrac{\partial z}{\partial x}=\dfrac{\partial z}{\partial u}\cdot\dfrac{\partial u}{\partial x}+\dfrac{\partial z}{\partial v}\cdot\dfrac{\partial v}{\partial x},\\[2mm]\dfrac{\partial z}{\partial y}=\dfrac{\partial z}{\partial u}\cdot\dfrac{\partial u}{\partial y}+\dfrac{\partial z}{\partial v}\cdot\dfrac{\partial v}{\partial y}.\end{cases} \tag{7-1}$$

式(7-1)又称为链式法则.

为了便于记忆,不至于遗漏中间变量,可先作出变量关系图,例如,$z=f(u,v)$ 通过中间变量 $u=\varphi(x,y),v=\psi(x,y)$ 成为 x,y 的函数(见图7-3).

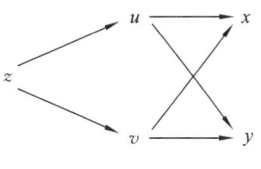

图 7-3

例1 设 $z=e^u\sin v,u=xy,v=x+y$,求 $\dfrac{\partial z}{\partial x}$ 和 $\dfrac{\partial z}{\partial y}$.

解
$$\frac{\partial z}{\partial x}=\frac{\partial z}{\partial u}\cdot\frac{\partial u}{\partial x}+\frac{\partial z}{\partial v}\cdot\frac{\partial v}{\partial x}=e^u\sin v\cdot y+e^u\cos v\cdot 1$$
$$=e^u(y\sin v+\cos v)=e^{xy}[y\sin(x+y)+\cos(x+y)],$$
$$\frac{\partial z}{\partial y}=\frac{\partial z}{\partial u}\cdot\frac{\partial u}{\partial y}+\frac{\partial z}{\partial v}\cdot\frac{\partial v}{\partial y}=e^u\sin v\cdot x+e^u\cos v\cdot 1$$
$$=e^{xy}[x\sin(x+y)+\cos(x+y)].$$

例2 设 $z=(x^2-2y)^{xy}$,求 $\dfrac{\partial z}{\partial x}$ 和 $\dfrac{\partial z}{\partial y}$.

解 设 $u=x^2-2y,v=xy$,则 $z=u^v$.
$$\frac{\partial z}{\partial x}=\frac{\partial z}{\partial u}\cdot\frac{\partial u}{\partial x}+\frac{\partial z}{\partial v}\cdot\frac{\partial v}{\partial x}=v\cdot u^{v-1}\cdot 2x+u^v\cdot\ln u\cdot y$$
$$=2x^2y\cdot(x^2-2y)^{xy-1}+y\cdot(x^2-2y)^{xy}\cdot\ln(x^2-2y),$$
$$\frac{\partial z}{\partial y}=\frac{\partial z}{\partial u}\cdot\frac{\partial u}{\partial y}+\frac{\partial z}{\partial v}\cdot\frac{\partial v}{\partial y}=v\cdot u^{v-1}\times(-2)+u^v\cdot\ln u\cdot x$$
$$=-2xy\cdot(x^2-2y)^{xy-1}+x\cdot(x^2-2y)^{xy}\cdot\ln(x^2-2y).$$

对于中间变量或自变量是一个或多个的情形,链式法则可以推广.下面借助变量关系图讨论几个复合函数的链式法则.

(1) 设一元函数 $u=\varphi(x),v=\psi(x)$ 在点 x 处可导,二元函数 $z=f(u,v)$ 在 x 的对应点 (u,v) 处有一阶连续偏导数 $\dfrac{\partial z}{\partial u}$ 和 $\dfrac{\partial z}{\partial v}$(见图7-4),则复合函数 $z=f[\varphi(x),\psi(x)]$ 对 x 的导数存在,且

$$\frac{\mathrm{d}z}{\mathrm{d}x}=\frac{\partial z}{\partial u}\cdot\frac{\mathrm{d}u}{\mathrm{d}x}+\frac{\partial z}{\partial v}\cdot\frac{\mathrm{d}v}{\mathrm{d}x}.$$

(2) $z=f(u,x,y),u=u(x,y)$(见图7-5)都满足定理条件,则复合函数 $z=f[u(x,y),x,y]$ 有对 x,y 的偏导数,且

$$\begin{cases}\dfrac{\partial z}{\partial x}=\dfrac{\partial z}{\partial u}\cdot\dfrac{\partial u}{\partial x}+\dfrac{\partial f}{\partial x},\\[2mm]\dfrac{\partial z}{\partial y}=\dfrac{\partial z}{\partial u}\cdot\dfrac{\partial u}{\partial y}+\dfrac{\partial f}{\partial y}.\end{cases}$$

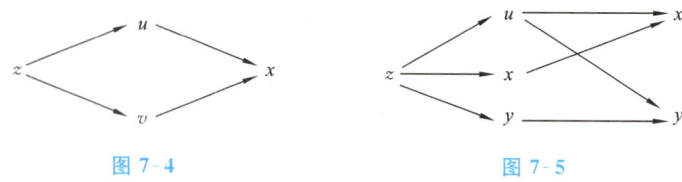

图 7-4   图 7-5

（3）$z=f(u,v,w),u=u(x,y),v=v(x,y),w=w(x,y)$

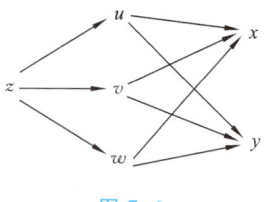

（见图 7-6）都满足定理的条件，则复合函数 $z=f[u(x,y),$

$v(x,y),w(x,y)]$ 在点 (x,y) 处有偏导数，且有

$$\begin{cases}\dfrac{\partial z}{\partial x}=\dfrac{\partial z}{\partial u}\cdot\dfrac{\partial u}{\partial x}+\dfrac{\partial z}{\partial v}\cdot\dfrac{\partial v}{\partial x}+\dfrac{\partial z}{\partial w}\cdot\dfrac{\partial w}{\partial x},\\[2mm]\dfrac{\partial z}{\partial y}=\dfrac{\partial z}{\partial u}\cdot\dfrac{\partial u}{\partial y}+\dfrac{\partial z}{\partial v}\cdot\dfrac{\partial v}{\partial y}+\dfrac{\partial z}{\partial w}\cdot\dfrac{\partial w}{\partial y}.\end{cases}$$

图 7-6

例 3 设 $z=uv+\sin t,u=\mathrm{e}^t,v=\cos t$，求 $\dfrac{\mathrm{d}z}{\mathrm{d}t}$.

解 $\dfrac{\mathrm{d}z}{\mathrm{d}t}=\dfrac{\partial z}{\partial u}\cdot\dfrac{\mathrm{d}u}{\mathrm{d}t}+\dfrac{\partial z}{\partial v}\cdot\dfrac{\mathrm{d}v}{\mathrm{d}t}+\dfrac{\partial z}{\partial t}=v\cdot\mathrm{e}^t-u\sin t+\cos t=\mathrm{e}^t(\cos t-\sin t)+\cos t.$

例 4 设 $z=f\left(\dfrac{y}{x},x+2y,y\sin x\right)$，求 $\dfrac{\partial z}{\partial x}$ 和 $\dfrac{\partial z}{\partial y}$.

解 令 $u=\dfrac{y}{x},v=x+2y,w=y\sin x$，则 $z=f(u,v,w)$，

$$\dfrac{\partial z}{\partial x}=\dfrac{\partial z}{\partial u}\cdot\dfrac{\partial u}{\partial x}+\dfrac{\partial z}{\partial v}\cdot\dfrac{\partial v}{\partial x}+\dfrac{\partial z}{\partial w}\cdot\dfrac{\partial w}{\partial x}=f'_u\cdot\left(-\dfrac{y}{x^2}\right)+f'_v\cdot1+f'_w\cdot y\cos x$$

$$=-\dfrac{y}{x^2}f'_1+f'_2+y\cos x\cdot f'_3.$$

式中：f'_i 表示 z 对第 i 个中间变量的偏导数$(i=1,2,3)$. 有了这种记法，就不一定要明显地写出中间变量 u、v、ω.

同理 $$\dfrac{\partial z}{\partial y}=\dfrac{1}{x}\cdot f'_1+2f'_2+\sin x\cdot f'_3.$$

二、隐函数求导公式

设由方程 $F(x,y,z)=0$ 确定隐函数 $z=z(x,y)$，若 F'_x,F'_y,F'_z 连续，且 $F'_z\neq0$，则将 $z=z(x,y)$ 代入方程 $F(x,y,z)=0$，得恒等式 $F[x,y,z(x,y)]\equiv0$.

两端分别对 x,y 求偏导，得

$$F'_x+F'_z\cdot\dfrac{\partial z}{\partial x}=0,\quad F'_y+F'_z\cdot\dfrac{\partial z}{\partial y}=0.$$

因为 $F'_z\neq0$，所以 $\dfrac{\partial z}{\partial x}=-\dfrac{F'_x}{F'_z},\dfrac{\partial z}{\partial y}=-\dfrac{F'_y}{F'_z}$.

这就是二元隐函数的求导公式.

例 5 设 $x^2+2y^2+3z^2=4$，求 $\dfrac{\partial z}{\partial x}$ 和 $\dfrac{\partial z}{\partial y}$.

解　令 $F(x,y,z)=x^2+2y^2+3z^2-4=0$，则 $F'_x=2x,F'_y=4y,F'_z=6z$，所以

$$\frac{\partial z}{\partial x}=-\frac{F'_x}{F'_y}=-\frac{x}{3z}, \quad \frac{\partial z}{\partial y}=-\frac{F'_y}{F'_z}=-\frac{2y}{3z}.$$

例 6　设 $z^x=y^z$，求 $\mathrm{d}z$.

解　令 $F(x,y,z)=z^x-y^z$，因为

$$F'_x=z^x\ln z, \quad F'_y=-z\cdot y^{z-1}, \quad F'_z=x\cdot z^{x-1}-y^z\ln y,$$

所以

$$\frac{\partial z}{\partial x}=-\frac{z^x\ln z}{xz^{x-1}-y^z\ln y}, \quad \frac{\partial z}{\partial y}=-\frac{-zy^{z-1}}{xz^{x-1}-y^z\ln y}.$$

故

$$\mathrm{d}z=\frac{z^x\ln z}{y^z\ln y-xz^{x-1}}\mathrm{d}x+\frac{zy^{z-1}}{x\cdot z^{x-1}-y^z\ln y}\mathrm{d}y.$$

习题 7-4

1. $z=u^2v-uv^2, u=x\cos y, v=x\sin y$，求 $\dfrac{\partial z}{\partial x}$ 和 $\dfrac{\partial z}{\partial y}$.

2. $z=\arctan(xy), y=\mathrm{e}^x$，求 $\dfrac{\partial z}{\partial x}$.

3. $z=y+F(u), u=x^2-y^2, F(u)$ 可微，求 $\dfrac{\partial z}{\partial x}$ 和 $\dfrac{\partial z}{\partial y}$.

4. 求下列隐函数的偏导数 $\dfrac{\partial z}{\partial x}$ 和 $\dfrac{\partial z}{\partial y}$.

   (1) $\dfrac{x}{z}=\ln\dfrac{z}{y}$；　　　　　　　　(2) $z^3+3xyz=14$；

   (3) $x+y+z=\mathrm{e}^{-(x+y+z)}$；　　　　　(4) $\ln(xyz)=2xyz-2xz$.

7.5　多元函数的极值

一、极值与最值

在实际问题中，我们经常会遇到多元函数的最大值、最小值问题. 与一元函数类似，多元函数的最大值、最小值与极大值、极小值有密切联系. 因此，先来讨论多元函数的极值问题，讨论以二元函数为主.

定义　设函数 $z=f(x,y)$ 在点 (x_0,y_0) 的某个邻域内有定义，对于该领域内异于 (x_0,y_0) 的点 (x,y) 都有 $f(x,y)<f(x_0,y_0)$，则称函数 $f(x,y)$ 在点 (x_0,y_0) 有极大值 $f(x_0,y_0)$，称点 (x_0,y_0) 为函数 $f(x,y)$ 的极大值点.

如果对于该邻域内异于 (x_0,y_0) 的点 (x,y) 都有 $f(x,y)>f(x_0,y_0)$，则称函数 $f(x,y)$ 在点 (x_0,y_0) 处有极小值 $f(x_0,y_0)$，称点 (x_0,y_0) 为函数 $f(x,y)$ 的极小值点.

极大值与极小值统称为极值,极大值点与极小值点统称为极值点.

例如,$z = x^2 + 4y^2$ 在点 $(0,0)$ 处有极小值 0;$z = 2 - \sqrt{x^2 + y^2}$ 在点 $(0,0)$ 处有极大值 2;$z = xy$ 在点 $(0,0)$ 处既不取得极大值,也不取得极小值.

以上关于二元函数的极值的概念很容易推广到一般的 n 元函数.

多元函数的极值问题一般可以利用偏导数解决,下面两个定理就是关于这个问题的结论.

定理 1(必要条件) 设函数 $z = f(x,y)$ 在点 (x_0, y_0) 处有偏导数,且在点 (x_0, y_0) 处有极值,则在该点处的偏导数必为零,即

$$f'_x(x_0, y_0) = 0, \quad f'_y(x_0, y_0) = 0.$$

参照一元函数,使得 $f'_x(x,y) = 0$ 且 $f'_y(x,y) = 0$ 的点 (x_0, y_0) 称为 $z = f(x,y)$ 的驻点.由定理 1 可知,具有偏导数的函数的极值点一定是驻点,但函数的驻点不一定是极值点.例如,点 $(0,0)$ 是函数 $z = xy$ 的驻点,但函数在该点并无极值.

怎样判断一个驻点是否为极值点呢?下面的定理回答了这个问题.

定理 2(充分条件) 设函数 $z = f(x,y)$ 在点 (x_0, y_0) 的某个邻域内具有一阶及二阶连续偏导数,并且 $f'_x(x_0, y_0) = 0,f'_y(x_0, y_0) = 0$,令 $f''_{xx}(x_0, y_0) = A,f''_{xy}(x_0, y_0) = B$,$f''_{yy}(x_0, y_0) = C$,则 $f(x,y)$ 在点 (x_0, y_0) 处是否取得极值的条件如下:

(1) $B^2 - AC < 0$ 时具有极值,且 $A < 0$ 时有极大值,$A > 0$ 时有极小值;

(2) $B^2 - AC > 0$ 时没有极值;

(3) $B^2 - AC = 0$ 时可能有极值,也可能没有极值,还需要另作讨论.

利用定理 1 和定理 2 可求得具有二阶连续偏导数的函数 $z = f(x,y)$ 的极值,具体步骤如下:

(1) 解方程组 $\begin{cases} f'_x(x,y) = 0, \\ f'_y(x,y) = 0, \end{cases}$ 求出所有驻点 (x_0, y_0);

(2) 对每个驻点 (x_0, y_0) 求出二阶偏导数值 A, B, C;

(3) 确定 $B^2 - AC$ 的符号,由定理 2 判定 $f(x_0, y_0)$ 是否为极值,如果是极值,则判断是极大值还是极小值.

例 1 求出 $f(x,y) = x^3 - y^3 + 3x^2 + 3y^2 - 9x$ 的极值.

解 先解方程组

$$\begin{cases} f'_x(x,y) = 3x^2 + 6x - 9 = 0, \\ f'_y(x,y) = -3y^2 + 6y = 0, \end{cases}$$

求得驻点 $(1,0),(1,2),(-3,0),(-3,2)$.

再求二阶偏导数

$$A = f''_{xx}(x,y) = 6x + 6,$$
$$B = f''_{xy}(x,y) = 0,$$
$$C = f''_{yy}(x,y) = -6y + 6.$$

在点 $(1,0)$ 处,$B^2 - AC = -12 \times 6 < 0$,且 $A > 0$,所以函数在点 $(1,0)$ 处有极小值 $f(1,0) = -5$;在点 $(1,2)$ 处,$B^2 - AC = -12 \times (-6) > 0$,所以函数在点 $(1,2)$ 处无极值;在点 $(-3,0)$ 处,$B^2 - AC = -(-12) \times 6 > 0$,所以函数在点 $(-3,0)$ 处无极值;在点 $(-3,2)$ 处,$B^2 - AC = -(-12) \times (-6) < 0$,且 $A < 0$,所以函数在点 $(-3,2)$ 处有极大值 $f(-3,2) = 31$.

与一元函数类似,可利用函数的极值求函数的最值.

由前面可知,如果函数 $z=f(x,y)$ 在有界闭区域 D 上连续,则 $f(x,y)$ 在 D 上必定取得它的最大值和最小值,最值点可能在 D 的内部,也可能在 D 的边界上,假定函数在 D 上连续、在 D 内可微,且只有有限个驻点,此时如果最值点在 D 的内部,那么该点一定是极值点.因此,在上述条件下,求函数最值的一般方法是:将函数 $z=f(x,y)$ 在 D 内的所有驻点处的函数值及 D 的边界上的函数值进行比较,最大的就是最大值,最小的就是最小值,但这种做法需要求出 $z=f(x,y)$ 在边界 D 上的最值,较为复杂.因此,在实际问题中,如果根据问题的性质,已知 $z=f(x,y)$ 的最大(小)值一定在区域 D 内部取得,且函数在 D 内只有一个驻点,那么可以肯定该驻点处的函数值就是函数 $z=f(x,y)$ 在 D 上的最大(小)值.

例 2　要用铁板做一个体积为 $2~\mathrm{m}^3$ 的有盖长方体水箱,问当长、宽、高各取怎样的尺寸时才能使用料最省?

解　设水箱长为 $x~\mathrm{m}$,宽为 $y~\mathrm{m}$,则其高为 $\dfrac{2}{xy}~\mathrm{m}$.设所用铁板面积为 S,则

$$S=2\left(xy+y\,\frac{2}{xy}+x\,\frac{2}{xy}\right)=2\left(xy+\frac{2}{x}+\frac{2}{y}\right)~(x>0,y>0).$$

令 $S'_x(x,y)=2\left(y-\dfrac{2}{x^2}\right)=0$,$S'_y(x,y)=2\left(x-\dfrac{2}{y^2}\right)=0$,得 $x=\sqrt[3]{2}$,$y=\sqrt[3]{2}$ 为唯一驻点.根据题意可知,水箱所用材料面积的最小值一定存在,且在 $D:x>0,y>0$ 内取得,即当长为 $\sqrt[3]{2}~\mathrm{m}$,宽为 $\sqrt[3]{2}~\mathrm{m}$,高为 $\dfrac{2}{xy}=\sqrt[3]{2}~\mathrm{m}$ 时用料最省.

从这个例子可知,体积一定的长方体中,立方体的表面积最小.

二、条件极值

上面所讨论的极值问题,对函数的自变量,除了限定在函数的定义域内,并无其他条件,所以称为无条件极值,但在实际问题中,有时会遇到对函数自变量还有附加条件的极值问题,这种带有约束条件的极值称为条件极值,此时可采用拉格朗日乘数法求解条件极值问题.

用拉格朗日乘数法求解函数 $z=f(x,y)$ 在满足约束条件 $\varphi(x,y)=0$ 下的条件极值问题的具体步骤如下.

(1) 构造拉格朗日函数:$L(x,y,\lambda)=f(x,y)+\lambda\varphi(x,y)$,将原条件极值问题转化为求三元函数 $L(x,y,\lambda)$ 的无条件极值问题.其中,参数 λ 称为拉格朗日乘数.

由无条件极值问题中极值存在的必要条件,得

$$\begin{cases}\dfrac{\partial L}{\partial x}=f'_x(x,y)+\lambda\varphi'_x(x,y)=0,\\[2mm]\dfrac{\partial L}{\partial y}=f'_y(x,y)+\lambda\varphi'_y(x,y)=0,\\[2mm]\dfrac{\partial L}{\partial \lambda}=\varphi(x,y)=0.\end{cases}$$

求解可能的极值点 (x,y) 及参数 λ.

(2) 判别求出的点 (x,y) 是否为极值点,通常用实际问题的实际意义判别.

以上方法可以推广到两个或两个以上约束条件的情形.例如,求函数 $u=f(x,y,z)$ 在约

束条件 $\begin{cases}\varphi(x,y,z)=0,\\\psi(x,y,z)=0\end{cases}$ 下的极值,此时拉格朗日函数为

$$L(x,y,z,\lambda)=f(x,y,z)+\lambda_1\varphi(x,y,z)+\lambda_2\psi(x,y,z),$$

对应方程组

$$\begin{cases}f'_x(x,y,z)+\lambda_1\varphi'_x(x,y,z)+\lambda_2\psi'_x(x,y,z)=0,\\f'_y(x,y,z)+\lambda_1\varphi'_y(x,y,z)+\lambda_2\psi'_y(x,y,z)=0,\\\varphi(x,y,z)=0,\\\psi(x,y,z)=0.\end{cases}$$

例 3 求函数 $f(x,y)=x^2+2y^2$ 在方程 $x^2+y^2=1$ 约束下的最大值、最小值.

解 根据拉格朗日乘数法构造函数

$$L(x,y,\lambda)=x^2+2y^2+\lambda(x^2+y^2-1).$$

求解方程组 $\begin{cases}2x+2x\cdot\lambda=0,\\4y+2y\cdot\lambda=0,\\x^2+y^2-1=0.\end{cases}$ 解得四个可疑条件极值点 $(0,1),(0,-1),(1,0),(-1,0)$,

且 $f(0,1)=f(0,-1)=2,f(1,0)=f(-1,0)=1$,由于连续函数 $z=x^2+2y^2$ 在有界闭集 $\{(x,y)\,|\,x^2+y^2=1\}$ 上必有最值,故最大值为 2,最小值为 1.

习题 7-5

1. 求下列函数的极值.

(1) $f(x,y)=4(x-y)-x^2-y^2$;

(2) $f(x,y)=e^{2x}(x+y^2+2y)$;

(3) $f(x,y)=(6x-x^2)(4y-y^2)$.

2. 求平面 xOy 上的一点,使它到 $x=0,y=0$ 及 $x+2y-16=0$ 三条直线的距离的平方和最小.

3. 在斜边长度为 l 的一切直角三角形中,求有最大周长的直角三角形.

7.6 二重积分

一、二重积分的概念

1. 曲顶柱体的体积

设有一立体,底是 xOy 面上的有界闭区域 D,侧面是以 D 的边界曲线为准线且母线平行于 z 轴的柱面,顶是曲面 $z=f(x,y)$,其中 $f(x,y)\geqslant0$ 且在 D 上连续,这种立体称为曲顶

柱体(见图7-7).曲顶柱体的体积的求解可参照曲边梯形的面积的求解.

(1) 分割.用一组曲线把 D 分成 n 个小闭区域 $\Delta\sigma_1,\Delta\sigma_2,\cdots,\Delta\sigma_n$,并以 $\Delta\sigma_i(i=1,2,\cdots,n)$ 表示第 i 个小区域的面积,分别以这些小区域的边界曲线为准线,作母线平行于 z 轴的柱面,这些柱面把原来的曲顶柱体分为 n 个细条曲顶柱体(见图7-8).

(2) 近似代替.当小区域 $\Delta\sigma_i$ 的直径 λ 很小时,任取点 $(\xi_i,\eta_i)\in\Delta\sigma_i$,在 $\Delta\sigma_i$ 内以 $f(\xi_i,\eta_i)$ 为高、以 $\Delta\sigma_i$ 为底的平顶柱体的体积 $f(\xi_i,\eta_i)\cdot\Delta\sigma_i$ 近似代替第 i 个细条曲顶柱体的体积.

(3) 求和.这 n 个小平顶柱体的体积之和为 $\sum_{i=1}^{n}f(\xi_i,\eta_i)\Delta\sigma_i(i=1,2,\cdots,n)$.

(4) 取极限.将 D 无限细分,即令 n 个小区域的直径中的最大值 λ 趋于零时,上述和式的极限就是曲顶柱体的体积,即 $V=\lim\limits_{\lambda\to0}\sum\limits_{i=1}^{n}f(\xi_i,\eta_i)\cdot\Delta\sigma_i$.

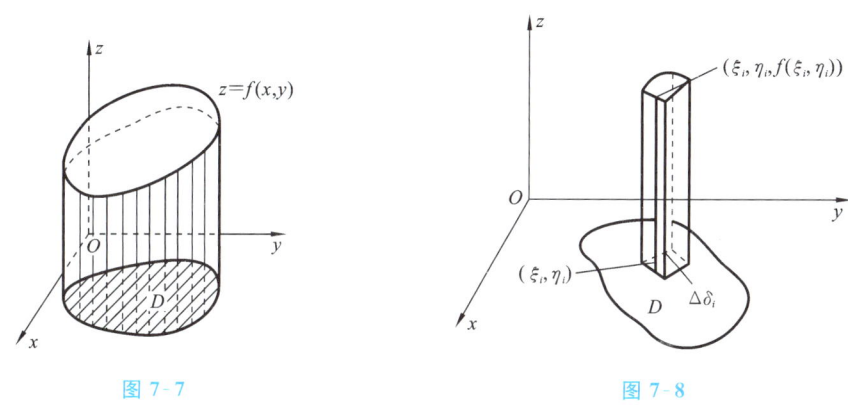

图7-7　　　　　　　　　　　　　　　　图7-8

撇开上述问题中的几何特性,一般地研究这种和的极限可得以下定义.

2. 二重积分的定义

定义　设 $f(x,y)$ 是定义在有界闭区域 D 上的连续函数,将区域 D 任意分成 n 个小区域 $\Delta\sigma_1,\Delta\sigma_2,\cdots,\Delta\sigma_n$.其中,$\Delta\sigma_i(i=1,2,\cdots,n)$ 表示第 i 个小区域,也表示它的面积.在每个小区域 $\Delta\sigma_i$ 中任取一点 (ξ_i,η_i),作乘积 $f(\xi_i,\eta_i)\cdot\Delta\sigma_i$,并作和式 $\sum\limits_{i=1}^{n}f(\xi_i,\eta_i)\Delta\sigma_i$,如果当 n 无限增大,且各小区域的直径中的最大值 λ 趋于零时,这个和式的极限存在,那么称此极限为函数 $f(x,y)$ 在区域 D 上的二重积分,记作 $\iint\limits_{D}f(x,y)\mathrm{d}\sigma$,即

$$\iint\limits_{D}f(x,y)\mathrm{d}\sigma=\lim_{\lambda\to0}\sum_{i=1}^{n}f(\xi_i,\eta_i)\Delta\sigma_i.$$

其中:$\iint$ 称为二重积分符号;D 称为积分区域;$f(x,y)$ 称为被积函数;$f(x,y)\mathrm{d}\sigma$ 称为被积表达式;$\mathrm{d}\sigma$ 称为面积微元;x 与 y 称为积分变量;$\sum\limits_{i=1}^{n}f(\xi_i,\eta_i)\Delta\sigma_i$ 称为积分和.

由二重积分的定义可知,上述曲顶柱体的体积 $V=\iint\limits_{D}f(x,y)\mathrm{d}\sigma$.

显然,二重积分的几何意义是:当 $f(x,y) \geqslant 0$ 时,$\iint\limits_{D} f(x,y)\mathrm{d}\sigma$ 表示曲顶柱体的体积;当 $f(x,y) \leqslant 0$ 时,$-\iint\limits_{D} f(x,y)\mathrm{d}\sigma$ 表示曲顶柱体的体积;当 $f(x,y)$ 在 D 上有正有负时,二重积分 $\iint\limits_{D} f(x,y)\mathrm{d}\sigma$ 的值就是曲顶柱体的体积的代数和.

二、二重积分的性质

二重积分具有与定积分完全类似的性质.

性质 1 $\iint\limits_{D} kf(x,y)\mathrm{d}\sigma = k\iint\limits_{D} f(x,y)\mathrm{d}\sigma$ (k 为常数).

性质 2 $\iint\limits_{D} [f(x,y) \pm g(x,y)]\mathrm{d}\sigma = \iint\limits_{D} f(x,y)\mathrm{d}\sigma \pm \iint\limits_{D} g(x,y)\mathrm{d}\sigma$.

性质 3 若有界闭区域 D 分成两个闭区域 D_1 及 D_2,则

$$\iint\limits_{D} f(x,y)\mathrm{d}\sigma = \iint\limits_{D_1} f(x,y)\mathrm{d}\sigma + \iint\limits_{D_2} f(x,y)\mathrm{d}\sigma.$$

性质 4 若在区域 D 上,$f(x,y)=1$,σ 为 D 的面积,则

$$\iint\limits_{D} 1\mathrm{d}\sigma = \sigma.$$

性质 5 若在区域 D 上,$f(x,y) \leqslant g(x,y)$,则

$$\iint\limits_{D} f(x,y)\mathrm{d}\sigma \leqslant \iint\limits_{D} g(x,y)\mathrm{d}\sigma.$$

推论 $\left| \iint\limits_{D} f(x,y)\mathrm{d}\sigma \right| \leqslant \iint\limits_{D} |f(x,y)|\mathrm{d}\sigma$.

性质 6 设 M 与 m 是 $f(x,y)$ 在有界闭区域 D 上的最大值和最小值,σ 是 D 的面积,则

$$m\sigma \leqslant \iint\limits_{D} f(x,y)\mathrm{d}\sigma \leqslant M\sigma.$$

性质 7(二重积分的中值定理) 设 $f(x,y)$ 在有界闭区域 D 上连续,σ 是 D 的面积,则在 D 上至少存在一点 (ξ,η),使得 $\iint\limits_{D} f(x,y)\mathrm{d}\sigma = f(\xi,\eta) \cdot \sigma$.

三、二重积分的计算

一般来说,用二重积分的定义计算二重积分是很困难的,我们可以在直角坐标系中把二重积分化为累次积分计算.

当 $f(x,y) \geqslant 0$ 时,由二重积分的几何意义得 $V = \iint\limits_{D} f(x,y)\mathrm{d}\sigma$. 如图 7-9 所示,积分区域

$$D = \begin{cases} \varphi_1(x) \leqslant y \leqslant \varphi_2(x), \\ a \leqslant x \leqslant b. \end{cases}$$

下面用定积分中求平行截面的面积,再求已知立体的体积的方法来计算 V 的值.在 $[a,b]$ 上任意一点 x 处用垂直于 x 轴的平面去截曲顶柱体,得到一个以区间 $[\varphi_1(x),\varphi_2(x)]$ 为底,以曲线 $z=f(x,y)$(x 固定,z 是 y 的函数)为曲边的曲边梯形,如图 7-10 所示.曲边梯形的面积为

$$A(x)=\int_{\varphi_1(x)}^{\varphi_2(x)}f(x,y)\mathrm{d}y,$$

从而得到曲顶柱体的体积为

$$V=\int_a^b A(x)\mathrm{d}x=\int_a^b\left[\int_{\varphi_1(x)}^{\varphi_2(x)}f(x,y)\mathrm{d}y\right]\mathrm{d}x,$$

即

$$\iint\limits_D f(x,y)\mathrm{d}\sigma=\int_a^b\mathrm{d}x\int_{\varphi_1(x)}^{\varphi_2(x)}f(x,y)\mathrm{d}y.$$

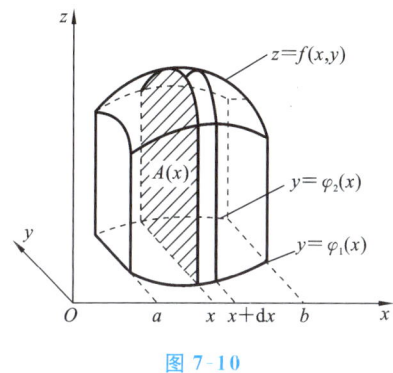

图 7-9　　　　　　　　　　　　图 7-10

由此可见,二重积分的计算可以化为两次定积分的计算,这种方法称为累次积分法.

以上讨论中假定 $f(x,y)\geqslant0$,在一般情况下,结论同样成立.

类似地,如果积分区域 D 可用不等式组 $\begin{cases}\psi_1(y)\leqslant x\leqslant\psi_2(y),\\ c\leqslant y\leqslant d\end{cases}$ 表示(见图 7-11),其中 $\psi_1(y)$ 和 $\psi_2(y)$ 在 $[c,d]$ 上连续,则 $\iint\limits_D f(x,y)\mathrm{d}\sigma=\int_c^d\mathrm{d}y\int_{\psi_1(y)}^{\psi_2(y)}f(x,y)\mathrm{d}x.$

如果积分区域 D 不属于上述两种类型,则可以用平行于坐标轴的直线把 D 分成几个部分区域,D 上的积分就化成每部分区域上积分的和(见图 7-12).

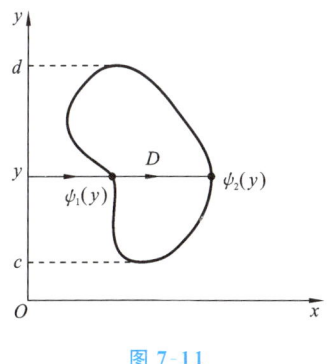

图 7-11

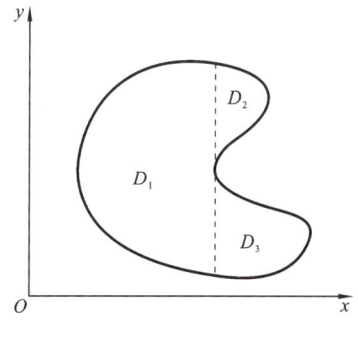

图 7-12

例1 试将 $\iint\limits_{D} f(x,y)\mathrm{d}\sigma$ 化为两种不同次序的累次积分，其中 D 是由 $y=x,y=2-x$ 和 x 轴围成的区域.

解 首先画出积分区域 D，并求出边界曲线的交点 $(1,1),(0,0)$ 及 $(2,0)$. 如果先积 y 后积 x（见图 7-13），将积分区域 D 投影到 x 轴上，则积分区域 D 分成两部分 D_1 和 D_2，即

$$\iint\limits_{D} f(x,y)\mathrm{d}\sigma = \iint\limits_{D_1} f(x,y)\mathrm{d}\sigma + \iint\limits_{D_2} f(x,y)\mathrm{d}\sigma$$

$$= \int_0^1 \mathrm{d}x \int_0^x f(x,y)\mathrm{d}y + \int_1^2 \mathrm{d}x \int_0^{2-x} f(x,y)\mathrm{d}y;$$

如果先积 x 后积 y（见图 7-14），则将积分区域 D 投影到 y 轴上，即

$$\iint\limits_{D} f(x,y)\mathrm{d}\sigma = \int_0^1 \mathrm{d}y \int_y^{2-y} f(x,y)\mathrm{d}x.$$

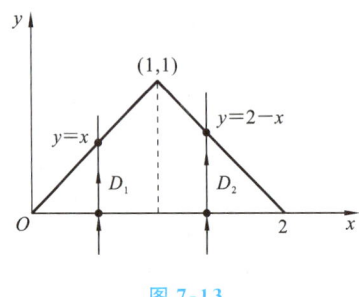

图 7-13

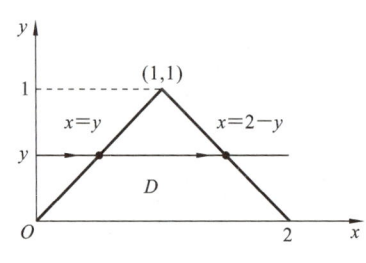

图 7-14

由此可见，恰当地选择积分次序，有时能使计算比较简便.

例2 计算 $\iint\limits_{D} xy\mathrm{d}\sigma$，其中区域 D 是由直线 $y=1,x=2$ 及 $y=x$ 围成的三角形区域.

解 首先画出积分区域 D（见图 7-15）.

$$\iint\limits_{D} xy\mathrm{d}\sigma = \int_1^2 \mathrm{d}x \int_1^x xy\mathrm{d}y = \int_1^2 \left[\frac{1}{2}xy^2\right]_{y=1}^{y=x} \mathrm{d}x$$

$$= \int_1^2 \left(\frac{1}{2}x^3 - \frac{1}{2}x\right)\mathrm{d}x = \left[\frac{1}{8}x^4 - \frac{1}{4}x^2\right]_1^2$$

$$= \frac{9}{8}.$$

例3 计算二重积分 $\iint\limits_{D}(x+y)\mathrm{d}\sigma$，其中 D 是由抛物线 $y^2=x$ 与直线 $y=x-2$ 围成的区域.

解 首先画出积分区域 D（见图 7-16），并求出边界曲线的交点 $(1,-1),(4,2)$. 将积分区域投影到 y 轴，有

$$\iint\limits_{D}(x+y)\mathrm{d}\sigma = \int_{-1}^2 \mathrm{d}y \int_{y^2}^{y+2}(x+y)\mathrm{d}x = \int_{-1}^2 \left[\frac{1}{2}x^2 + xy\right]_{x=y^2}^{x=y+2} \mathrm{d}y$$

$$= \int_{-1}^2 \left(\frac{3}{2}y^2 + 4y - \frac{1}{2}y^4 - y^3 + 2\right)\mathrm{d}y$$

$$= \left(\frac{1}{2}y^3 + 2y^2 - \frac{1}{10}y^5 - \frac{1}{4}y^4 + 2y \right) \Big|_{-1}^{2}$$

$$= \frac{189}{20}.$$

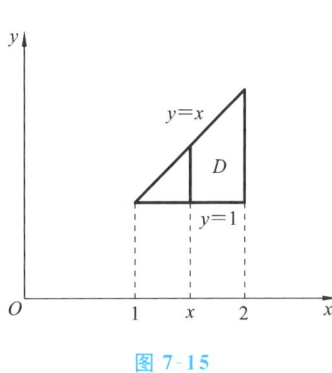

图 7-15

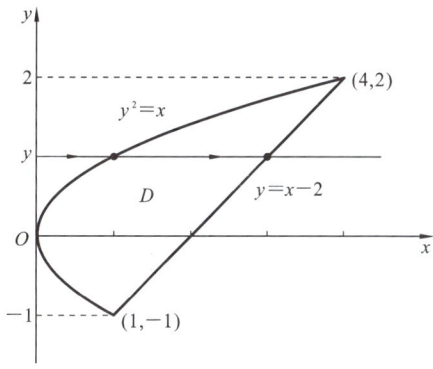

图 7-16

习题 7-6

1. 计算下列二重积分.

(1) $\iint\limits_{D}(x^2 + y^2)\mathrm{d}\sigma$, 其中 D 是矩形闭区域: $|x| \leqslant 1, |y| \leqslant 1$;

(2) $\iint\limits_{D}\cos(x + y)\mathrm{d}\sigma$, 其中 D 是顶点分别为 $(0,0),(\pi,0),(\pi,\pi)$ 的三角形闭区域;

(3) $\iint\limits_{D}x\sqrt{y}\,\mathrm{d}\sigma$, 其中 D 是由两条抛物线 $y = \sqrt{x}, y = x^2$ 围成的闭区域.

2. 化二重积分 $\iint\limits_{D}f(x,y)\mathrm{d}\sigma$ 为累次积分, 其中积分区域 D 是:

(1) 由直线 $y = x, x = 2$ 及双曲线 $y = \dfrac{1}{x}$ 围成的闭区域;

(2) 由直线 $y = x$ 及抛物线 $y^2 = 4x$ 围成的闭区域;

(3) 由 $y = 0, y = x^3 (x > 0)$ 及 $x + y = 2$ 围成的闭区域.

数 学 实 验

多元函数
微积分例 1

多元函数
微积分例 2

多元函数
微积分例 3

多元函数
微积分例 4

中国近代数学教育鼻祖
——李善兰

李善兰(1811—1882 年),原名李心兰,字竟芳,号秋纫,别号壬叔.李善兰是中国近代著名的数学家、天文学家、力学家和植物学家,被誉为"中国近代数学教育的鼻祖".他的主要数学成就包括创立尖锥术、垛积术、素数论.他创立了二次平方根的幂级数展开式,研究了各种三角函数、反三角函数和对数函数的展开式(现称自然数幂求和公式).这些成就被列入 19 世纪中国数学界最重大的成就.他的主要著作包括《则古昔斋算学》等.

李善兰是浙江海宁人.9 岁时,他发现父亲的书架上有一本中国古代数学名著《九章算术》,读后顿感十分新奇、有趣,从此迷上了数学.14 岁时,李善兰自学了《几何原本》前六卷(明朝末年徐光启、利玛窦合译的古希腊数学家、"几何之父"、数学建模鼻祖欧几里得的著作).李善兰在中国《九章算术》的基础上,又吸取了《几何原本》的思想,这使他的数学造诣与日俱增.

1840 年,鸦片战争爆发,帝国主义列强入侵中国的现实激发了李善兰科学救国的思想,他回到家乡,从此刻苦从事数学研究工作.1852 年夏,李善兰到上海墨海书馆,将自己的数学著作展示给来华的外国传教士.他的著作受到英国汉学家伟烈亚力等人的赞赏,由此开始了他与外国人合作翻译西方科学著作的生涯.李善兰与伟烈亚力合作翻译的第一部书是欧几里得的《几何原本》后九卷,之后合作翻译了赫歇耳的《谈天》,首次将万有引力定律及天体力学知识系统地介绍到中国.1864 年夏,李善兰向曾国藩提出刻印他所译所著的数学书籍,得到了曾国藩的支持和资助.1865 年,金陵刊本《几何原本》15 卷问世;1867 年,金陵刊本《则古昔斋算学》24 卷问世.1866 年,在南京开办金陵机器局的李鸿章资助李善兰重刻《重学》(经典力学)20 卷并附《圆锥曲线说》3 卷出版.

李善兰创立的"尖锥"概念是一种处理代数问题的几何模型,他对"尖锥曲线"的描述实质上相当于给出了直线、抛物线、立方抛物线等方程.他创造的"尖锥求积术"相当于幂函数的定积分公式和逐项积分法则.他用"分离元数法"独立地得出了二项平方根的幂级数展开式,并结合"尖锥求积术"得到了圆周率的无穷级数表达式,各种三角函数、反三角函数和对数函数的展开式.

李善兰在翻译西方数学著作的过程中创造了许多数学术语,如微分、函数等.这些数学术语相当一部分一直沿用至今.李善兰成为清代数学史上继梅文鼎(梅文鼎被誉为与英国牛顿和日本关孝和齐名的三大科学巨擘之一,著有《方程论》等 20 多部著作)之后的又一位杰出代表.

复习题 7

1. 求下列各函数的定义域.

(1) $z=\sqrt{x-\sqrt{y}}$;　　　　(2) $u=\dfrac{1}{\sqrt{x}}+\dfrac{1}{\sqrt{y}}+\dfrac{1}{\sqrt{z}}$;　　　　(3) $z=\dfrac{\sqrt{4x-y^2}}{\ln(1-x^2-y^2)}$.

2. 求下列函数的极限.

(1) $\lim\limits_{(x,y)\to(0,1)}\dfrac{1-xy}{x^2+y^2}$;　　(2) $\lim\limits_{\substack{x\to\infty\\y\to\infty}}\dfrac{1}{x^2+y^2}$;　　(3) $\lim\limits_{\substack{x\to0\\y\to0}}\dfrac{xy}{\sqrt{xy+1}-1}$.

3. 求下列函数的偏导数.

(1) $z=\ln(x^2+y^2)$;　　　(2) $z=\sin(xy)+\cos^2(x+y)$;　　　(3) $z=\arctan\dfrac{y}{x}$;

(4) 设 $x^2+y^2+z^2=4z$, 求 $\dfrac{\partial^2 z}{\partial x^2}$;

(5) 设 $2\sin(x+2y-3z)=x+2y-3z$, 求 $\dfrac{\partial z}{\partial x}+\dfrac{\partial z}{\partial y}$;

(6) 已知 $z=(2x+y)^{2x+y}$, 求 $\dfrac{\partial z}{\partial x},\dfrac{\partial z}{\partial y}$.

4. 设 $f(x,y,z)=xy^2+yz^2+zx^2$, 求 $f''_{xx}(0,0,1)$, $f''_{xz}(1,0,2)$, $f''_{yz}(0,-1,0)$ 及 $f''_{zx}(2,0,1)$.

5. 求下列二重积分.

(1) $\displaystyle\iint\limits_{D}\dfrac{x^2}{y^2}\mathrm{d}\sigma$, 其中 D 是由直线 $y=x,x=2$ 及双曲线 $y=\dfrac{1}{x}$ 围成的闭区域;

(2) $\displaystyle\iint\limits_{D}(1+x)\sin y\mathrm{d}\sigma$, 其中 D 是顶点分别为 $(0,0),(1,0),(1,2)$ 及 $(0,1)$ 的梯形区域;

(3) $\displaystyle\iint\limits_{D}\mathrm{e}^{x+y}\mathrm{d}\sigma$, 其中 D 是由 $|x|+|y|\leqslant1$ 确定的闭区域.

6. 改换下列二次积分的积分次序.

(1) $\displaystyle\int_0^1\mathrm{d}y\int_0^y f(x,y)\mathrm{d}x$;　　(2) $\displaystyle\int_0^4\mathrm{d}y\int_{-\sqrt{4-y}}^{\frac{1}{2}(y-1)}f(x,y)\mathrm{d}x$;

(3) $\displaystyle\int_0^1\mathrm{d}y\int_0^{2y}f(x,y)\mathrm{d}x+\int_1^3\mathrm{d}y\int_0^{3-y}f(x,y)\mathrm{d}x$.

自测题 7

第 7 章参考答案

1. 选择题.

(1) 函数 $z=\ln(y^2-4x+8)$ 的定义域为(　　　).

A. $\left\{(x,y)\mid x<\dfrac{1}{4}y^2+2\right\}$　　　　B. $\left\{(x,y)\mid x\leqslant\dfrac{1}{4}y^2+2\right\}$

C. $\left\{(x,y)\mid x>\dfrac{1}{4}y^2+2\right\}$　　　　D. $\left\{(x,y)\mid x\geqslant\dfrac{1}{4}y^2+2\right\}$

(2) 求极限 $\lim\limits_{\substack{x\to0\\y\to0}}\dfrac{xy-1}{x+y+1}=$(　　　).

A. -1　　　　　B. 0　　　　　C. 1　　　　　D. 2

(3) 求函数 $z=x^3+2xy-3y^2$ 在点 $(1,2)$ 处的偏导数 $\dfrac{\partial z}{\partial x}=$(　　　).

A. 5   B. 6   C. 7   D. 8

(4) 求函数 $z=x^4+3x^2y^2+5xy^3-y^4$ 在点 $(0,1)$ 处的偏导数 $\dfrac{\partial^2 z}{\partial x \partial y}=($).

A. 14   B. 15   C. 16   D. 17

(5) 求函数 $z=x^2+xy+y^2$ 在点 $(2,3)$ 处 $\mathrm{d}z=($).

A. $6\mathrm{d}x+5\mathrm{d}y$ B. $5\mathrm{d}x+6\mathrm{d}y$ C. $8\mathrm{d}x+7\mathrm{d}y$ D. $7\mathrm{d}x+8\mathrm{d}y$

(6) 求由函数 $\mathrm{e}^z=x^2+y^2+z^2$ 确定的偏导数 $\dfrac{\partial z}{\partial y}=($).

A. $\dfrac{2x}{\mathrm{e}^z-2z}$ B. $\dfrac{2y}{\mathrm{e}^z-2z}$ C. $-\dfrac{2y}{\mathrm{e}^z-2z}$ D. $-\dfrac{2x}{\mathrm{e}^z-2z}$

(7) 设 $z=uv, u=\mathrm{e}^t, v=t^2$, 求 $\dfrac{\mathrm{d}z}{\mathrm{d}t}=($).

A. $\mathrm{e}^t(t^2-2t)$ B. $\mathrm{e}^t(t^2+t)$ C. $\mathrm{e}^t(t^2+2t)$ D. $\mathrm{e}^t(t^2-t)$

(8) 已知区域 $D: x^2+y^2=R^2$, 求 $\iint\limits_{D} 1\mathrm{d}\sigma=($).

A. $\dfrac{1}{2}\pi R$ B. $2\pi R$ C. $\dfrac{1}{2}\pi R^2$ D. πR^2

(9) 交换积分次序 $\displaystyle\int_0^1 \mathrm{d}y \int_y^1 f(x,y)\mathrm{d}x=($).

A. $\displaystyle\int_0^1 \mathrm{d}x \int_x^1 f(x,y)\mathrm{d}y$ B. $\displaystyle\int_0^1 \mathrm{d}x \int_1^x f(x,y)\mathrm{d}y$

C. $\displaystyle\int_0^1 \mathrm{d}x \int_0^x f(x,y)\mathrm{d}y$ D. $\displaystyle\int_0^1 \mathrm{d}x \int_x^0 f(x,y)\mathrm{d}y$

(10) $D=\{(x,y)\,|\,0\leqslant x\leqslant 1, -1\leqslant y\leqslant 1\}$, 求 $\iint\limits_{D}(x+y+1)\mathrm{d}\sigma=($).

A. 1   B. 2   C. 3   D. 4

2. 填空题.

(1) 函数 $z=\sqrt{x-y^2}$ 的定义域是_____.

(2) 求极限 $\lim\limits_{\substack{x\to 0 \\ y\to 1}} \dfrac{xy}{x^2+y^2}=$_____.

(3) $z=\ln(x^2+y^2-2x)$, 则 $\dfrac{\partial z}{\partial x}=$_____, $\dfrac{\partial z}{\partial y}=$_____.

(4) 设 $z=\ln(x^2+y^2)^2$, 则 $\dfrac{\partial^2 z}{\partial x^2}+\dfrac{\partial^2 z}{\partial y^2}=$_____.

(5) 设函数 $u=x^y\,(x>0)$, 则 $\mathrm{d}u=$_____.

(6) 求由 $\dfrac{x}{z}=\ln\dfrac{z}{y}$ 确定的函数的偏导数 $\dfrac{\partial z}{\partial x}=$_____.

(7) $z=u^2v, u=xy, v=x+y$, 则 $\dfrac{\partial z}{\partial y}=$_____.

(8) $z=2xy+\dfrac{4}{x}+\dfrac{y}{x}\,(x>0, y>0)$ 的驻点为_____, 极值为_____.

(9) D 由 $x+y\leqslant 1, x\geqslant 0, y\geqslant 0$ 围成, 化下列二重积分为累次积分: $\iint\limits_{D} xy\mathrm{d}\sigma=$

_____ ＝ _____.

（10）D 由 $y^2=x,y=x-2$ 围成,求 $\iint\limits_{D}2x\mathrm{d}\sigma=$ _____.

3. 计算题.

（1）求函数 $z=\ln(4-x^2-y^2)+\dfrac{1}{\sqrt{x+y}}$ 的定义域.

（2）考察函数 $f(x,y)=\begin{cases}\dfrac{xy}{x^2+y^2}, & x^2+y^2\neq0,\\[2mm]\dfrac{1}{2}, & x^2+y^2=0\end{cases}$ 沿着 $y=x$ 在 $(x,y)\to(0,0)$ 时的极限是

否存在.

（3）设函数 $z=\sin(xy)+\cos(xy)$,求 $\dfrac{\partial z}{\partial x},\dfrac{\partial z}{\partial y}$.

（4）设函数 $z=\mathrm{e}^{xy}$,求 $\dfrac{\partial^2 z}{\partial x^2},\dfrac{\partial^2 z}{\partial y^2},\dfrac{\partial^2 z}{\partial x\partial y}$.

（5）设函数 $u=x+\sin(xy)+yz$,求 $\mathrm{d}u$.

（6）求隐函数 $\mathrm{e}^z-z+xy=3$ 所确定函数的偏导数 $\dfrac{\partial z}{\partial x},\dfrac{\partial z}{\partial y}$.

（7）设 $z=(x+y)^{x+y}$,求 $\dfrac{\partial z}{\partial y}$.

（8）$D=\{(x,y)\mid 0\leqslant x\leqslant1,0\leqslant y\leqslant1\}$,求二重积分 $\iint\limits_{D}\mathrm{e}^{x+y}\mathrm{d}\sigma$.

（9）求函数 $z=x^3-2x^2+2xy+y^2+1$ 的极值.

（10）求椭圆抛物线 $z=4-x^2-\dfrac{y^2}{4}$ 与平面 $x=0$ 围成的立体的体积.

4. 综合题.

（1）设函数 $2\sin(x+2y-3z)=x+2y-3z$,证明：$\dfrac{\partial z}{\partial x}+\dfrac{\partial z}{\partial y}=1$.

（2）求函数 $z=xy+x^2\sin y$ 的所有二阶偏导数.

（3）要建造一个无盖的长方体水槽,已知它的底部造价为 18 元/m^2,侧面造价为 6 元/m^2,设计的总造价为 216 元,问如何选择它的尺寸才能使得水槽的容积最大?

（4）求由 $x=0,y=0,z=0,x=2,y=3,x+y+z=4$ 围成的立体的体积.

（5）求由圆柱面 $x^2+y^2=R^2,x^2+z^2=R^2$ 围成的立体的体积.

第8章　无穷级数

级数是高等数学的一个重要组成部分,是表示函数、研究函数性质以及进行数值计算的工具.本章以极限为工具,介绍常数项级数、函数项级数的基本内容,讨论如何将函数展开成幂级数.

8.1　常数项级数的概念和性质

一、常数项级数的定义

定义 1　如果有数列 $\{u_n\}$,即

$$u_1,u_2,u_3,\cdots,u_n,\cdots \tag{8-1}$$

将数列(8-1)的项依次用加号连接起来,构成表达式

$$u_1+u_2+u_3+\cdots+u_n+\cdots \tag{8-2}$$

或简写为

$$\sum_{n=1}^{\infty}u_n,$$

称为(常数项)无穷级数,简称(常数项)级数. $u_1,u_2,u_3,\cdots,u_n,\cdots$ 均称为级数(8-2)的项,其中第 n 项 u_n 称为级数的通项或一般项.

级数(8-2)的定义只是形式上的定义,表示无穷多个数的和.我们以前只会计算有限个数的和,无穷个数的和是一个未知的新的概念,那么怎样理解无穷多个数相加呢?是否存在一个数 S,使它等于这无穷个数的和.这里,我们从有限个数的和出发,借助极限这个工具来研究无穷个数的和.

对于(常数项)级数(8-2),总可以求出其前 n 项和 S_n,其中 $S_n=u_1+u_2+u_3+\cdots+u_n$ 并称为级数(8-2)的部分和;而当 n 依次取 $1,2,3,\cdots,n,\cdots$ 时,得到一个新的数列

$$S_1=u_1,\quad S_2=u_1+u_2,\quad S_3=u_1+u_2+u_3,\quad\cdots,\quad S_n=u_1+u_2+u_3+\cdots+u_n,\quad\cdots$$

称为部分和数列,记作$\{S_n\}$. 根据这个数列有没有极限,引进级数收敛与发散的概念.

定义 2　如果级数$\displaystyle\sum_{n=1}^{\infty}u_n$的部分和数列$\{S_n\}$有极限$S$,即

$$\lim_{n\to\infty}S_n=S,$$

则称无穷级数$\displaystyle\sum_{n=1}^{\infty}u_n$收敛,并且把极限值$S$称为级数的和,表示为

$$S=u_1+u_2+u_3+\cdots+u_n+\cdots$$

如果$\{S_n\}$没有极限,则称无穷级数$\displaystyle\sum_{n=1}^{\infty}u_n$发散.

例 1　判别无穷级数

$$\frac{1}{1\times 3}+\frac{1}{3\times 5}+\frac{1}{5\times 7}+\cdots+\frac{1}{(2n-1)(2n+1)}+\cdots$$

的收敛性.

解　由于$u_n=\dfrac{1}{(2n-1)(2n+1)}=\dfrac{1}{2}\left(\dfrac{1}{2n-1}-\dfrac{1}{2n+1}\right)$,级数前$n$项的和为

$$\begin{aligned}
S_n &= \frac{1}{1\times 3}+\frac{1}{3\times 5}+\frac{1}{5\times 7}+\cdots+\frac{1}{(2n-1)(2n+1)}\\
&= \frac{1}{2}\left[\left(\frac{1}{1}-\frac{1}{3}\right)+\left(\frac{1}{3}-\frac{1}{5}\right)+\left(\frac{1}{5}-\frac{1}{7}\right)+\cdots+\left(\frac{1}{2n-1}-\frac{1}{2n+1}\right)\right]\\
&= \frac{1}{2}\left(1-\frac{1}{2n+1}\right),
\end{aligned}$$

从而

$$\lim_{n\to\infty}S_n=\lim_{n\to\infty}\frac{1}{2}\left(1-\frac{1}{2n+1}\right)=\frac{1}{2},$$

所以这个级数收敛,它的和是$\dfrac{1}{2}$.

例 2　无穷级数$\displaystyle\sum_{n=1}^{\infty}aq^{n-1}=a+aq+aq^2+aq^3+\cdots+aq^{n-1}+\cdots$称为几何级数(等比级数),其中$a\neq 0$,$q$称为级数的公比. 试讨论几何级数的收敛性.

解　(1)如果$|q|\neq 1$,则级数前n项的和为

$$S_n=a+aq+aq^2+aq^3+\cdots+aq^{n-1}=\frac{a-aq^n}{1-q}.$$

① 当$|q|<1$时,极限$\displaystyle\lim_{n\to\infty}q^n=0$,从而$\displaystyle\lim_{n\to\infty}\frac{a-aq^n}{1-q}=\frac{a}{1-q}$,即级数$\displaystyle\sum_{n=1}^{\infty}aq^{n-1}$收敛,其和为$\dfrac{a}{1-q}$.

② 当$|q|>1$时,$\displaystyle\lim_{n\to\infty}q^n=\infty$,$\displaystyle\lim_{n\to\infty}\frac{a-aq^n}{1-q}=\infty$,因此$\displaystyle\lim_{n\to\infty}S_n$不存在,即级数$\displaystyle\sum_{n=1}^{\infty}aq^{n-1}$发散.

(2)当$|q|=1$时,有以下两种情况.

① 当$q=1$时,几何级数为$a+a+\cdots+a+\cdots$,前n项的和$S_n=na$.

$$\lim_{n\to\infty}S_n=\lim_{n\to\infty}na=\infty\quad(a\neq 0),$$

即部分和数列 $\{S_n\}$ 发散.

② 当 $q = -1$ 时,几何级数为 $a - a + a - a + a - a + \cdots + (-1)^{n-1}a + \cdots$,前 n 项的和

$$S_n = \begin{cases} 0, & n \text{ 是偶数}, \\ a, & n \text{ 是奇数}, \end{cases}$$

即部分和数列 $\{S_n\}$ 发散.

因此,$|q| = 1$,几何级数发散.

综上所述,几何级数 $\sum\limits_{n=1}^{\infty} aq^{n-1}$,当 $|q| \geqslant 1$ 时发散;当 $|q| < 1$ 时收敛,其和是 $\dfrac{a}{1-q}$.

例3 级数 $\sum\limits_{n=1}^{\infty} \dfrac{1}{n} = \dfrac{1}{1} + \dfrac{1}{2} + \dfrac{1}{3} + \cdots + \dfrac{1}{n} + \cdots$ 称为调和级数,试证明其发散.

证明 利用函数单调性可以证明一个不等式

$$x \geqslant \ln(1+x) \quad (x \geqslant 0).$$

令 $x = 1, \dfrac{1}{2}, \dfrac{1}{3}, \cdots, \dfrac{1}{n}$,分别可以得到

$$1 \geqslant \ln(1+1),$$

$$\frac{1}{2} \geqslant \ln\left(1 + \frac{1}{2}\right),$$

$$\vdots$$

$$\frac{1}{n} \geqslant \ln\left(1 + \frac{1}{n}\right),$$

相加即得级数部分和

$$S_n = 1 + \frac{1}{2} + \frac{1}{3} + \cdots + \frac{1}{n} \geqslant \ln 2 + \ln \frac{3}{2} + \ln \frac{4}{3} + \cdots + \ln \frac{n+1}{n}$$

$$= \ln\left(2 \times \frac{3}{2} \times \frac{4}{3} \times \cdots \times \frac{n+1}{n}\right)$$

$$= \ln(n+1).$$

显然

$$\lim_{n \to \infty} S_n = \lim_{n \to \infty} [\ln(n+1)] = \infty,$$

故级数 $\sum\limits_{n=1}^{\infty} \dfrac{1}{n}$ 发散.

二、收敛级数的基本性质

根据无穷数收敛、发散的定义,可以得到收敛级数以下几个基本性质.

性质1 如果级数 $\sum\limits_{n=1}^{\infty} u_n$ 收敛,其和为 S,则级数 $\sum\limits_{n=1}^{\infty} ku_n = ku_1 + ku_2 + \cdots + ku_n + \cdots$ 也收敛,其和为 kS,其中 k 是常数.

性质2 如果级数 $\sum\limits_{n=1}^{\infty} u_n$ 与 $\sum\limits_{n=1}^{\infty} v_n$ 都收敛,其和分别是 S 和 σ,则级数 $\sum\limits_{n=1}^{\infty} (u_n \pm v_n)$ 也收敛,其和为 $S \pm \sigma$.

性质 3　在级数中去掉、加上或改变有限项,不改变级数的敛散性.

性质 4(级数收敛的必要条件)　如果级数 $\sum\limits_{n=1}^{\infty} u_n$ 收敛,则它的一般项 u_n 趋于零,即

$$\lim_{n\to\infty} u_n = 0.$$

应当注意的是 $\lim\limits_{n\to\infty} u_n = 0$ 仅是级数收敛的必要条件,而非充分条件. 所以,当 $\lim\limits_{n\to\infty} u_n \neq 0$ 时,级数一定发散;但 $\lim\limits_{n\to\infty} u_n = 0$ 时,级数不一定收敛. 例如,调和级数 $\sum\limits_{n=1}^{\infty} \dfrac{1}{n}$,当 $n\to\infty$ 时,有 $\lim\limits_{n\to\infty} u_n = 0$,但此级数却是发散的.

例 4　判别级数 $\sum\limits_{n=1}^{\infty} \dfrac{n+1}{n}$ 的敛散性.

解　一般项为 $u_n = \dfrac{n+1}{n}$,$\lim\limits_{n\to\infty} u_n = \lim\limits_{n\to\infty} \dfrac{n+1}{n} = 1$. 因为 $\lim\limits_{n\to\infty} u_n \neq 0$,所以级数 $\sum\limits_{n=1}^{\infty} \dfrac{n+1}{n}$ 发散.

习题 8-1

1. 写出下列级数的前 5 项.

(1) $\sum\limits_{n=1}^{\infty} \dfrac{1}{n(n+1)}$;

(2) $\sum\limits_{n=1}^{\infty} \dfrac{1\times 3\times 5\times \cdots \times(2n-1)}{2\times 4\times 6\times \cdots \times 2n}$;

(3) $\sum\limits_{n=1}^{\infty} \dfrac{2+(-1)^n}{2^n}$;

(4) $\sum\limits_{n=1}^{\infty} (-1)^n \dfrac{2^n}{n!}$.

2. 写出下列级数的通项.

(1) $\dfrac{3}{2} + \dfrac{4}{2^2} + \dfrac{5}{2^3} + \cdots$;

(2) $\dfrac{1}{2\times 4} + \dfrac{1}{4\times 6} + \dfrac{1}{6\times 8} + \cdots$;

(3) $-\dfrac{8}{9} + \dfrac{8^2}{9^2} - \dfrac{8^3}{9^3} + \cdots$;

(4) $\dfrac{\sqrt{x}}{2} + \dfrac{x}{2\times 4} + \dfrac{x\sqrt{x}}{2\times 4\times 6} + \dfrac{x^2}{2\times 4\times 6\times 8} + \cdots$.

3. 判断下列命题的正误.

(1) 若级数 $\sum\limits_{n=1}^{\infty} u_n$ 收敛,则必有 $\lim\limits_{n\to\infty} u_n = 0$;

(2) 若 $\lim\limits_{n\to\infty} u_n = 0$,则级数 $\sum\limits_{n=1}^{\infty} u_n$ 收敛;

(3) 若级数 $\sum\limits_{n=1}^{\infty} u_n$ 发散,则必有 $\lim\limits_{n\to\infty} u_n \neq 0$;

(4) 若 $\lim\limits_{n\to\infty} u_n \neq 0$,则级数 $\sum\limits_{n=1}^{\infty} u_n$ 发散.

4. 判定下列级数的收敛性.

(1) $\sum\limits_{n=1}^{\infty} (\sqrt{n+1} - \sqrt{n})$;

(2) $\dfrac{1}{1\times 2} + \dfrac{1}{2\times 3} + \dfrac{1}{3\times 4} + \cdots + \dfrac{1}{n(n+1)} + \cdots$;

(3) $\sum\limits_{n=1}^{\infty} \dfrac{3^n+2^n}{6^n}$;

(4) $\dfrac{1}{2} + \dfrac{1}{4} + \dfrac{1}{6} + \dfrac{1}{8} + \cdots$.

8.2 常数项级数的审敛法

一、正项级数及其审敛法

常数项级数的各项可以是正数、负数或零. 其中最简单的一类是 $u_n \geqslant 0 (n=1,2,3,\cdots)$, 即各项都是正数或零的级数, 这种级数称为正项级数.

对正项级数 $\sum\limits_{n=1}^{\infty} u_n$, 显然有

$$S_1 \leqslant S_2 \leqslant S_3 \leqslant \cdots \leqslant S_n \leqslant \cdots.$$

根据单调有界数列必有极限这一性质, 如果 $\{S_n\}$ 有上界, 则可以得出该级数一定收敛.

定理 1 正项级数 $\sum\limits_{n=1}^{\infty} u_n$ 收敛的充分必要条件是: 它的部分和数列 $\{S_n\}$ 有界.

根据定理 1, 可以得到判定正项级数是否收敛的基本方法.

定理 2(比较审敛法) 设 $\sum\limits_{n=1}^{\infty} u_n$ 和 $\sum\limits_{n=1}^{\infty} v_n$ 是两个正项级数, 且 $u_n \leqslant v_n$, 那么:

(1) 若级数 $\sum\limits_{n=1}^{\infty} v_n$ 收敛, 则级数 $\sum\limits_{n=1}^{\infty} u_n$ 收敛;

(2) 若级数 $\sum\limits_{n=1}^{\infty} u_n$ 发散, 则级数 $\sum\limits_{n=1}^{\infty} v_n$ 发散.

证明 设级数 $\sum\limits_{n=1}^{\infty} u_n$ 和 $\sum\limits_{n=1}^{\infty} v_n$ 的部分和分别是 S_n 和 σ_n, 当级数 $\sum\limits_{n=1}^{\infty} v_n$ 收敛时, 不妨设其收敛于 σ, 即 $\lim\limits_{n\to\infty}\sigma_n = \sigma$. 由于 $u_n \leqslant v_n (n=1,2,\cdots)$, 所以 $S_n \leqslant \sigma_n \leqslant \sigma$, 即部分和数列 $\{S_n\}$ 有界, 根据定理 1 可知级数 $\sum\limits_{n=1}^{\infty} u_n$ 收敛.

反之, 当级数 $\sum\limits_{n=1}^{\infty} u_n$ 发散时, 如果级数 $\sum\limits_{n=1}^{\infty} v_n$ 收敛, 则根据上面已证明的结论, 将会得到 $\sum\limits_{n=1}^{\infty} u_n$ 收敛的结果, 这与级数 $\sum\limits_{n=1}^{\infty} u_n$ 发散的前提矛盾, 所以级数 $\sum\limits_{n=1}^{\infty} u_n$ 发散时, 级数 $\sum\limits_{n=1}^{\infty} v_n$ 也发散.

例 1 讨论级数 $\sum\limits_{n=1}^{\infty} \dfrac{1}{n^p}$ 的收敛性, 其中 $p>0$. 该级数称为 p-级数.

解 当 $p \leqslant 1$ 时, $\dfrac{1}{n^p} \geqslant \dfrac{1}{n} (n=1,2,\cdots)$, 而调和级数 $\sum\limits_{n=1}^{\infty} \dfrac{1}{n}$ 发散, 根据定理 1 知 p-级数发散.

当 $p>1$ 时, 若 $n-1 \leqslant x \leqslant n$, 则 $\dfrac{1}{n^p} \leqslant \dfrac{1}{x^p}$, 所以

$$\frac{1}{n^p} = \int_{n-1}^{n} \frac{1}{n^p} \mathrm{d}x \leqslant \int_{n-1}^{n} \frac{1}{x^p} \mathrm{d}x = \frac{1}{p-1}\left[\frac{1}{(n-1)^{p-1}} - \frac{1}{n^{p-1}}\right] \quad (n = 2, 3, \cdots).$$

级数 $\displaystyle\sum_{n=2}^{\infty}\left[\frac{1}{(n-1)^{p-1}} - \frac{1}{n^{p-1}}\right]$ 的部分和

$$S_n = \left[1 - \frac{1}{2^{p-1}}\right] + \left[\frac{1}{2^{p-1}} - \frac{1}{3^{p-1}}\right] + \cdots + \left[\frac{1}{n^{p-1}} - \frac{1}{(n+1)^{p-1}}\right]$$

$$= 1 - \frac{1}{(n+1)^{p-1}}.$$

因为 $\displaystyle\lim_{n\to\infty} S_n = \lim_{n\to\infty}\left[1 - \frac{1}{(n+1)^{p-1}}\right] = 1$，故级数 $\displaystyle\sum_{n=2}^{\infty}\left[\frac{1}{(n-1)^{p-1}} - \frac{1}{n^{p-1}}\right]$ 收敛. 根据比较审敛法和级数的基本性质知 p-级数在 $p > 1$ 时收敛.

综上所述，得到 p-级数在 $p > 1$ 时收敛，在 $p \leqslant 1$ 时发散.

利用比较审敛法判定正项级数是否收敛关键在于选择一个收敛的已知级数，将原级数与选定级数进行比较，从而判定敛散性. p-级数、等比级数经常选 $\displaystyle\sum_{n=1}^{\infty}\frac{1}{n}$ 作为比较的级数.

例 2 判定级数 $\displaystyle\sum_{n=1}^{\infty}\sin\frac{\pi}{2^n}$ 的收敛性.

解 所给级数的通项 $u_n = \sin\dfrac{\pi}{2^n}$，且 $u_n > 0$. 另外，当 $x > 0$ 时，有 $\sin x < x$. 因此

$$u_n = \sin\frac{\pi}{2^n} \leqslant \frac{\pi}{2^n}.$$

级数 $\displaystyle\sum_{n=1}^{\infty}\frac{\pi}{2^n}$ 为几何级数，公比 $q = \dfrac{1}{2}$，因而级数 $\displaystyle\sum_{n=1}^{\infty}\frac{\pi}{2^n}$ 收敛. 根据比较判别法知级数 $\displaystyle\sum_{n=1}^{\infty}\sin\frac{\pi}{2^n}$ 收敛.

例 3 判定级数 $\displaystyle\sum_{n=1}^{\infty}\frac{1}{\sqrt{1+n^2}}$ 的敛散性.

解 因为 $\dfrac{1}{\sqrt{1+n^2}} > \dfrac{1}{\sqrt{1+2n+n^2}} = \dfrac{1}{\sqrt{(1+n)^2}} = \dfrac{1}{1+n}$，正项级数 $\displaystyle\sum_{n=1}^{\infty}\frac{1}{1+n}$ 是调和级数 $\displaystyle\sum_{n=1}^{\infty}\frac{1}{n}$ 前面去掉一项得到的，而调和级数 $\displaystyle\sum_{n=1}^{\infty}\frac{1}{n}$ 发散，从而 $\displaystyle\sum_{n=1}^{\infty}\frac{1}{1+n}$ 发散，所以根据比较判别法知级数 $\displaystyle\sum_{n=1}^{\infty}\frac{1}{\sqrt{1+n^2}}$ 发散.

定理 3（比值审敛法，也称达朗贝尔判别法） 如果正项级数 $\displaystyle\sum_{n=1}^{\infty}u_n$ 的后项与前项的比值的极限等于 ρ，即 $\displaystyle\lim_{n\to\infty}\frac{u_{n+1}}{u_n} = \rho$，则有

（1）当 $\rho < 1$ 时，级数收敛；

（2）当 $\rho > 1$ 时，级数发散；

（3）当 $\rho = 1$ 时，级数可能收敛，也可能发散.

例 4 判定级数 $\displaystyle\sum_{n=1}^{\infty}\frac{2\times5\times8\times\cdots\times(3n-1)}{1\times5\times9\times\cdots\times(4n-3)}$ 的收敛性.

解
$$\lim_{n\to\infty}\frac{u_{n+1}}{u_n}=\lim_{n\to\infty}\left[\frac{2\times5\times8\times\cdots\times(3n-1)(3n+2)}{1\times5\times9\times\cdots\times(4n-3)(4n+1)}\times\frac{1\times5\times9\times\cdots\times(4n-3)}{2\times5\times8\times\cdots\times(3n-1)}\right]$$
$$=\lim_{n\to\infty}\frac{3n+2}{4n+1}=\frac{3}{4}<1.$$

根据比值审敛法知该级数收敛.

定理 4（根值审敛法，也称柯西判别法） 设 $\sum\limits_{n=1}^{\infty}u_n$ 为正项级数，如果它的一般项 u_n 的 n 次根的极限等于 ρ，即 $\lim\limits_{n\to\infty}\sqrt[n]{u_n}=\rho$，则有：

(1) 当 $\rho<1$ 时，级数收敛；

(2) 当 $\rho>1$（或 $+\infty$）时，级数发散；

(3) 当 $\rho=1$ 时，级数可能收敛，也可能发散.

例 5 判定级数 $\sum\limits_{n=1}^{\infty}\left(\dfrac{n}{2n+1}\right)^n$ 的收敛性.

解
$$\lim_{n\to\infty}\sqrt[n]{u_n}=\lim_{n\to\infty}\frac{n}{2n+1}=\frac{1}{2}<1.$$

根据根值审敛法知该级数收敛.

二、交错级数及其审敛法

除正项级数外，常数项级数中还有一类较简单的级数，即交错级数. 所谓交错级数是这样的级数：它的各项是正负交错的，从而可以表示成下面的形式：

$$\sum_{n=1}^{\infty}(-1)^{n-1}u_n=u_1-u_2+u_3-u_4+\cdots$$

或

$$\sum_{n=1}^{\infty}(-1)^{n}u_n=-u_1+u_2-u_3+u_4-\cdots.$$

其中，$u_n>0(n=1,2,3,\cdots)$.

对于交错级数，可用莱布尼茨定理判定其敛散性.

定理 5（莱布尼茨定理） 如果交错级数 $\sum\limits_{n=1}^{\infty}(-1)^{n-1}u_n$ 满足条件：

(1) $u_n\geqslant u_{n+1}(n=1,2,3,\cdots)$；

(2) $\lim\limits_{n\to\infty}u_n=0$，

则级数收敛，且其和 $S\leqslant u_1$.

例如，级数 $\sum\limits_{n=1}^{\infty}(-1)^{n-1}\dfrac{1}{n}=1-\dfrac{1}{2}+\dfrac{1}{3}-\dfrac{1}{4}+\cdots$ 满足 $u_n=\dfrac{1}{n}>\dfrac{1}{n+1}=u_{n+1}$，且 $\lim\limits_{n\to\infty}u_n=0$，所以它收敛.

三、绝对收敛与条件收敛

对于一般的常数项级数 $u_1+u_2+u_3+u_4+\cdots+u_n+\cdots$，它的各项为任意实数，如果级数 $\sum\limits_{n=1}^{\infty}u_n$ 各项取绝对值后得到的正项级数 $\sum\limits_{n=1}^{\infty}|u_n|$ 收敛，则称原级数 $\sum\limits_{n=1}^{\infty}u_n$ 绝对收敛；如果级数

$\sum\limits_{n=1}^{\infty} u_n$ 本身收敛，而 $\sum\limits_{n=1}^{\infty} |u_n|$ 发散，则称级数 $\sum\limits_{n=1}^{\infty} u_n$ 条件收敛.

定理 6　若级数 $\sum\limits_{n=1}^{\infty} u_n$ 绝对收敛，则级数收敛.

此定理给出了一个用正项级数审敛法来判定任意项级数收敛性的方法，但要注意上述定理的逆命题并不一定成立，即级数 $\sum\limits_{n=1}^{\infty} u_n$ 收敛，不一定绝对收敛. 例如，交错级数 $\sum\limits_{n=1}^{\infty} (-1)^{n-1} \dfrac{1}{n}$ 收敛，但 $\sum\limits_{n=1}^{\infty} \dfrac{1}{n}$ 发散，这说明级数 $\sum\limits_{n=1}^{\infty} (-1)^{n-1} \dfrac{1}{n}$ 条件收敛，不绝对收敛.

例 6　判定级数 $\sum\limits_{n=1}^{\infty} (-1)^n \dfrac{n}{(n+1)^2}$ 的收敛性. 如果收敛，是绝对收敛还是条件收敛？

解　因为 $u_n - u_{n+1} = \dfrac{n}{(n+1)^2} - \dfrac{n+1}{(n+2)^2} = \dfrac{n^2+n-1}{(n+1)^2 (n+2)^2} > 0$，即 $u_n > u_{n+1}$. 又因为 $\lim\limits_{n \to \infty} u_n = 0$，根据莱布尼茨定理知，级数 $\sum\limits_{n=1}^{\infty} (-1)^n \dfrac{n}{(n+1)^2}$ 收敛.

因为 $u_n = \dfrac{n}{(n+1)^2} > \dfrac{n}{(n+n)^2} = \dfrac{1}{4n} = v_n$，级数 $\sum\limits_{n=1}^{\infty} v_n = \dfrac{1}{4} \sum\limits_{n=1}^{\infty} \dfrac{1}{n}$ 发散，所以 $\sum\limits_{n=1}^{\infty} u_n$ 发散，级数 $\sum\limits_{n=1}^{\infty} (-1)^n \dfrac{n}{(n+1)^2}$ 条件收敛.

习题 8-2

1. 判定下列级数的收敛性.

(1) $\sum\limits_{n=1}^{\infty} \dfrac{1}{\sqrt{1+n^3}}$；

(2) $\sum\limits_{n=1}^{\infty} \dfrac{n}{4n^2-3}$；

(3) $\sum\limits_{n=1}^{\infty} \dfrac{n^n}{n!}$；

(4) $\sum\limits_{n=1}^{\infty} \dfrac{n^2}{2^n}$；

(5) $\sum\limits_{n=1}^{\infty} \left(\dfrac{n}{2n+1}\right)^n$；

(6) $\sum\limits_{n=1}^{\infty} \dfrac{n+1}{n(n+2)}$.

2. 判断下列命题的正误.

(1) 若级数 $\sum\limits_{n=1}^{\infty} |u_n|$ 收敛，则级数 $\sum\limits_{n=1}^{\infty} u_n$ 必定收敛；

(2) 若级数 $\sum\limits_{n=1}^{\infty} |u_n|$ 发散，则级数 $\sum\limits_{n=1}^{\infty} u_n$ 必定发散；

(3) 若级数 $\sum\limits_{n=1}^{\infty} u_n$ 收敛，则级数 $\sum\limits_{n=1}^{\infty} |u_n|$ 必定收敛；

(4) 若级数 $\sum\limits_{n=1}^{\infty} u_n$ 发散，则级数 $\sum\limits_{n=1}^{\infty} |u_n|$ 必定发散.

3. 判定下列级数的收敛性. 如果收敛，是绝对收敛还是条件收敛？

(1) $1 - \dfrac{1}{\sqrt{2}} + \dfrac{1}{\sqrt{3}} - \cdots + (-1)^{n-1} \dfrac{1}{\sqrt{n}} + \cdots$；

$(2) \displaystyle\sum_{n=1}^{\infty} (-1)^n \frac{n}{(n+1)^2}$；

$(3) \displaystyle\sum_{n=1}^{\infty} \frac{(-1)^{n-1}}{(2n-1)^2}$；

$(4) \displaystyle\sum_{n=1}^{\infty} (-1)^n \frac{\sin\sqrt{n}}{n^{\frac{3}{2}}}$．

8.3 幂 级 数

一、函数项级数的概念

给定区间 I 上的函数列：

$$u_1(x), \quad u_2(x), \quad \cdots, \quad u_n(x), \quad \cdots,$$

由该函数列构成的表达式

$$u_1(x) + u_2(x) + \cdots + u_n(x) + \cdots \tag{8-3}$$

称为定义在区间 I 上的（函数列）无穷级数，简称函数项级数，记为 $\displaystyle\sum_{n=1}^{\infty} u_n(x)$．

对于每一个确定的值 $x_0 \in I$，函数项级数(8-3)成为常数项级数

$$u_1(x_0) + u_2(x_0) + \cdots + u_n(x_0) + \cdots. \tag{8-4}$$

这个函数项级数可能收敛，也可能发散．如果级数(8-4)收敛，称点 x_0 是函数项级数 (8-3)的收敛点；如果级数(8-4)发散，称点 x_0 是函数项级数(8-3)的发散点．函数项级数 (8-3)的所有收敛点的全体称为它的收敛域，所有发散点的全体称为它的发散域．对于收敛 域内的一个值 x_0，必有一个 $S(x_0)$ 与之对应，即

$$S(x_0) = u_1(x_0) + u_2(x_0) + \cdots + u_n(x_0) + \cdots.$$

对于收敛域内的任意一个 x，函数项级数的和是 x 的函数 $S(x)$，通常称 $S(x)$ 为函数项 级数的和函数．和函数的定义域就是函数项级数的收敛域，在收敛域内，

$$S(x) = u_1(x) + u_2(x) + \cdots + u_n(x) + \cdots,$$

函数项级数(8-3)的前 n 项的部分和记为

$$S_n(x) = u_1(x) + u_2(x) + \cdots + u_n(x),$$

则在收敛域内

$$\lim_{n \to \infty} S_n(x) = S(x).$$

二、幂级数及其收敛域

函数项级数中简单而常见的一类级数就是各项都是幂数的函数项级数，即幂级数．它 的形式是

$$a_0 + a_1 x + a_2 x^2 + \cdots + a_n x^n + \cdots, \tag{8-5}$$

记为 $\sum\limits_{n=0}^{\infty} a_n x^n$，其中 $a_0, a_1, \cdots, a_n, \cdots$ 称为幂级数的系数. 例如，

$$1 + x + x^2 + \cdots + x^n + \cdots,$$

$$1 + x + \frac{1}{2} x^2 + \frac{1}{3} x^3 + \cdots + \frac{1}{n} x^n + \cdots$$

都是幂级数.

幂级数更一般的形式为

$$a_0 + a_1 (x - x_0) + a_2 (x - x_0)^2 + \cdots + a_n (x - x_0)^n + \cdots.$$

上式显然可以通过变量代换 $t = x - x_0$ 的方法化为幂级数 (8-5) 的形式，所以只需讨论幂级数 (8-5) 即可.

对于一个给定的幂级数，x 取哪些值时收敛，取哪些值时发散呢? 怎样求幂级数的收敛域和发散域呢?

定理 1　如果幂级数 $\sum\limits_{n=0}^{\infty} a_n x^n$ 不是仅在一点 $x = 0$ 处收敛，也不是在整个数轴上都收敛，则必有一个完全确定的正数 R，使得:

(1) 当 $|x| < R$ 时，幂级数绝对收敛;

(2) 当 $|x| > R$ 时，幂级数发散;

(3) 当 $x = R$ 与 $x = -R$ 时，幂级数可能收敛，也可能发散.

正数 R 通常称为幂级数 (8-5) 的收敛半径. 根据幂级数在 $x = \pm R$ 处的收敛性可以判定它在区间 $(-R, R)$，$[-R, R)$，$(-R, R]$ 或 $[-R, R]$ 上的收敛性，这个区间称为幂级数 (8-5) 的收敛区间.

定理 2　对于幂级数 $\sum\limits_{n=0}^{\infty} a_n x^n (a_n \neq 0, n = 0, 1, 2, \cdots)$，如果 $\lim\limits_{n \to \infty} \left| \dfrac{a_{n+1}}{a_n} \right| = \rho$，其中 a_n, a_{n+1} 是幂级数相邻两项的系数，那么这个幂级数的收敛半径为

$$R = \begin{cases} \dfrac{1}{\rho}, & \rho \neq 0, \\ +\infty, & \rho = 0, \\ 0, & \rho = +\infty. \end{cases}$$

例 1　求幂级数 $\sum\limits_{n=1}^{\infty} \dfrac{2^n}{n} x^n$ 的收敛半径与收敛区间.

解　因为 $\rho = \lim\limits_{n \to \infty} \left| \dfrac{a_{n+1}}{a_n} \right| = \lim\limits_{n \to \infty} \dfrac{2^{n+1}}{n+1} \cdot \dfrac{n}{2^n} = 2$，所以收敛半径 $R = \dfrac{1}{2}$.

当 $x = \dfrac{1}{2}$ 时，幂级数成为级数 $\sum\limits_{n=1}^{\infty} \dfrac{2^n}{n} \left(\dfrac{1}{2} \right)^n = \sum\limits_{n=1}^{\infty} \dfrac{1}{n}$，发散.

当 $x = -\dfrac{1}{2}$ 时，幂级数成为级数 $\sum\limits_{n=1}^{\infty} \dfrac{2^n}{n} \left(-\dfrac{1}{2} \right)^n = \sum\limits_{n=1}^{\infty} \dfrac{(-1)^n}{n}$，收敛.

因此，收敛区间为 $\left[-\dfrac{1}{2}, \dfrac{1}{2} \right)$.

例 2　求幂级数 $\sum\limits_{n=0}^{\infty} \dfrac{(2n)!}{(n!)^2} x^{2n}$ 的收敛半径.

解 级数缺少奇次幂的项,不能直接应用定理 2,应用比值审敛法求收敛半径.

$$\lim_{n\to\infty}\left|\frac{u_{n+1}}{u_n}\right|=\lim_{n\to\infty}\left|\frac{2(2n+1)}{(n+1)}x^2\right|=4|x|^2.$$

当 $4|x|^2<1$,即 $|x|<\frac{1}{2}$ 时,级数收敛;当 $4|x|^2>1$,即 $|x|>\frac{1}{2}$ 时,级数发散. 所以收敛半径 $R=\frac{1}{2}$.

三、幂级数运算

若级数 $\sum_{n=0}^{\infty}a_nx^n$ 的收敛半径 $R\neq0$,收敛区间为 $(-R,R)$,又设其和函数为 $S(x)$,则有以下性质.

性质 1 幂级数 $\sum_{n=0}^{\infty}a_nx^n$ 的和函数 $S(x)$ 在其收敛区间 $(-R,R)$ 内为连续函数.

性质 2 设幂级数 $\sum_{n=0}^{\infty}a_nx^n$ 的收敛半径为 $R(R>0)$,则其和函数 $S(x)$ 在区间 $(-R,R)$ 内是可积的,且有逐项积分公式:

$$\int_0^x S(x)\mathrm{d}x=\int_0^x\left(\sum_{n=0}^{\infty}a_nx^n\right)\mathrm{d}x=\sum_{n=0}^{\infty}\int_0^x a_nx^n\mathrm{d}x=\sum_{n=0}^{\infty}\frac{a_n}{n+1}x^{n+1}.$$

其中 $|x|<R$,逐项积分后所得的幂级数的收敛半径也是 R.

性质 3 设幂级数 $\sum_{n=0}^{\infty}a_nx^n$ 的收敛半径为 $R(R>0)$,则其和函数 $S(x)$ 在区间 $(-R,R)$ 内可导,且有逐项求导公式

$$S'(x)=\left(\sum_{n=0}^{\infty}a_nx^n\right)'=\sum_{n=1}^{\infty}na_nx^{n-1}.$$

逐项求导后所得的幂级数的收敛半径也是 R.

若级数 $\sum_{n=0}^{\infty}a_nx^n$ 与 $\sum_{n=0}^{\infty}b_nx^n$ 的收敛半径分别是 R_1 和 R_2,记 $\min\{R_1,R_2\}$,和函数分别为 $S(x)$ 与 $\sigma(x)$,则有以下性质.

性质 4 两个幂级数 $\sum_{n=0}^{\infty}a_nx^n$ 与 $\sum_{n=0}^{\infty}b_nx^n$ 逐项相加减得到的幂级数 $\sum_{n=0}^{\infty}(a_n\pm b_n)x^n$ 的收敛半径是 R,且有

$$\sum_{n=0}^{\infty}a_nx^n\pm\sum_{n=0}^{\infty}b_nx^n=\sum_{n=0}^{\infty}(a_n\pm b_n)x^n=S(x)\pm\sigma(x).$$

性质 5 两个幂级数 $\sum_{n=0}^{\infty}a_nx^n$ 与 $\sum_{n=0}^{\infty}b_nx^n$ 按下述规则相乘:

$$\left(\sum_{n=0}^{\infty}a_nx^n\right)\cdot\left(\sum_{n=0}^{\infty}b_nx^n\right)=a_0b_0+(a_0b_1+a_1b_0)x+(a_0b_2+a_1b_1+a_2b_0)x^2+\cdots$$
$$+(a_0b_n+a_1b_{n-1}+\cdots+a_nb_0)x^n+\cdots$$

所得到的幂级数的收敛半径是 R,且在收敛域内有

$$\left(\sum_{n=0}^{\infty} a_n x^n\right) \cdot \left(\sum_{n=0}^{\infty} b_n x^n\right) = S(x)\sigma(x).$$

习题 8-3

1. 求下列幂级数的收敛半径和收敛区间.

(1) $\displaystyle\sum_{n=0}^{\infty} n^n x^n$；　　　　　　　(2) $\displaystyle\sum_{n=1}^{\infty} \frac{x^n}{n \cdot 2^n}$；

(3) $1 - x + \dfrac{x^2}{2^2} + \cdots + (-1)^n \dfrac{x^n}{n^2} + \cdots$；

(4) $\displaystyle\sum_{n=1}^{\infty} (-1)^n \frac{x^{2n}}{5^n}$.

2. 求幂级数 $\displaystyle\sum_{n=0}^{\infty} (-1)^n n x^{n-1}$ $(-1 < x < 1)$ 的和函数.

8.4　函数展开成幂级数

一、泰勒级数

已知函数 $f(x)$ 在 $x = x_0$ 的某个邻域内有直到 $(n+1)$ 阶的导数，则在该邻域内有以下公式（称为泰勒公式）：

$$f(x) = f(x_0) + f'(x_0)(x-x_0) + \frac{f''(x_0)}{2!}(x-x_0)^2 + \cdots + \frac{f^{(n)}(x_0)}{n!}(x-x_0)^n + R_n(x).$$

$$(8\text{-}6)$$

其中，$R_n(x) = \dfrac{f^{(n+1)}\left[x_0 + \theta(x-x_0)\right]}{(n+1)!}(x-x_0)^{n+1}$ $(0 < \theta < 1)$.

令式 (8-6) 等号右边前 $n+1$ 项的和为 $S_{n+1}(x)$，即

$$S_{n+1}(x) = \sum_{k=0}^{\infty} \frac{f^{(k)}(x_0)}{k!}(x-x_0)^k$$

$$= f(x_0) + f'(x_0)(x-x_0) + \cdots + \frac{f^{(n)}(x_0)}{n!}(x-x_0)^n. \qquad (8\text{-}7)$$

则 $f(x) = S_{n+1}(x) + R_n(x)$，即 $S_{n+1}(x) \approx f(x)$.

当 $|R_n(x)|$ 随着 n 的增大而减小时，可以用增加多项式 (8-7) 的项数的办法来提高精确度.

如果 $f(x)$ 在点 x_0 的某邻域内具有各阶导数 $f'(x), f''(x), \cdots, f^{(n)}(x), \cdots$，则多项式 (8-7) 的项数趋向于无穷而成为幂级数

$$f(x_0) + f'(x_0)(x-x_0) + \frac{f''(x_0)}{2!}(x-x_0)^2 + \cdots + \frac{f^{(n)}(x_0)}{n!}(x-x_0)^n + \cdots. \qquad (8\text{-}8)$$

幂级数(8-8)称为函数 $f(x)$ 在点 $x=x_0$ 处的泰勒级数,或称为 $f(x)$ 的泰勒展开式. 当 $x_0=0$ 时, $f(x)$ 的泰勒级数化为

$$f(x)=f(0)+f'(0)x+\frac{f''(0)}{2!}x^2+\cdots+\frac{f^{(n)}(0)}{n!}x^n+\cdots,$$

称为 $f(x)$ 的麦克劳林级数.

显然, $f(x)$ 的麦克劳林级数实质上是 x 的幂级数,那么这个展开式是否唯一呢? 答案是肯定的.

定理 设 $f(x)$ 在区间 (a,b) 内能展开成幂级数

$$f(x)=a_0+a_1x+a_2x^2+\cdots+a_nx^n+\cdots,$$

则其系数必定为 $a_n=\frac{1}{n!}f^{(n)}(0)$ $(n=0,1,2,\cdots)$.

注意:展开成麦克劳林级数和在点 $x=0$ 处展开成幂级数是等同的.

二、函数展开成幂级数的方法

1. 直接展开法

利用麦克劳林级数将函数展开为幂级数的方法称为直接展开法. 利用直接展开法将函数展开成幂级数可按下列步骤进行.

第一步:求出 $f(x)$ 的各阶导数 $f'(x),f''(x),\cdots,f^{(n)}(x),\cdots$. 如果在点 $x=0$ 处某阶导数不存在,就停止求导,函数不能展开为 x 的幂级数.

第二步:求函数各阶导数在点 $x=0$ 处的值.

$$f(0),\quad f'(0),\quad f''(0),\quad\cdots,\quad f^{(n)}(0),\quad\cdots.$$

第三步:写出幂级数

$$f(0)+f'(0)x+\frac{f''(0)}{2!}x^2+\cdots+\frac{f^{(n)}(0)}{n!}x^n+\cdots,$$

并求出收敛半径.

第四步:考察当 x 在区间 $(-R,R)$ 内时余项 $R_n(x)$ 的极限

$$\lim_{n\to\infty}R_n(x)=\lim_{n\to\infty}\frac{f^{(n+1)}(\theta x)}{(n+1)!}x^{n+1}\quad(0<\theta<1)$$

是否为零,如果为零,则函数 $f(x)$ 在区间 $(-R,R)$ 内幂级数展开式为

$$f(x)=f(0)+f'(0)x+\frac{f''(0)}{2!}x^2+\cdots+\frac{f^{(n)}(0)}{n!}x^n+\cdots,\quad x\in(-R,R).$$

以上所述是函数展开成幂级数的基本步骤,但这往往比较复杂,所以一般尽量不用直接展开法.

2. 间接展开法

利用某些已知函数的幂级数展开式、幂级数在收敛区间上的性质及复合代换等将所给函数展开为幂级数,这种方法称为间接展开法.

常用展开式如下:

$$\frac{1}{1-x}=1+x+x^2+\cdots+x^n+\cdots\quad(-1<x<1);$$

$$e^x = 1 + x + \frac{x^2}{2!} + \cdots + \frac{x^n}{n!} + \cdots \quad (-\infty < x < \infty);$$

$$\sin x = x - \frac{x^3}{3!} + \frac{x^5}{5!} - \cdots + (-1)^n \frac{x^{2n+1}}{(2n+1)!} + \cdots \quad (-\infty < x < \infty).$$

例 1　将函数 $f(x) = \frac{1}{x-a}(a > 0)$ 展开成幂级数.

解　由于 $f(x) = \frac{1}{x-a}$ 与 $\frac{1}{1-x}$ 相似, 可先将其恒等变换:

$$\frac{1}{x-a} = -\frac{1}{a} \cdot \frac{1}{1 - \frac{x}{a}} = -\frac{1}{a} \sum_{n=0}^{\infty} \left(\frac{x}{a}\right)^n = -\sum_{n=0}^{\infty} \frac{x^n}{a^{n+1}}.$$

展开式的收敛区间由下式确定:

$$-1 < \frac{x}{a} < 1,$$

即 $-a < x < a$, 因此

$$\frac{1}{x-a} = -\sum_{n=0}^{\infty} \frac{x^n}{a^{n+1}} \quad (-a < x < a).$$

例 2　将函数 $f(x) = \ln(1+x)$ 展开为幂级数.

解　由于 $f'(x) = [\ln(1+x)]' = \frac{1}{1+x}$, 而

$$\frac{1}{1+x} = \frac{1}{1-(-x)} = \sum_{n=0}^{\infty} (-x)^n = \sum_{n=0}^{\infty} (-1)^n x^n \quad (-1 < x < 1),$$

将上式两边积分 $\int_0^x \frac{1}{1+x} dx = \int_0^x \sum_{n=0}^{\infty} (-1)^n x^n dx$, 得

$$\ln(1+x) = \sum_{n=0}^{\infty} \int_0^x (-1)^n x^n dx = \sum_{n=0}^{\infty} \frac{(-1)^n x^{n+1}}{n+1} \quad (-1 < x < 1),$$

即

$$\ln(1+x) = \sum_{n=0}^{\infty} \frac{(-1)^n x^{n+1}}{n+1} = x - \frac{x^2}{2} + \frac{x^3}{3} - \cdots + (-1)^{n-1} \frac{x^n}{n} + \cdots \quad (-1 < x < 1).$$

例 3　将函数 $f(x) = \frac{1}{x^2+4x+3}$ 展开成 $x-1$ 的幂级数.

解　因为

$$f(x) = \frac{1}{x^2+4x+3} = \frac{1}{(x+1)(x+3)} = \frac{1}{2}\left(\frac{1}{x+1} - \frac{1}{x+3}\right)$$

$$= \frac{1}{4\left(1 + \frac{x-1}{2}\right)} - \frac{1}{8\left(1 + \frac{x-1}{4}\right)},$$

而

$$\frac{1}{4\left(1 + \frac{x-1}{2}\right)} = \frac{1}{4} \sum_{n=0}^{\infty} \left(-\frac{x-1}{2}\right)^n \left(-1 < \frac{x-1}{2} < 1\right)$$

$$= \frac{1}{4}\left[1 - \frac{x-1}{2} + \frac{(x-1)^2}{2^2} - \cdots + (-1)^n \frac{(x-1)^n}{2^n} + \cdots\right] \quad (-1 < x < 3),$$

$$\frac{1}{8\left(1+\dfrac{x-1}{4}\right)} = \frac{1}{8}\sum_{n=0}^{\infty}\left(-\frac{x-1}{4}\right)^n \quad \left(-1 < \frac{x-1}{4} < 1\right)$$

$$= \frac{1}{8}\left[1 - \frac{x-1}{4} + \left(\frac{x-1}{4}\right)^2 - \cdots + (-1)^n\left(\frac{x-1}{4}\right)^n + \cdots\right] \quad (-3 < x < 5),$$

所以

$$f(x) = \frac{1}{x^2+4x+3} = \sum_{n=0}^{\infty}(-1)^n\left(\frac{1}{2^{n+2}} - \frac{1}{2^{2n+3}}\right)(x-1)^n \quad (-1 < x < 3).$$

习题 8-4

1. 将下列函数展开成 x 的幂级数,并指出其收敛区间.

(1) $y = x^2 e^x$;

(2) $y = \ln(2-3x+x^2)$;

(3) $y = \cos x$;

(4) $y = \dfrac{x}{2x^2+3x-2}$.

2. 将函数 $f(x) = \dfrac{1}{x}$ 展开成 $x-1$ 的幂级数.

3. 将函数 $f(x) = \dfrac{1}{x^2+3x+2}$ 展开成 $x+4$ 的幂级数.

8.5 傅里叶级数

一、三角级数

在自然科学和工程技术中,对周期现象的数学描述就是周期函数. 简单的周期现象(如单摆的摆动、音叉的振动等)都可用正弦函数 $y = A\sin(\omega x + \varphi)$ 描述,但是复杂的周期函数(如电子技术中常用到的周期为 T 的矩形波、开关元件的频率性态或脉冲的传输问题等)就不是正弦周期函数.

结合 8.4 节介绍过的用幂级数展开式表示函数和讨论函数的方法,我们也想将复杂的周期函数表示为无限多个正弦函数与余弦函数之和.

由 $1, \cos x, \sin x, \cos 2x, \sin 2x, \cdots, \cos nx, \sin nx, \cdots$ 组成的函数序列称为三角函数系. 三角函数系具有以下性质:如果 k 与 n 是非负整数,则有

$$\int_{-\pi}^{\pi} \sin kx \sin nx\, \mathrm{d}x = \begin{cases} 0, & k \neq n, \\ \pi, & k = n \neq 0, \end{cases}$$

$$\int_{-\pi}^{\pi} \sin kx \cos nx\, \mathrm{d}x = 0,$$

$$\int_{-\pi}^{\pi} \cos kx \cos nx \, \mathrm{d}x = \begin{cases} 0, & k \neq n, \\ \pi, & k = n \neq 0, \end{cases}$$

即三角函数系中任何不同的两个函数的乘积在 $[-\pi, \pi]$ 上的定积分为 0，这种性质称为三角函数系的正交性.

级数的各项均由三角函数系中的函数构成函数项级数

$$\frac{a_0}{2} + a_1 \cos x + b_1 \sin x + a_2 \cos 2x + b_2 \sin 2x + \cdots + a_n \cos nx + b_n \sin nx + \cdots$$

或简写为

$$\frac{a_0}{2} + \sum_{n=1}^{\infty} (a_n \cos nx + b_n \sin nx). \tag{8-9}$$

其中，$a_0, a_n, b_n (n=1,2,\cdots)$ 是常数，则式(8-9)称为三角级数.

二、周期为 2π 的函数的傅里叶级数

引进傅里叶级数(部分数学或电子通信类教材中另译作傅立叶级数)的基本思想是用三角级数表示一般的周期函数. 下面讨论如何把周期为 2π 的函数展开成三角级数. 这里必须解决以下两个问题.

(1) 什么条件下函数 $f(x)$ 能表示为三角级数？

(2) 如果 $f(x)$ 可以表示为三角级数，又如何确定常数 $a_0, a_1, b_1, \cdots$？

假设 $f(x)$ 在区间 $[-\pi, \pi]$ 上能展开成三角级数(8-9)，即

$$f(x) = \frac{a_0}{2} + \sum_{n=1}^{\infty} (a_n \cos nx + b_n \sin nx), \tag{8-10}$$

那么级数(8-10)的系数 $a_0, a_n, b_n (n=1,2,\cdots)$ 与函数 $f(x)$ 有什么关系呢？

首先，对式(8-10)在区间 $[-\pi, \pi]$ 上进行积分

$$\int_{-\pi}^{\pi} f(x) \mathrm{d}x = \int_{-\pi}^{\pi} \frac{a_0}{2} \mathrm{d}x + \sum_{n=1}^{\infty} \left(\int_{-\pi}^{\pi} a_n \cos nx \, \mathrm{d}x + \int_{-\pi}^{\pi} b_n \sin nx \, \mathrm{d}x \right),$$

根据三角函数系的正交性，有

$$\int_{-\pi}^{\pi} f(x) \mathrm{d}x = \int_{-\pi}^{\pi} \frac{a_0}{2} \mathrm{d}x = \pi a_0,$$

即

$$a_0 = \frac{1}{\pi} \int_{-\pi}^{\pi} f(x) \mathrm{d}x$$

其次，求 a_n.

将式(8-10)左、右两端乘以 $\cos kx$，再将左、右两端在 $[-\pi, \pi]$ 上积分，可得

$$\int_{-\pi}^{\pi} f(x) \cos kx \, \mathrm{d}x = \int_{-\pi}^{\pi} \left[\frac{a_0}{2} \cos kx + \cos kx \sum_{n=1}^{\infty} (a_n \cos nx + b_n \sin nx) \right] \mathrm{d}x.$$

由三角函数系的正交性可知，当 $k=n$ 时，等式右端变为

$$\int_{-\pi}^{\pi} a_n \cos nx \cos nx \, \mathrm{d}x = \int_{-\pi}^{\pi} a_n \cos^2 nx \, \mathrm{d}x = a_n \pi,$$

即

$$a_n = \frac{1}{\pi} \int_{-\pi}^{\pi} f(x) \cos nx \, \mathrm{d}x \quad (n=1,2,3,\cdots).$$

类似地，先将式(8-10)左、右两端乘以 $\sin kx$，再将左、右两端在 $[-\pi, \pi]$ 上积分，可得

$$b_n = \frac{1}{\pi} \int_{-\pi}^{\pi} f(x) \sin nx \, \mathrm{d}x \quad (n=1,2,3,\cdots).$$

在系数 a_n 的表达式中,当 $n=0$ 时,可得到 a_n 的表达式,因此求系数公式为

$$a_n = \frac{1}{\pi}\int_{-\pi}^{\pi} f(x)\cos nx\, \mathrm{d}x \quad (n=0,1,2,\cdots),$$

$$b_n = \frac{1}{\pi}\int_{-\pi}^{\pi} f(x)\sin nx\, \mathrm{d}x \quad (n=1,2,3,\cdots).$$

由上式确定的系数 a_n,b_n 称为函数 $f(x)$ 的傅里叶系数. 以函数 $f(x)$ 的傅里叶系数为系数的三角级数

$$\frac{a_0}{2} + \sum_{n=1}^{\infty}(a_n\cos nx + b_n\sin nx)$$

称为函数 $f(x)$ 的傅里叶级数,表示为

$$f(x) \sim \frac{a_0}{2} + \sum_{n=1}^{\infty}(a_n\cos nx + b_n\sin nx). \tag{8-11}$$

虽然我们从形式上得出了函数 $f(x)$ 的傅里叶级数(8-11),但函数 $f(x)$ 的傅里叶级数(8-11)是否在 $[-\pi,\pi]$ 上收敛呢? 如果收敛,是否一定收敛于函数 $f(x)$ 呢? 一般说来,答案不是肯定的,那么 $f(x)$ 究竟满足什么条件才可以展开成傅里叶级数呢? 下面直接给出一个收敛定理,不加证明.

收敛定理(狄利克雷(Dirichlet)充分条件) 设 $f(x)$ 是周期为 2π 的周期函数,如果它满足:

(1) 在一个周期内连续或只有有限个第一类间断点;

(2) 在一个周期内至多只有有限个极值点,

则 $f(x)$ 的傅里叶级数收敛,并且当 x 是 $f(x)$ 的连续点时,级数收敛于 $f(x)$;当 x 是 $f(x)$ 的间断点时,级数收敛于 $\frac{1}{2}\left[f(x-0)+f(x+0)\right]$.

收敛定理说明:只要函数在 $[-\pi,\pi]$ 上至多有有限个第一类间断点,并且不做无限次振动,那么函数的傅里叶级数在连续点处收敛于该点的函数值,在间断点处收敛于该点的左极限与右极限的算术平均值. 由此可见,函数能展开成傅里叶级数的条件比较低.

例 1 设 $f(x)$ 是周期为 2π 的周期函数,它在 $[-\pi,\pi]$ 上的表达式为

$$f(x) = \begin{cases} -1, & -\pi \leqslant x \leqslant 0, \\ 1, & 0 \leqslant x \leqslant \pi, \end{cases}$$

将 $f(x)$ 展开成傅里叶级数.

解 所给函数满足收敛定理的条件,如图 8-1 所示,它在 $x=k\pi(k=0,\pm 1,\pm 2,\cdots)$ 处不连续,在其他点处连续,从而由收敛定理知 $f(x)$ 的傅里叶级数收敛,并且当 $x=k\pi$ 时级数收敛于

$$\frac{-1+1}{2} = \frac{1+(-1)}{2} = 0.$$

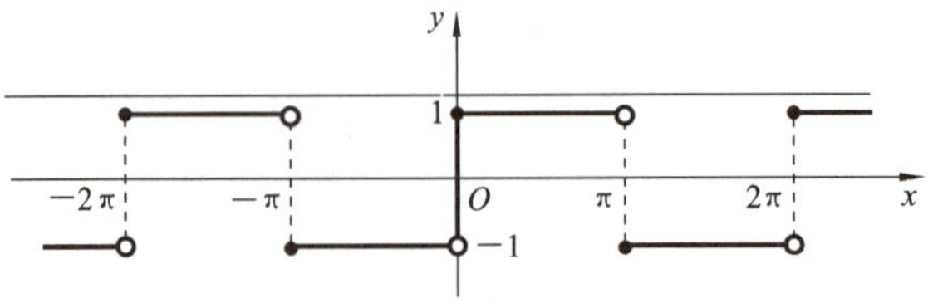

图 8-1

当 $x \neq k\pi$ 时,级数收敛于 $f(x)$.

$$a_n = \frac{1}{\pi} \int_{-\pi}^{\pi} f(x) \cos nx \, dx$$

$$= \frac{1}{\pi} \int_{-\pi}^{0} (-1) \cos nx \, dx + \frac{1}{\pi} \int_{0}^{\pi} 1 \cdot \cos nx \, dx = 0 \quad (n = 0, 1, 2, \cdots),$$

$$b_n = \frac{1}{\pi} \int_{-\pi}^{\pi} f(x) \sin nx \, dx = \frac{1}{\pi} \int_{-\pi}^{0} (-1) \sin nx \, dx + \frac{1}{\pi} \int_{0}^{\pi} \sin nx \, dx$$

$$= \frac{1}{\pi} \left[\frac{\cos nx}{n} \right]_{-\pi}^{0} + \frac{1}{\pi} \left[-\frac{\cos nx}{n} \right]_{0}^{\pi} = \frac{1}{n\pi} [1 - \cos n\pi - \cos n\pi + 1]$$

$$= \frac{2}{n\pi} [1 - (-1)^n] = \begin{cases} \dfrac{4}{n\pi}, & n = 1, 3, 5, \cdots, \\ 0, & n = 2, 4, 6, \cdots. \end{cases}$$

将求得的系数代入式(8-10),就得到 $f(x)$ 的傅里叶级数展开式为

$$f(x) = \frac{4}{\pi} \left[\sin x + \frac{1}{3} \sin 3x + \cdots + \frac{1}{2n-1} \sin(2n-1)x + \cdots \right]$$

$$(-\infty < x < +\infty; x \neq 0, \pm\pi, \pm 2\pi, \cdots).$$

上式表明,矩形波可由一系列不同频率的正弦波叠加而成.

例 2　将函数

$$f(x) = \begin{cases} x, & -\pi \leqslant x \leqslant 0, \\ 0, & 0 \leqslant x \leqslant \pi \end{cases}$$

展开为傅里叶级数.

解　所给函数在 $[-\pi, \pi]$ 上满足收敛定理的条件,则

$$a_0 = \frac{1}{\pi} \int_{-\pi}^{\pi} f(x) \, dx = \frac{1}{\pi} \int_{-\pi}^{0} x \, dx = -\frac{\pi}{2},$$

$$a_n = \frac{1}{\pi} \int_{-\pi}^{\pi} f(x) \cos nx \, dx = \frac{1}{\pi} \int_{-\pi}^{0} x \cos nx \, dx = \frac{1}{\pi} \left[\frac{x \sin nx}{n} + \frac{\cos nx}{n^2} \right]_{-\pi}^{0}$$

$$= \frac{1}{n^2 \pi} (1 - \cos n\pi) = \frac{1}{n^2 \pi} [1 - (-1)^n] \quad (n = 1, 2, \cdots),$$

$$b_n = \frac{1}{\pi} \int_{-\pi}^{\pi} f(x) \sin nx \, dx = \frac{1}{\pi} \int_{-\pi}^{0} x \sin nx \, dx = \frac{1}{\pi} \left[-\frac{x \cos nx}{n} + \frac{\sin nx}{n^2} \right]_{-\pi}^{0}$$

$$= -\frac{\cos n\pi}{n} = \frac{(-1)^{n+1}}{n} \quad (n = 1, 2, \cdots).$$

因此可以得到 $f(x)$ 的傅里叶级数为

$$-\frac{\pi}{4} + \frac{2}{\pi} \left(\frac{1}{1^2} \cos x + \frac{1}{3^2} \cos 3x + \frac{1}{5^2} \cos 5x + \cdots \right) + \left(\sin x - \frac{1}{2} \sin 2x + \frac{1}{3} \sin 3x - \cdots \right).$$

在 $(-\pi, \pi)$ 内,级数收敛于 $f(x)$;在点 $x = -\pi$ 和点 $x = \pi$ 处,级数收敛于

$$\frac{f(-\pi + 0) + f(\pi - 0)}{2} = \frac{-\pi + 0}{2} = -\frac{\pi}{2}.$$

三、正弦级数和余弦级数

定理 1　设 $f(x)$ 是周期为 2π 的函数,在 $[-\pi, \pi]$ 上可积,则:

（1）当 $f(x)$ 为奇函数时,它的傅里叶系数为

$$a_n = 0 \quad (n=0,1,2,\cdots),$$

$$b_n = \frac{2}{\pi}\int_0^\pi f(x)\sin nx \, dx \quad (n=1,2,3,\cdots).$$

（2）当 $f(x)$ 为偶函数时,它的傅里叶系数为

$$a_n = \frac{2}{\pi}\int_0^\pi f(x)\cos nx \, dx \quad (n=0,1,2,\cdots),$$

$$b_n = 0 \quad (n=1,2,\cdots).$$

上述结论利用定积分的计算容易得到,不予证明.

这个定理说明,如果 $f(x)$ 为奇函数,那么它的傅里叶级数是只含有正弦项的级数 $\sum\limits_{n=1}^\infty b_n \sin nx$,称为正弦级数;如果 $f(x)$ 为偶函数,那么它的傅里叶级数是只含有常数项和余弦项的级数 $\dfrac{a_0}{2} + \sum\limits_{n=1}^\infty a_n \cos nx$,称为余弦级数.

例 3 将函数

$$f(x) = \begin{cases} -x, & -\pi \leqslant x < 0, \\ x, & 0 \leqslant x < \pi \end{cases}$$

展开成傅里叶级数.

解 所给函数在 $[-\pi,\pi]$ 上满足收敛定理的条件,并且在每一点 x 处都连续,由于 $f(x)$ 是偶函数,故

$$b_n = 0 \quad (n=1,2,\cdots).$$

$$a_0 = \frac{2}{\pi}\int_0^\pi f(x)\,dx = \frac{2}{\pi}\int_0^\pi x\,dx = \frac{1}{\pi}\left[x^2\right]_0^\pi = \pi,$$

$$a_n = \frac{2}{\pi}\int_0^\pi f(x)\cos nx \, dx = \frac{2}{\pi}\int_0^\pi x\cos nx \, dx = \frac{2}{\pi}\int_0^\pi \frac{1}{n}x \, d(\sin nx)$$

$$= \frac{2}{\pi}\left[\frac{x\sin nx}{n} + \frac{1}{n^2}\cos nx\right]_0^\pi = \frac{2}{n^2\pi}(\cos n\pi - 1)$$

$$= \begin{cases} -\dfrac{4}{n^2\pi}, & n=1,3,5,\cdots, \\ 0, & n=2,4,6,\cdots, \end{cases}$$

则

$$f(x) = \frac{\pi}{2} - \frac{4}{\pi}\left[\cos x + \frac{1}{3^2}\cos 3x + \frac{1}{5^2}\cos 5x + \cdots + \frac{1}{(2n-1)^2}\cos(2n-1)x + \cdots\right].$$

四、在 $[0,\pi]$ 上的傅里叶级数

定义 如果 $f(x)$ 为定义在 $[0,\pi]$ 上的函数,可以在 $[-\pi,0]$ 上补充函数的定义,得到一个定义在 $[-\pi,\pi]$ 上的函数 $F(x)$,使 $F(x)$ 在 $[-\pi,\pi]$ 上成为奇函数(偶函数),且满足收敛定理的条件,按这种方式补充定义,拓广函数定义域的过程称为延拓. 如果构造 $F(x)$ 成为 $[-\pi,\pi]$ 上的奇函数,则称此延拓为奇延拓;如果构造 $F(x)$ 成为 $[-\pi,\pi]$ 上的偶函数,则称此延拓为偶延拓.

例 4 将 $f(x)=x(0\leqslant x\leqslant\pi)$ 分别展开为正弦级数和余弦级数.

解 （1）求正弦级数,将函数 $f(x)$ 进行奇延拓,则

$$a_n = 0 \quad (n = 0, 1, 2, \cdots),$$

$$b_n = \frac{2}{\pi} \int_0^\pi f(x) \sin nx \, \mathrm{d}x = \frac{2}{\pi} \int_0^\pi x \sin nx \, \mathrm{d}x = \frac{2}{\pi} (-1)^{n+1} \quad (n = 0, 1, 2, \cdots).$$

因此可得正弦级数

$$2 \left(\sin x - \frac{1}{2} \sin 2x + \frac{1}{3} \sin 3x - \cdots \right).$$

由于 $f(x) = x$ 为 $0 < x < \pi$ 的连续函数,因此在 $0 < x < \pi$ 内有

$$f(x) = x = 2 \left(\sin x - \frac{1}{2} \sin 2x + \frac{1}{3} \sin 3x - \cdots \right).$$

在 $x = 0, x = \pi$ 处,上述正弦级数分别收敛于

$$\frac{f(0+0) + f(0-0)}{2} = 0, \quad \frac{f(-\pi+0) + f(\pi-0)}{2} = \frac{-\pi+\pi}{2} = 0.$$

(2)求余弦级数,将函数 $f(x)$ 进行偶延拓,则

$$b_n = 0 \quad (n = 1, 2, 3, \cdots),$$

$$a_0 = \frac{2}{\pi} \int_0^\pi f(x) \, \mathrm{d}x = \frac{2}{\pi} \int_0^\pi x \, \mathrm{d}x = \pi,$$

$$a_n = \frac{2}{\pi} \int_0^\pi f(x) \cos nx \, \mathrm{d}x = \frac{2}{\pi} \int_0^\pi x \cos nx \, \mathrm{d}x = \frac{2}{n^2 \pi} \left[(-1)^n - 1 \right] \quad (n = 1, 2, 3, \cdots),$$

因此 $f(x)$ 的余弦级数为

$$\frac{\pi}{2} - \frac{4}{\pi} \left(\cos x + \frac{1}{3^2} \cos 3x + \frac{1}{5^2} \cos 5x + \cdots \right).$$

由于在 $0 < x < \pi$ 内 $f(x) = x$ 为连续函数,因此在 $0 < x < \pi$ 内有

$$f(x) = x = \frac{\pi}{2} - \frac{4}{\pi} \left(\cos x + \frac{1}{3^2} \cos 3x + \frac{1}{5^2} \cos 5x + \cdots \right).$$

当 $x = 0$ 时,上述余弦级数收敛于

$$\frac{f(0+0) + f(0-0)}{2} = 0.$$

当 $x = \pi$ 时,上述余弦级数收敛于

$$\frac{f(-\pi+0) + f(\pi-0)}{2} = \frac{\pi+\pi}{2} = \pi.$$

五、以 $2l$ 为周期的周期函数的傅里叶级数

前面我们讨论了以 2π 为周期的周期函数的傅里叶级数展开式,那么如何将周期为 $2l$ 的周期函数展开为傅里叶级数?对于这个问题,结合前面讨论的周期为 2π 的函数的傅里叶级数的结果,通过变量代换方法可以解决.下面直接给出定理.

定理 2 设周期为 $2l$ 的周期函数 $f(x)$ 满足收敛定理的条件,则它的傅里叶级数展开式为

$$\frac{a_0}{2} + \sum_{n=1}^{\infty} \left(a_n \cos \frac{n\pi x}{l} + b_n \sin \frac{n\pi x}{l} \right),$$

其中 a_0, a_n, b_n 为

$$a_0 = \frac{1}{l} \int_{-l}^{l} f(x) \, \mathrm{d}x,$$

$$a_n = \frac{1}{l} \int_{-l}^{l} f(x) \cos \frac{n\pi x}{l} dx \quad (n = 1, 2, 3, \cdots),$$

$$b_n = \frac{1}{l} \int_{-l}^{l} f(x) \sin \frac{n\pi x}{l} dx \quad (n = 1, 2, 3, \cdots).$$

此级数收敛,并且有:

(1) 当 x 为 $f(x)$ 的连续点时,级数收敛于 $f(x)$;

(2) 当 x 为 $f(x)$ 的间断点时,级数收敛于 $\dfrac{f(x-0)+f(x+0)}{2}$;

(3) 当 $x=-l$ 或 $x=l$ 时,级数收敛于 $\dfrac{f(-l+0)+f(l-0)}{2}$.

例 5 将函数 $f(x) = 1 - x^2 \left(-\dfrac{1}{2} \leqslant x \leqslant \dfrac{1}{2} \right)$ 展开成傅里叶级数.

解 由于 $f(x)$ 为偶函数,所以

$$b_n = 0 \quad (n = 1, 2, 3, \cdots),$$

$$a_0 = \frac{2}{\frac{1}{2}} \int_0^{\frac{1}{2}} f(x) dx = 4 \int_0^{\frac{1}{2}} (1 - x^2) dx = \frac{11}{6},$$

$$a_n = \frac{2}{\frac{1}{2}} \int_0^{\frac{1}{2}} f(x) \cos 2n\pi x dx = 4 \int_0^{\frac{1}{2}} (1 - x^2) \cos 2n\pi x dx$$

$$= 4 \int_0^{\frac{1}{2}} \cos 2n\pi x dx - \frac{2}{n\pi} \int_0^{\frac{1}{2}} x^2 d(\sin 2n\pi x)$$

$$= -\frac{2}{n\pi} \left[x^2 \sin 2n\pi x \right]_0^{\frac{1}{2}} + \frac{4}{n\pi} \int_0^{\frac{1}{2}} x \sin 2n\pi x dx$$

$$= -\frac{2}{n^2 \pi^2} \int_0^{\frac{1}{2}} x d(\cos 2n\pi x)$$

$$= -\frac{2}{n^2 \pi^2} \left[x \cos 2n\pi x \right]_0^{\frac{1}{2}} + \frac{2}{n^2 \pi^2} \int_0^{\frac{1}{2}} \cos 2n\pi x dx$$

$$= -\frac{(-1)^n}{n^2 \pi^2} = \frac{(-1)^{n+1}}{n^2 \pi^2}.$$

由于 $f(x) = 1 - x^2$ 在每一点处都连续,所以

$$f(x) = \frac{a_0}{2} + \sum_{n=1}^{\infty} a_n \cos 2n\pi x = \frac{11}{12} + \frac{1}{\pi^2} \sum_{n=1}^{\infty} \frac{(-1)^{n+1}}{n^2} \cos 2n\pi x.$$

习题 8-5

1. 把下列周期为 2π 的函数展开成傅里叶级数.

(1) $f(x) = 2x^2 \ (-\pi \leqslant x \leqslant \pi)$;

(2) $f(x) = x \ (-\pi \leqslant x \leqslant \pi)$;

(3) $f(x) = \begin{cases} 0, & x \in [-\pi, 0], \\ x, & x \in [0, \pi]. \end{cases}$

2. 将函数 $f(x) = 2x^2 \ (0 \leqslant x \leqslant \pi)$ 展开成正弦级数.

3. 将函数 $f(x) = |x| \ (-1 \leqslant x \leqslant 1)$ 展开成傅里叶级数.

数学实验

无穷级数例1　　　无穷级数例2　　　无穷级数例3　　　无穷级数例4

知识拓展

级数领域的科学家
——傅里叶

让·巴普蒂斯特·约瑟夫·傅里叶(Baron Jean Baptiste Joseph Fourier,1768—1830年)是法国著名数学家、物理学家.傅里叶在数学领域的主要贡献在于他在研究热的传导和分析热的理论时创立了一套数学理论体系.他的主要著作是《热的解析理论》.他的研究对 19 世纪的数学和物理学的发展产生了深远影响.

傅里叶出身于法国中部欧塞尔一个裁缝家庭,9 岁时沦为孤儿,后被当地一主教收养.1780 年,傅里叶就读于地方军校.1795 年,他被任命为巴黎综合理工学院的助教.1798 年,傅里叶随拿破仑远征埃及,并受到拿破仑的赏识.回国后,他于 1801 年被任命为伊泽尔省格勒诺布尔的地方长官.1807 年,傅里叶撰写了关于热传导的基本论文《热的传播》,并将其提交给巴黎科学院.然而,该论文经拉格朗日、拉普拉斯、勒让德等人审阅后被巴黎科学院拒绝.1811 年,傅里叶又提交了修改后的论文,该论文荣获巴黎科学院大奖,但仍未正式发表.傅里叶在论文中推导出著名的热传导方程(该方程如今常被用于美国数学建模竞赛中),并在求解该方程时发现解函数可以表示为由三角函数构成的级数形式.他提出了任一函数都可以展开成三角函数的无穷级数的观点.傅里叶级数、傅里叶分析等理论由此诞生.1817 年,傅里叶因对传热理论的贡献而当选为巴黎科学院院士.

1822 年,傅里叶出版了经典著作《热的解析理论》.这部著作将瑞士数学家欧拉、伯努利等人在一些特殊情形下应用三角级数的方法发展成内容丰富的一般方法.傅里叶应用三角级数求解了热传导方程,并在处理无穷区域的热传导问题时导出了如今所称的"傅里叶积分".这些成果极大地推动了偏微分方程边值问题的研究.傅里叶的研究促使人们对函数概念进行修正和推广,尤其是引发了对不连续函数的深入探讨.此外,三角级数的收敛性问题还刺激了集合论的诞生.因此,《热的解析理论》对整个 19 世纪数学分析的严格化进程产生了深远影响.

复习题 8

1. 选择题.

(1) 若级数 $\sum\limits_{n=1}^{\infty} u_n$ 收敛,且 $S_n = \sum\limits_{i=1}^{\infty} u_i$,则下列命题正确的是( ).

A. $\lim\limits_{n \to \infty} S_n = 0$ B. $\lim\limits_{n \to \infty} S_n$ 存在

C. $\lim\limits_{n \to \infty} S_n$ 可能不存在   D. $\{S_n\}$ 为单调递增数列

(2) 下列级数中条件收敛的是( ).

A. $\sum\limits_{n=1}^{\infty} (-1)^n \dfrac{n^{\frac{3}{2}}}{n+1}$ B. $\sum\limits_{n=1}^{\infty} (-1)^n \dfrac{1}{\sqrt{n}}$

C. $\sum\limits_{n=1}^{\infty} (-1)^n \dfrac{1}{n^2}$ D. $\sum\limits_{n=1}^{\infty} (-1)^n \sqrt{n}$

(3) 若 $\{a_n\}$ 为单调递减数列,且 $a_n > 0 (n = 1, 2, 3, \cdots)$,级数 $\sum\limits_{n=1}^{\infty} (-1)^n a_n$ 发散,则下列命题正确的是( ).

A. $\lim\limits_{n \to \infty} a_n = 0$ B. $\lim\limits_{n \to \infty} a_n = a \neq 0$

C. $\lim\limits_{n \to \infty} a_n$ 存在,可能为 0,也可能不为 0   D. $\lim\limits_{n \to \infty} a_n$ 可能不存在

(4) 设幂级数 $\sum\limits_{n=1}^{\infty} a_n (x-1)^n$ 在点 $x = 3$ 处收敛,则此级数在点 $x = -1$ 处( ).

A. 条件收敛   B. 绝对收敛   C. 发散   D. 收敛性不确定

2. 填空题.

(1) $\sum\limits_{n=1}^{\infty} n! x^n$ 的收敛半径为 _____.

(2) $\sum\limits_{n=1}^{\infty} \dfrac{x^n}{2^n}$ 的收敛区间为 _____.

(3) $\sum\limits_{n=1}^{\infty} \dfrac{1}{3^n} (x-1)^n$ 的收敛区间为 _____.

(4) $\sum\limits_{n=1}^{\infty} \dfrac{x^{2n+1}}{3^n}$ 的收敛区间为 _____.

3. 判断下列级数的收敛性.

(1) $\sum\limits_{n=1}^{\infty} \dfrac{n^n}{n!}$;   (2) $\sum\limits_{n=1}^{\infty} \dfrac{3n-1}{2^n}$;

(3) $\sum\limits_{n=1}^{\infty} n! \left(\dfrac{e}{n}\right)^n$;   (4) $\sum\limits_{n=1}^{\infty} (-1)^n \ln \dfrac{n+1}{n}$;

(5) $\sum\limits_{n=1}^{\infty} (-1)^n \dfrac{n}{n^2+1}$;   (6) $\sum\limits_{n=1}^{\infty} (-1)^n \dfrac{1}{n^2}$.

4. 综合题.

(1) 将函数 $f(x) = \dfrac{1}{x^2 - 3x + 2}$ 展开成 x 的幂级数.

（2）将函数 $f(x)=\dfrac{1}{(2-x)^2}$ 展开成 x 的幂级数.

（3）将函数 $\displaystyle\int_0^x t\sin t\,\mathrm{d}t$ 展开成 x 的幂级数.

自测题 8

第 8 章参考答案

1. 选择题.

（1）设常数 $k>0$，则级数 $\displaystyle\sum_{n=1}^{\infty}(-1)^n\dfrac{k+n}{n^2}$（　　）.

A. 发散

B. 绝对收敛

C. 条件收敛

D. 收敛或发散与 k 的取值有关

（2）设 α 为常数且 $\alpha>0$，则级数 $\displaystyle\sum_{n=1}^{\infty}(-1)^n\left(1-\cos\dfrac{\alpha}{n}\right)$（　　）.

A. 发散

B. 条件收敛

C. 绝对收敛

D. 收敛性与 α 有关

（3）设常数 $\lambda>0$，且 $\displaystyle\sum_{n=1}^{\infty}a_n^2$ 收敛，则 $\displaystyle\sum_{n=1}^{\infty}(-1)^n\dfrac{|a_n|}{\sqrt{n^2+\lambda}}$（　　）.

A. 发散

B. 条件收敛

C. 绝对收敛

D. 收敛性与 λ 有关

（4）已知级数 $\displaystyle\sum_{n=1}^{\infty}(-1)^{n-1}a_n=2$，$\displaystyle\sum_{n=1}^{\infty}a_{2n-1}=5$，即级数 $\displaystyle\sum_{n=1}^{\infty}a_n=$（　　）.

A. 3　　　　　B. 7　　　　　C. 8　　　　　D. 9

（5）设 α 为常数，则级数 $\displaystyle\sum_{n=1}^{\infty}\left(\dfrac{\sin n\alpha}{n^2}-\dfrac{1}{\sqrt{n}}\right)$（　　）.

A. 绝对收敛

B. 发散

C. 条件收敛

D. 敛散性与 α 的取值有关

（6）设 $u_n=(-1)^n\ln\left(1+\dfrac{1}{\sqrt{n}}\right)$，则（　　）.

A. $\displaystyle\sum_{n=1}^{\infty}u_n$ 与 $\displaystyle\sum_{n=1}^{\infty}u_n^2$ 都收敛

B. $\displaystyle\sum_{n=1}^{\infty}u_n$ 与 $\displaystyle\sum_{n=1}^{\infty}u_n^2$ 都发散

C. $\displaystyle\sum_{n=1}^{\infty}u_n$ 收敛，$\displaystyle\sum_{n=1}^{\infty}u_n^2$ 发散

D. $\displaystyle\sum_{n=1}^{\infty}u_n$ 发散，$\displaystyle\sum_{n=1}^{\infty}u_n^2$ 收敛

（7）设函数 $f(x)=t^2(0\leqslant t<1)$，且 $S(t)=\displaystyle\sum_{n=1}^{\infty}b_n\sin n\pi t(-\infty<t<+\infty)$，其中 $b_n=2\displaystyle\int_0^1 f(t)\sin n\pi t\,\mathrm{d}t(n=1,2,3,\cdots)$，则 $S\left(-\dfrac{1}{2}\right)=$（　　）.

A. $-\dfrac{1}{2}$　　　　B. $-\dfrac{1}{4}$　　　　C. $\dfrac{1}{4}$　　　　D. $\dfrac{1}{2}$

（8）若 $f(t)$ 能展开成傅里叶级数，则在 $f(t)$ 的间断点 $t=t_1$ 处，该傅里叶级数收敛于（　　）.

A. $f(t_1)$

B. $f(t_1+0)+f(t_1-0)$

C. $f(t_1+0)-f(t_1-0)$ D. $\dfrac{f(t_1+0)+f(t_1-0)}{2}$

(9) 设函数 $f(t)$ 是以 2π 为周期的周期函数,且在 $[-\pi,\pi]$ 上有

$$f(x)=\begin{cases}1-t, & -\pi\leqslant t<0,\\ 1+t, & 0\leqslant t\leqslant \pi,\end{cases}$$

则 $f(t)$ 的傅里叶级数在点 $t=\pi$ 处收敛于( ).

A. $1+\pi$ B. $1-\pi$ C. 1   D. 0

(10) 将函数 $f(t)=\begin{cases}2t+1, & -3\leqslant t\leqslant 0,\\ t, & 0<t\leqslant 3\end{cases}$ 展开为傅里叶级数,应( ).

A. 在 $[-3,3)$ 外作周期延拓,级数在 $(-3,0)$ 和 $(0,3)$ 上收敛于 $f(t)$

B. 作奇延拓,级数在 $(-3,0)$ 和 $(0,3)$ 上收敛于 $f(t)$

C. 作偶延拓,级数在 $[-3,3]$ 上收敛于 $f(t)$

D. 在 $[-3,3)$ 外作周期延拓,级数在 $[-3,3]$ 上收敛于 $f(t)$

2. 填空题.

(1) 设函数 $f(t)=\pi t+t^2$ ($-\pi<t<\pi$) 的傅里叶级数为 $\dfrac{a_0}{2}+\sum\limits_{n=1}^{\infty}(a_n\cos nt+b_n\sin nt)$,则系数 b_3 的值为＿＿＿＿＿＿.

(2) 设 $f(t)=\begin{cases}-1, & -\pi<t\leqslant 0,\\ 1+t^2, & 0<t<\pi,\end{cases}$ 则以 2π 为周期的傅里叶级数在点 $t=\pi$ 处收敛于＿＿＿＿＿＿.

(3) 设 $f(t)$ 是以 2 为周期的函数,其表达式为

$$f(t)=\begin{cases}2, & -1<t\leqslant 0,\\ t^3, & 0<t\leqslant 1,\end{cases}$$

则 $f(t)$ 的傅里叶级数在点 $t=1$ 处收敛于＿＿＿＿＿＿.

(4) 设 $f(t)$ 在 $[0,l]$ 上连续,在 $(0,l)$ 内有 $f(t)=\sum\limits_{n=1}^{\infty}b_n\sin\dfrac{n\pi}{l}t$,则 b_n 的计算公式为＿＿＿＿＿＿.

(5) 设 $f(t)$ 是以 2π 为周期的函数,且其傅里叶系数为 a_n 和 b_n,设 $f(t+h)$(h 为实数)的傅里叶系数用符号 a'_n,b'_n 表示,则 $a'_n=$＿＿＿＿＿＿ , $b'_n=$＿＿＿＿＿＿.

(6) 设 $f(t)$ 是可积函数,且在 $[-\pi,\pi]$ 上恒有 $f(t+\pi)=f(t)$,则对于傅里叶级数,$a_{2n=1}=$＿＿＿＿＿＿ , $b_{2n=1}$＿＿＿＿＿＿.

(7) 已知 $f(t)$ 是以 2π 为周期的周期函数,它在 $[-\pi,\pi)$ 上的表达式为

$$f(t)=\begin{cases}-t+1, & -\pi\leqslant t<0,\\ t+1, & 0\leqslant t<\pi,\end{cases}$$

则 $f(t)$ 的傅里叶级数展开式为＿＿＿＿＿＿.

(8) 设脉冲信号 $f(t)$ 是周期为 4 的周期函数,它在一个周期 $[-2,2)$ 上的表达式为

$$f(t)=\begin{cases}0, & -2\leqslant t<0,\\ k, & 0\leqslant t<2\end{cases}\quad(k>0),$$

则 $f(t)$ 的傅里叶级数展开式为＿＿＿＿＿＿.

(9) 信号 $f(t)=1-t$ 在 $[0,\pi]$ 上可展开成正弦级数为＿＿＿＿＿＿,也可展开成余弦

级数为_____.

(10) 信号 $f(t) = \begin{cases} -\dfrac{\pi}{4}, & -\pi \leqslant t < 0, \\ \dfrac{\pi}{4}, & 0 \leqslant t < \pi \end{cases}$ 的傅里叶级数展开式为_____.

3. 计算题.

(1) 已知正弦交流电 $i_1(t) = \sin t$ 经二极管整流后变为

$$i_2(t) = \begin{cases} 0, & (2k-1)\pi \leqslant t \leqslant 2k\pi, \\ \sin t, & 2k\pi \leqslant t < (2k+1)\pi. \end{cases}$$

其中 k 为正整数. 将 $i_2(t)$ 展开成傅里叶级数.

(2) 将下列周期为 2π 的信号 $f(t)$ 展开成傅里叶级数, 设 $f(t)$ 在 $[-\pi, \pi)$ 上的表达式为

① $f(t) = \begin{cases} 1, & -\pi \leqslant t < 0, \\ t, & 0 \leqslant t < \pi; \end{cases}$ ② $f(t) = -t$.

(3) 设 $f(t)$ 是以 2π 为周期的分段连续函数, 又设 $f(t)$ 是奇函数且满足 $f(t) = f(t-\pi)$, 试求 $f(t)$ 的傅里叶系数 $b_{2n} = \dfrac{1}{\pi}\displaystyle\int_{-\pi}^{\pi} f(t)\sin 2nt\, dt$ 的值, 其中 $n = 1, 2, 3, \cdots$.

(4) 设 $f(t)$ 以 2π 为周期, 且 $f(t) = \begin{cases} \dfrac{t}{2\pi}, & 0 \leqslant t < 2\pi, \\ 0, & t = 2\pi, \end{cases}$ 试求 $f(t)$ 的傅里叶级数展开式.

(5) 将函数 $f(t) = \mathrm{e}^{-t^2}$ 展开成麦克劳林级数.

(6) 将下列函数展开成 t 的幂级数.

① $f(t) = \ln(1+t)$;   ② $f(t) = \arctan t$;

③ $f(t) = \sin^2 t$;   ④ $f(t) = \dfrac{t}{t^2 - t - 2}$.

(7) 将下列函数展开成 $t-2$ 的幂级数.

① $f(t) = \dfrac{1}{5-t}$;   ② $f(t) = \ln t$.

(8) 求下列函数项级数的收敛域.

① $\displaystyle\sum_{n=1}^{\infty} \dfrac{1}{1+x^n}$;   ② $\displaystyle\sum_{n=1}^{\infty} \dfrac{1}{n(n+1)}(x^2 + x + 1)^n$;

③ $\displaystyle\sum_{n=1}^{\infty} \dfrac{(-1)^n}{2n-1}\left(\dfrac{1-x}{1+x}\right)^n$;   ④ $\displaystyle\sum_{n=1}^{\infty} \dfrac{x}{n^x}$.

(9) 求下列幂级数的收敛域和收敛半径.

① $\displaystyle\sum_{n=1}^{\infty} \dfrac{(x-1)^{2n}}{n \cdot 3^{2n}}$;   ② $\displaystyle\sum_{n=2}^{\infty} (-1)^n \dfrac{1}{2^n n} x^{2n-3}$;

③ $\displaystyle\sum_{n=1}^{\infty} \left(\dfrac{a^n}{n} + \dfrac{b^n}{n^2}\right) x^n \ (a > 0, b > 0)$.

(10) 将下列函数展开成 t 的幂级数.

① $f(t) = \dfrac{t}{9 + t^2}$;   ② $f(t) = t \arctan t - \ln\sqrt{1 + t^2}$;

③ $f(t) = \dfrac{1}{4}\ln\dfrac{1+x}{1-x} + \dfrac{1}{2}\arctan t - t$;   ④ $f(t) = \ln(1 + t + t^2 + t^3 + t^4)$.

4. 综合题.

（1）证明级数 $\sum\limits_{n=1}^{\infty} \dfrac{1}{n(n+1)} = \dfrac{1}{1\times 2} + \dfrac{1}{2\times 3} + \cdots + \dfrac{1}{n(n+1)} + \cdots$ 是收敛的,且求其和.

（2）证明算术级数 $a+(a+d)+(a+2d)+\cdots+[a+(n-1)d]+\cdots$ 是发散的（其中 a 与 d 不同时为 0）.

（3）讨论级数 $\sum\limits_{n=1}^{\infty} \left(\dfrac{1}{2^{n-1}} + \dfrac{2^n}{3^{n-1}} \right)$ 的收敛性并求其和.

（4）讨论 p- 级数 $\sum\limits_{n=1}^{\infty} \dfrac{1}{n^p} = 1 + \dfrac{1}{2^p} + \cdots + \dfrac{1}{n^p} + \cdots (p>0, p$ 为常数$)$ 的收敛性.

（5）证明级数 $\sum\limits_{n=1}^{\infty} \dfrac{1}{\sqrt{n(n+1)}}$ 是发散的.

第9章 拉普拉斯变换

本章是针对电类专业(主要是智能交通技术、新能源汽车技术、电子信息与通信工程、电气自动化等专业)的高职学生学习专业基础课程(电路基本分析、人工智能基础)、和专业课程(信号处理、机器学习高频电子线路、自动控制原理等)而专门编写的.

9.1 拉普拉斯变换的基本概念

拉普拉斯变换是一种数学积分变换,包括正变换和反变换,其核心是把时间函数 $f(t)$ 与复变函数(以复数作为自变量的函数)$F(s)$ 联系起来,把时域(时间范畴、时间域)问题通过数学变换为复频域(复频率范畴)问题,把时间域的高阶微分方程变换为复频域的代数方程,在求出待求的复变函数后,再进行反变换(或称逆变换)得到待求的时间函数,即从 t 域经正变换到 s 域,再从 s 域经反变换到 t 域的过程. 由于解复变函数的代数方程比解时域微分方程更有规律且更有效,所以拉普拉斯交换可以用于求解高阶微分方程,在线性电路分析中得到广泛应用.

定义 一个定义在 $[0,+\infty)$ 区间的函数 $f(t)$ 的拉普拉斯正变换(简称为拉氏正变换)式 $F(s)$ 被定义为

$$F(s) = L[f(t)] = \int_{0^-}^{+\infty} f(t)e^{-st}\,dt,$$

其中,s 为复频率,s 为复数,且 $s=\sigma+j\omega$;$F(s)$ 为 $f(t)$ 的象函数;$f(t)$ 为 $F(s)$ 的原函数. 由于 $t=0^-$ 之前的部分没有考虑,所以称为单边拉普拉斯正变换(简称拉氏正变换).

由 $F(s)$ 到 $f(t)$ 的变换称为拉普拉斯反变换或逆变换(简称为拉氏反变换或拉氏逆变换),它被定义为

$$f(t) = L^{-1}[F(s)] = \frac{1}{2\pi j}\int_{c-j\omega}^{c+j\omega} F(s)e^{st}\,ds,$$

其中,c 为正的有限常数. 注意以下三点.

(1) 定义中,拉普拉斯变换的积分从 $t=0^-$ 开始,即

$$F(s) = \int_{0^-}^{+\infty} f(t) e^{-st} \, dt = \int_{0^-}^{0^+} f(t) e^{-st} \, dt + \int_{0^+}^{+\infty} f(t) e^{-st} \, dt,$$

它计及 $t=0^-$ 至 $t=0^+$，$f(t)$ 包含冲激和电路动态变量的初始值，从而为电路的计算带来方便.

（2）象函数 $F(s)$ 一般用大写字母表示，如 $I(s)$，$U(s)$；原函数 $f(t)$ 一般用小写字母表示，如 $i(t)$，$u(t)$.

（3）象函数 $F(s)$ 存在的条件为

$$\int_{0^-}^{+\infty} \big| f(t) e^{-st} \big| \, dt < \infty.$$

这表示 $f(t) e^{-st}$ 的绝对值的积分是收敛的，或称绝对可积.

9.2 典型函数的拉普拉斯变换

一、常用函数的拉普拉斯变换

1. 单位阶跃函数的象函数

单位阶跃函数 $\varepsilon(t)$ 的表达式为

$$\varepsilon(t) = \begin{cases} 0, & t < 0, \\ 1, & t > 0, \\ \text{未定义}, & t = 0, \end{cases}$$

则 $\qquad F(s) = L[\varepsilon(t)] = \int_{0^-}^{+\infty} \varepsilon(t) e^{-st} \, dt = \int_{0^+}^{+\infty} e^{-st} \, dt = -\frac{1}{s} e^{-st} \Big|_0^{+\infty} = \frac{1}{s}.$

2. 单位冲激函数的象函数

单位冲激函数 $\delta(t)$ 的表达式为

$$\delta(t) = \begin{cases} 0, & t \neq 0, \\ +\infty, & t = 0. \end{cases}$$

它具有以下性质：

$$\begin{cases} \int_{-\infty}^{+\infty} \delta(t) \, dt = 1, \\ \int_{-\infty}^{+\infty} \delta(t) f(t) \, dt = f(0), \end{cases}$$

则其象函数（这里指的是拉普拉斯正变换）为

$$F(s) = L[\delta(t)] = \int_{0^-}^{\infty} \delta(t) e^{-st} \, dt = \int_{0^-}^{0^+} \delta(t) e^{-st} \, dt = 1.$$

3. 指数函数的象函数

对于一般的指数函数有

$$f(t) = e^{+at},$$

则
$$F(s) = L[f(t)] = \int_{0^-}^{+\infty} \mathrm{e}^{+at}\,\mathrm{e}^{-at}\,\mathrm{d}t = \frac{1}{s \mp a}.$$

4. 常用函数的拉普拉斯变换

常用函数的拉普拉斯变换如表 9-1 所示.

表 9-1

序号	象函数（拉普拉斯正变换结果）	原函数（拉普拉斯反变换结果）
1	1	$\delta(t)$
2	$\dfrac{1}{1-\mathrm{e}^{-Ts}}$	$\delta_T(t) = \displaystyle\sum_{n=1}^{\infty} \delta(t-nT)$
3	$\dfrac{1}{s}$	单位阶跃函数 $\varepsilon(t)$（或写成 $1(t)$）
4	$\dfrac{1}{s^2}$	t
5	$\dfrac{1}{s^3}$	$\dfrac{t^2}{2}$
6	$\dfrac{1}{s^{n+1}}$	$\dfrac{t^n}{n!}$
7	$\dfrac{1}{s+a}$	e^{-at}
8	$\dfrac{1}{(s+a)^2}$	$t\mathrm{e}^{-at}$
9	$\dfrac{a}{s(s+a)}$	$1-\mathrm{e}^{-at}$
10	$\dfrac{b-a}{(s+a)(s+b)}$	$\mathrm{e}^{-at}-\mathrm{e}^{-bt}$
11	$\dfrac{\omega}{s^2+\omega^2}$	$\sin\omega t$
12	$\dfrac{s}{s^2+\omega^2}$	$\cos\omega t$
13	$\dfrac{\omega}{(s+a)^2+\omega^2}$	$\mathrm{e}^{-at}\sin\omega t$
14	$\dfrac{s+a}{(s+a)^2+\omega^2}$	$\mathrm{e}^{-at}\cos\omega t$
15	$\dfrac{1}{s-(1/T)\ln a}$	$a^{t/T}$

二、拉普拉斯变换的性质

拉普拉斯变换的部分定理和公式如表 9-2 所示.

表 9-2

序号	定理		公式
1	线性定理	齐次性	$L[af(t)]=aF(s)$
		叠加性	$L[f_1(t)\pm f_2(t)]=F_1(s)\pm F_2(s)$
2	微分定理	一般形式	$L\left[\dfrac{\mathrm{d}f(t)}{\mathrm{d}t}\right]=sF(s)-f(0)$ $L\left[\dfrac{\mathrm{d}^2 f(t)}{\mathrm{d}t^2}\right]=s^2 F(s)-sf(0)-f'(0)$ $\vdots$ $L\left[\dfrac{\mathrm{d}^n f(t)}{\mathrm{d}t^n}\right]=s^n F(s)-\displaystyle\sum_{k=1}^{n} s^{n-k} f^{(k-1)}(0)$ $f^{(k-1)}(t)=\dfrac{\mathrm{d}^{k-1} f(t)}{\mathrm{d}t^{k-1}}$
		初始条件为 0 时	$L\left[\dfrac{\mathrm{d}^n f(t)}{\mathrm{d}t^n}\right]=s^n F(s)$
3	积分定理	一般形式	$L\left[\displaystyle\int f(t)\,\mathrm{d}t\right]=\dfrac{F(s)}{s}+\dfrac{\left[\int f(t)\,\mathrm{d}t\right]_{t=0}}{s}$ $L\left[\displaystyle\iint f(t)\,(\mathrm{d}t)^2\right]=\dfrac{F(s)}{s^2}+\dfrac{\left[\iint f(t)\,\mathrm{d}t\right]_{t=0}}{s^2}+\dfrac{\left[\iint f(t)\,(\mathrm{d}t)^2\right]_{t=0}}{s}$ $\vdots$ $L\left[\displaystyle\int\overset{\text{共}n\text{个}}{\cdots}\int f(t)\,(\mathrm{d}t)^n\right]=\dfrac{F(s)}{s^n}+\displaystyle\sum_{k=1}^{\infty}\dfrac{1}{s^{n-k+1}}\left[\int\overset{\text{共}n\text{个}}{\cdots}\int f(t)\,(\mathrm{d}t)^n\right]_{t=0}$
		初始条件为 0 时	$L\left[\displaystyle\int\overset{\text{共}n\text{个}}{\cdots}\int f(t)\,(\mathrm{d}t)^n\right]=\dfrac{F(s)}{s^n}$
4	延迟定理（或称 t 域平移定理）		$L[f(t-T)(t-T)]=\mathrm{e}^{-Ts}F(s)$
5	衰减定理（或称 s 域平移定理）		$L[f(t)\mathrm{e}^{-at}]=F(s+a)$
6	终值定理		$\displaystyle\lim_{t\to\infty} f(t)=\lim_{s\to 0} sF(s)$
7	初值定理		$\displaystyle\lim_{t\to 0^+} f(t)=\lim_{s\to\infty} sF(s)$
8	卷积定理		$L\left[\displaystyle\int_0^t f_1(t-\tau)f_2(\tau)\,\mathrm{d}\tau\right]=L\left[\int_0^t f_1(t)f_2(t-\tau)\,\mathrm{d}\tau\right]=F_1(s)F_2(s)$

在实用中，一般通过查表 9-1 和表 9-2 的方式来求拉普拉斯变换，称为查表法.

例 1　求函数 $f(t) = U_\varepsilon(t)$ 的象函数.

解
$$F(s) = L[U_\varepsilon(t)] = UL[\varepsilon(t)] = \frac{U}{s}.$$

例 2　求 $f(t) = t\varepsilon(t) - t\varepsilon(t-1)$ 的象函数.

解　根据积分性质和时域延迟性质, $f(t)$ 的象函数 $F(s)$ 为
$$F(s) = L[f(t)] = L[(t\varepsilon(t)) - (t-1)\varepsilon(t-1) - \varepsilon(t-1)]$$
$$= \frac{1}{s^2} - e^{-5}\frac{1}{s^2} - e^{-5}\frac{1}{s}.$$

9.3　拉普拉斯反变换的求解方法

用拉普拉斯变换求解线性电路的时域响应时, 需要把求得的拉普拉斯变换式反变换为时间函数. 由象函数求原函数的方法有以下三种.

(1) 利用公式
$$f(t) = \frac{1}{2\pi\mathrm{j}} \int_{c-\mathrm{j}\infty}^{c+\mathrm{j}\infty} F(s) e^{st} \, \mathrm{d}s.$$

(2) 对简单形式的 $F(s)$ 可以通过查拉普拉斯变换表得到原函数.

(3) 部分分式展开法(海维赛展开法).

下面主要介绍部分分式展开法.

设象函数的一般形式为
$$F(s) = \frac{F_1(s)}{F_2(s)} = \frac{a_0 s^m + a_1 s^{m-1} + \cdots + a_m}{b_0 s^n + b_1 s^{n-1} + \cdots + b_n} \quad (n \geqslant m),$$

即 $F(s)$ 为真分式(如果不是真分式, 需要先化为真分式, 对真分式使用海维赛展开法). 下面讨论分母 $F_2(s) = 0$ 对应根的情形.

(1) 不同单根的情形. 若 $F_2(s) = 0$ 对应 n 个不同的单根 $p_1, p_2, \cdots, p_n$(或写成 $s_1, s_2, \cdots, s_n$), 则可将 $F(s)$ 分解为部分分式之和, 即
$$F(s) = \frac{F_1(s)}{(s - p_1)(s - p_2) \cdots (s - p_n)} = \frac{a_1}{s - p_1} + \frac{a_2}{s - p_2} + \cdots + \frac{a_n}{s - p_n}.$$

其中, 待定常数的确定有以下两种方法.

方法一:按 $a_i = [(s - p_i)F(s)]_{s = p_i}$ $(i = 1, 2, 3, \cdots, n)$ 确定.

方法二:用求极限方法(最后用洛必达法则转化为求导)确定 a_i 的值.
$$a_i = \lim_{s \to p_i} \frac{(s - p_i)F_1(s)}{F_2(s)} = \lim_{s \to p_i} \frac{(s - p_i)'F_1(s) + (s - p_i)F_1'(s)}{F_2'(s)}$$
$$= \lim_{s \to p_i} \frac{F_1(s)}{F_2'(s)} = \frac{F_1(p_i)}{F_2'(p_i)}.$$

注意: $F_2'(p_i)$ 是先求导、后将 p_i 代入的, 由此得原函数的一般形式为
$$f(t) = \frac{F_1(p_1)}{F_2'(p_1)} e^{p_1 t} + \frac{F_1(p_1)}{F_2'(p_2)} e^{p_2 t} + \cdots + \frac{F_1(p_n)}{F_2'(p_n)} e^{p_n t}.$$

（2）共轭复根的情形. 若 $F_2(s)=0$ 有共轭复根 $p_1=\alpha+\mathrm{j}\omega$ 和 $p_2=\alpha-\mathrm{j}\omega$,仍可将 $F(s)$ 分解为部分分式之和,即

$$F(s)=\frac{F_1(s)}{(s-p_1)(s-p_2)\cdots(s-p_n)}=\frac{a_1}{s-p_1}+\frac{a_2}{s-p_2}+\cdots+\frac{a_n}{s-p_n}.$$

其中,共轭复根对应的部分分式的待定系数 a_1 和 a_2 满足

$$a_1=\left[(s-\alpha-\mathrm{j}\omega)F(s)\right]_{s=\alpha+\mathrm{j}\omega},$$
$$a_2=\left[(s-\alpha+\mathrm{j}\omega)F(s)\right]_{s=\alpha-\mathrm{j}\omega},$$

且满足 a_1 和 a_2 为共轭复数.

设 $a_1=|K_1|\mathrm{e}^{\mathrm{j}\theta},a_2=|K_1|\mathrm{e}^{-\mathrm{j}\theta}$,有

$$f(t)=a_1\mathrm{e}^{(\alpha+\mathrm{j}\omega)t}+a_2\mathrm{e}^{(\alpha-\mathrm{j}\omega)t}=2|K_1|\mathrm{e}^{\alpha t}\cos(\omega t+\theta).$$

（3）重根的情形. 若 $F_2(s)=0$ 具有部分重根,则 $F(s)$ 可表示为

$$F(s)=\frac{F_1(s)}{(s-p_1)^r(s-p_{r+1})\cdots(s-p_n)}$$
$$=\frac{b_r}{(s-p_1)^r}+\frac{b_{r-1}}{(s-p_1)^{r-1}}+\cdots+\frac{b_1}{s-p_1}+\frac{a_{r+1}}{s-p_{r+1}}+\frac{a_{r+2}}{s-p_{r+2}}+\cdots+\frac{a_n}{s-p_n}.$$

其中,含重根因式的部分分式的待定系数满足

$$b_r=\left[(s-p_1)^rF(s)\right]_{s=r_1},$$
$$b_{r-1}=\frac{\mathrm{d}}{\mathrm{d}s}\left[(s-p_1)^rF(s)\right]_{s=r_1},$$
$$\vdots$$
$$b_1=\frac{1}{(r-1)!}\frac{\mathrm{d}^{r-1}}{\mathrm{d}s^{r-1}}\left[(s-p_1)^rF(s)\right]_{s=r_1}.$$

总结上述,得到由 $F(s)$ 求 $f(t)$ 的步骤如下.

（1）当 $n=m$ 时,将 $F(s)$ 化成真分式和多项式之和.

（2）求真分式分母的根,确定根的情形.

（3）将真分式展成部分分式,求各部分分式的系数.

（4）对每个部分分式和多项式逐项求拉普拉斯反变换.

例 1 已知 $F(s)=\dfrac{4s+5}{s^2+5s+6}$,求原函数 $f(t)$.

解 设

$$F(s)=\frac{4s+5}{s^2+5s+6}=\frac{K_1}{s+2}+\frac{K_2}{s+3},$$

其中

$$K_1=\frac{4s+5}{s+3}\bigg|_{s=-2}=-3,$$
$$K_2=\frac{4s+5}{s+2}\bigg|_{s=-3}=7,$$

所以

$$f(t)=-3\mathrm{e}^{-2t}\varepsilon(t)+7\mathrm{e}^{-3t}\varepsilon(t).$$

例 2 已知 $F(s)=\dfrac{s}{s^2+2s+5}$,求原函数 $f(t)$.

解 因为当分母为 0 时，对应的根为 $p_{1,2}=-1\pm2\mathrm{j}$，所以

$$K_1=\left.\frac{s}{s-(-1-2\mathrm{j})}\right|_{s=-1+2\mathrm{j}}=0.5+0.25\mathrm{j}=\sqrt{0.5^2+0.25^2}\angle\arctan\left(\frac{0.25}{0.5}\right)$$

$$=0.559\angle26.6°,$$

$$K_2=\left.\frac{s}{s-(-1+2\mathrm{j})}\right|_{s=-1-2\mathrm{j}}=0.559\angle-26.6°,$$

故

$$f(t)=2\times0.559\mathrm{e}^{-t}\cos(2t+26.6°)\varepsilon(t).$$

例 3 已知 $F(s)=\dfrac{s^4+4s^2+1}{s^2(s^2+4)}$，求原函数 $f(t)$.

解
$$F(s)=1+\frac{1}{s^2(s^2+4)}=1+F'(s).$$

注意，此处用符号 $F'(s)$ 表示真分式，不要理解为导数. 真分式 $F'(s)$ 可以分解为

$$F'(s)=\frac{k_{12}}{s}+\frac{k_{11}}{s^2}+\frac{k_1}{s-2\mathrm{j}}+\frac{k_2}{s+2\mathrm{j}}.$$

其中，

$$k_{11}=\left[(s-0)^2F'(s)\right]_{s=0}=\frac{1}{4},$$

$$k_{12}=\frac{\mathrm{d}}{\mathrm{d}s}\left[(s-0)^2F'(s)\right]\Big|_{s=0}=0,$$

$$k_1=\left[(s-\mathrm{j}2)F'(s)\right]_{s=2\mathrm{j}}=\frac{1}{16\mathrm{j}}=\frac{1}{16}\mathrm{e}^{\frac{\pi}{2}\mathrm{j}},$$

$$k_2=\left[(s+\mathrm{j}2)F'(s)\right]_{s=-2\mathrm{j}}=\frac{1}{16}\mathrm{e}^{-\frac{\pi}{2}\mathrm{j}},$$

所以

$$f(t)=L^{-1}\left[F(s)\right]=\delta(t)+\frac{1}{8}\cos\left(2t+\frac{\pi}{2}\right)+\frac{1}{4}t.$$

关于拉普拉斯反变换求解也可以使用留数法. 留数法的优势是不用进行反变换就可以求出 $f(t)$，并可用于无理分式. 海维赛部分分式展开法和留数法公式如表 9-3 所示.

表 9-3

求解方法	无特征重根（0 阶极点）公式	特征重根（n 阶极点）公式
海维赛部分分式展开法	真分子 $K_k=\begin{cases}\left[\dfrac{分子}{不同根因式}\right]_{本根=s_k}\\[2mm]\left[\dfrac{分子}{分母'}\right]_{本根=s_k}\end{cases}$	$K_{1k}=\dfrac{1}{(p-k)!}\dfrac{\mathrm{d}^{p-k}}{\mathrm{d}s^{p-k}}\left[\dfrac{分子}{不同根因式}\right]\Bigg\|_{本根=s_k}$
留数法	留数用 Res_k 表示 $\mathrm{Res}_k=\left[\dfrac{分子}{不同根因式}\mathrm{e}^{st}\right]_{本根}\quad f(t)=\displaystyle\sum_{k=1}^{n}\mathrm{Res}_k$	$\mathrm{Res}_k=\dfrac{1}{(p-1)!}\dfrac{\mathrm{d}^{p-1}}{\mathrm{d}s^{p-k}}\left[\dfrac{分子}{不同根因式}\mathrm{e}^{st}\right]\Bigg\|_{本根=s_k}$

注：极点是使象函数 $F(s)$ 对应的真分式的分母为 0（使真分式趋于无穷大）的点，与之相关的概念还有零点. 零点是使 $F(s)$ 对应的真分式的分子为 0（使真分式为 0）的点.

拉普拉斯变换例 1　　　　　拉普拉斯变换例 2

知识拓展

应用数学的先驱者
——拉普拉斯

皮埃尔·西蒙·拉普拉斯(Pierre-Simon Laplace,1749—1827 年)是法国著名的数学家、天文学家、物理学家,同时也是法国科学院院士.他被誉为应用数学的先驱者.

拉普拉斯出生于法国诺曼底,18 岁时离家赴巴黎从事数学工作.他带着一封推荐信去拜访著名数学家达朗贝尔,但最初并未得到接见,后来拉普拉斯寄去一篇力学方面的论文给达朗贝尔,这篇论文出色至极,令达朗贝尔大为赞赏,以至达朗贝尔主动提出要当他的教父,并推荐拉普拉斯到军事学校教书.

拉普拉斯的研究主要集中在天体力学领域.他将牛顿的万有引力定律应用到整个太阳系,取得了很多重要成果.1773 年,他解决了当时一个著名的难题:解释木星轨道为什么在不断收缩,而土星轨道却在不断膨胀.拉普拉斯用数学方法证明了行星平均运动的不变性,即行星的轨道大小只有周期性变化,这种变化与偏心率和倾角的三次幂成正比.这就是著名的拉普拉斯定理.此后他开始了太阳系稳定性的深入研究.

1780 年,拉普拉斯与法国化学家、生物学家、“近代化学之父”拉瓦锡展开合作.他们证明了将一种化合物分解为其组成元素所需的热量等于这些元素形成该化合物时所放出的热量.这项研究奠定了热化学和生理化学的基础,也是继英国化学家布拉克关于潜热的研究之后能量守恒定律诞生过程中的又一重要里程碑.

1784—1785 年,拉普拉斯推导出天体对其外任意质点的引力分量可以用一个势函数表示,这个势函数满足一个偏微分方程,即著名的拉普拉斯方程.1787 年,他发现月球的加速度与地球轨道的偏心率存在关联.这一发现从理论上解释了太阳系动态中观测到的最后一个反常问题.

1795 年,拉普拉斯被任命为巴黎综合理工学院的教授,此后还在巴黎高等师范学校担任教授,曾任拿破仑的数学老师.1799 年,他在拿破仑政府中短暂担任了 6 个星期的内政部长.1812 年,拉普拉斯发表了《概率分析理论》一书,在该书中总结了当时概率论的研究,论述了概率在选举、审判、调查以及气象等领域的应用,并引入了拉普拉斯变换等.1814年,拉普拉斯提出了一个著名的科学假设:假定存在一个智能生物,它能确定从最大天体到最轻原子运动的现时状态,那么它就能根据力学规律推算出整个宇宙的过去状态和未来状态.后人将他所假定的这种智能生物称为“拉普拉斯妖”.

复习题 9

1. 某电路中的零状态响应 $r_{zs}(t) = L^{-1}\left\{\dfrac{s+5}{(s+1)(s+2)(s+3)}\right\}$，试求 $r_{zs}(t)$.

2. 某电路中，$I_1(s) = \dfrac{\left(\dfrac{6}{5} + \dfrac{s}{2}\right)\dfrac{10}{s}}{\left(\dfrac{1}{5} + \dfrac{1}{s}\right)\left(\dfrac{6}{5} + \dfrac{s}{2}\right) - \left(\dfrac{1}{5}\right)^2}$，求 $I_1(s)$ 的拉普拉斯反变换 $i_1(t)$.

自测题 9

第 9 章参考答案

1. 选择题.

(1) 正弦函数 $\sin\omega t$ 的拉普拉斯变换为（　　）.

A. $\dfrac{\omega}{s^2+\omega^2}$ 　　B. $\dfrac{s}{s^2+\omega^2}$ 　　C. $\dfrac{\omega}{s+\omega}$ 　　D. $\dfrac{1}{s^2+\omega^2}$

(2) 函数 $f(t) = 2 - te^{-5t}$ 的拉普拉斯变换为（　　）.

A. $\dfrac{2}{s} - \dfrac{1}{(s+5)^2}$ 　　　　　　B. $\dfrac{2}{s} - \dfrac{1}{(s-5)^2}$

C. $\dfrac{2}{s} - \dfrac{1}{s^2}e^{-5}$ 　　　　　　D. $\dfrac{1}{s} + \dfrac{1}{(s+5)^2}$

(3) 已知 $F(s) = \dfrac{1}{s^2+2s+5}$，其拉普拉斯反变换 $f(t)$ 为（　　）.

A. $e^{-2t}\cos t$ 　　　　　　B. $e^{-t}\sin 2t$

C. $e^{2t}\sin t$ 　　　　　　D. $e^{2t}\cos t$

(4) 已知象函数 $F(s) = \dfrac{s^2+3s+3}{s(s+2)(s^2+2s+5)}$，其原函数的极限 $\lim\limits_{t\to\infty} f(t) = $（　　）.

A. ∞ 　　B. 0 　　C. 0.6 　　D. 0.3

(5) 已知函数 $f(t) = e^{-(t-2)}$，其拉普拉斯变换为（　　）.

A. $\dfrac{1}{s+1}$ 　　B. $\dfrac{e^{-2s}}{s+1}$ 　　C. $\dfrac{e^{2s}}{s-1}$ 　　D. $\dfrac{e^{-2s}}{s-1}$

2. 填空题.

(1) $(1 - e^{-at})\varepsilon(t)$ 的拉普拉斯正变换 $F(s)$ 为 _____.

(2) $te^{-t}\varepsilon(t-2)$ 的拉普拉斯正变换 $F(s)$ 为 _____.

(3) $(t-1)\varepsilon(2t)$ 的拉普拉斯正变换 $F(s)$ 为 _____.

(4) $e^{-t}\sin(5t)$ 的拉普拉斯正变换 $F(s)$ 为 _____.

(5) $(1+2t)e^{-t}\varepsilon(t)$ 的拉普拉斯正变换 $F(s)$ 为 _____.

(6) $\dfrac{5}{3s+4}$ 的拉普拉斯反变换 $f(t)$ 为 _____.

(7) $\dfrac{s^2-s+1}{s^2+2s+1}$ 的拉普拉斯反变换 $f(t)$ 为 _____.

(8) $\dfrac{s-1}{s^2+3s+2}$ 的拉普拉斯反变换 $f(t)$ 为 _____.

(9) $\dfrac{2}{s(s^2+4)}$ 的拉普拉斯逆变换 $f(t)$ 为 _____.

(10) $\dfrac{s+5}{s(s^2+2s+5)}$ 的拉普拉斯逆变换 $f(t)$ 为 _____.

3. 计算题.

(1) 设 $i(t)$ 是周期为 2π 的周期函数,它在一个周期 $[-\pi,\pi]$ 上的表达式为

$$i(t)=\begin{cases} 2, & -\pi\leqslant t<0, \\ -2, & 0\leqslant t<\pi. \end{cases}$$

将 $i(t)$ 用三角傅里叶级数展开.

(2) 设 $u(t)$ 是周期为 2π 的周期函数,它在一个周期 $[-\pi,\pi]$ 上的表达式为

$$u(t)=\begin{cases} 1, & -\pi\leqslant t<0, \\ -1, & 0\leqslant t<\pi. \end{cases}$$

将 $u(t)$ 用三角傅里叶级数展开.

(3) 求函数 $i(t)=e^{at}+\varepsilon(t)-\delta(t)(\alpha>0)$ 的象函数.

(4) 求函数 $i(t)=-\sin\omega t+2\varepsilon(t)-3\delta(t)+e^{at}\ (\alpha>0)$ 的象函数.

(5) 求 $U(s)=\dfrac{s+2}{s(s+3)(s+1)^2}$ 的单边拉普拉斯反变换 $u(t)$.

(6) 求 $I(s)=\dfrac{s+3}{s^2+2s+5}$ 的单边拉普拉斯反变换 $i(t)$.

(7) 求 $L^{-1}\left[\dfrac{4s^2+11s+10}{2s^2+5s+3}\right]$.

(8) 求 $F(s)=\dfrac{1}{3s^2(s^2+4)}$ 的原函数.

(9) 求 $I_1(s)=\dfrac{79s+180}{s^2+7s+12}$ 的拉普拉斯反变换.

4. 综合题.

(1) 已知在某电路系统中有 $I_{21}(s)=Y_{21}(s)E_1(s)=\dfrac{-2s}{s^2+7s+12}\cdot\dfrac{3}{s+1}$,求 $I_{21}(s)$ 的拉普拉斯反变换 $i_{21}(t)$.

(2) 已知在某电路系统中有

$$I_{22}(s)=Y_{22}(s)E_2(s)=\dfrac{2(s+5)}{(s^2+7s+12)(s+2)},$$

求 $I_{22}(s)$ 的拉普拉斯反变换 $i_{22}(t)$.

附录　函数相关内容

一、基本初等函数

函数	定义域和值域	图象	特性
常数函数 $y=c$	$x\in(-\infty,+\infty)$, $y=c$		偶函数
幂函数 $y=x^{\mu}$ （μ 为实数）	—		当 $\mu>0$ 时,函数在第一象限单调递增; 当 $\mu<0$ 时,函数在第一象限单调递减

函数	定义域和值域	图象	特性
指数函数 $y=a^x$ $(a>0$ 且 $a\neq 1)$	$x\in(-\infty,+\infty)$, $y\in(0,+\infty)$		过点$(0,1)$. 当$a>1$时,单调递增; 当$0<a<1$时,单调递减
对数函数 $y=\log_a x$ $(a>0$ 且 $a\neq 1)$	$x\in(0,+\infty)$, $y\in(-\infty,+\infty)$		过点$(1,0)$. 当$a>1$时,单调递增; 当$0<a<1$时,单调递减
正弦函数 $y=\sin x$	$x\in(-\infty,+\infty)$, $y\in[-1,1]$		奇函数,周期为2π,有界. 在$\left[2k\pi-\dfrac{\pi}{2},2k\pi+\dfrac{\pi}{2}\right]$ $(k\in\mathbf{Z})$内单调递增; 在$\left[2k\pi+\dfrac{\pi}{2},2k\pi+\dfrac{3\pi}{2}\right]$ $(k\in\mathbf{Z})$内单调递减
余弦函数 $y=\cos x$	$x\in(-\infty,+\infty)$, $y\in[-1,1]$		偶函数,周期为2π,有界. 在$[2k\pi-\pi,2k\pi](k\in\mathbf{Z})$ 内单调递增; 在$[2k\pi,2k\pi+\pi](k\in\mathbf{Z})$ 单调递减

三角函数

函数		定义域和值域	图象	特性
三角函数	正切函数 $y=\tan x$	$x\neq k\pi+\dfrac{\pi}{2}(k\in\mathbf{Z})$, $y\in(-\infty,+\infty)$		奇函数,最小正周期为 π,无界. 在 $\left(k\pi-\dfrac{\pi}{2},k\pi+\dfrac{\pi}{2}\right)$ $(k\in\mathbf{Z})$内单调递增
	余切函数 $y=\cot x$	$x\neq k\pi(k\in\mathbf{Z})$, $y\in(-\infty,+\infty)$		奇函数,最小正周期为 π,无界. 在 $(k\pi,k\pi+\pi)(k\in\mathbf{Z})$ 内单调递减
反三角函数	反正弦函数 $y=\arcsin x$	$x\in[-1,1]$, $y\in\left[-\dfrac{\pi}{2},\dfrac{\pi}{2}\right]$		奇函数,有界,单调递增
	反余弦函数 $y=\arccos x$	$x\in[-1,1]$, $y\in[0,\pi]$		有界,单调递减

右上角：续表

函数	定义域和值域	图象	特性
反三角函数 反正切函数 $y=\arctan x$	$x\in(-\infty,+\infty)$, $y\in\left(-\dfrac{\pi}{2},\dfrac{\pi}{2}\right)$	$y=\arctan x$	奇函数,有界,单调递增
反余切函数 $y=\mathrm{arccot}\,x$	$x\in(-\infty,+\infty)$, $y\in(0,\pi)$	$y=\mathrm{arccot}\,x$	有界,单调递减

二、常用代数公式

平方差公式：$a^2-b^2=(a+b)(a-b)$.

完全平方和：$(a+b)^2=a^2+2ab+b^2$.

完全平方差：$(a-b)^2=a^2-2ab+b^2$.

立方和公式：$a^3+b^3=(a+b)(a^2-ab+b^2)$.

立方差公式：$a^3-b^3=(a-b)(a^2+ab+b^2)$.

两数和的立方：$(a+b)^3=a^3+3a^2b+3ab^2+b^3$.

两数差的立方：$(a-b)^3=a^3-3a^2b+3ab^2-b^3$.

三数和的平方：$(a+b+c)^2=a^2+b^2+c^2+2ab+2bc+2ac$.

三、常用三角函数公式

1. 和差公式

$\sin(A+B)=\sin A\cos B+\cos A\sin B$;　　　$\sin(A-B)=\sin A\cos B-\cos A\sin B$.

$\cos(A+B)=\cos A\cos B-\sin A\sin B$;　　　$\cos(A-B)=\cos A\cos B+\sin A\sin B$.

$\tan(A+B)=\dfrac{\tan A+\tan B}{1-\tan A\tan B}$;　　　$\tan(A-B)=\dfrac{\tan A-\tan B}{1+\tan A\tan B}$.

$\cot(A+B)=\dfrac{\cot A\cdot\cot B-1}{\cot B+\cot A}$;　　　$\cot(A-B)=\dfrac{\cot A\cdot\cot B+1}{\cot B-\cot A}$.

2. 倍角公式

$\sin 2A = 2\sin A\cos A.$

$\cos 2A = \cos^2 A - \sin^2 A = 1 - 2\sin^2 A = 2\cos^2 A - 1.$

$\tan 2A = \dfrac{2\tan A}{1 - \tan^2 A}.$

3. 半角公式

$\sin \dfrac{A}{2} = \sqrt{\dfrac{1 - \cos A}{2}}.$

$\cos \dfrac{A}{2} = \sqrt{\dfrac{1 + \cos A}{2}}.$

$\tan \dfrac{A}{2} = \sqrt{\dfrac{1 - \cos A}{1 + \cos A}} = \dfrac{\sin A}{1 + \cos A}.$

$\cot \dfrac{A}{2} = \sqrt{\dfrac{1 + \cos A}{1 - \cos A}} = \dfrac{\sin A}{1 - \cos A}.$

4. 和差化积公式

$\sin a + \sin b = 2\sin \dfrac{a+b}{2} \cdot \cos \dfrac{a-b}{2}.$

$\sin a - \sin b = 2\cos \dfrac{a+b}{2} \cdot \sin \dfrac{a-b}{2}.$

$\cos a + \cos b = 2\cos \dfrac{a+b}{2} \cdot \cos \dfrac{a-b}{2}.$

$\cos a - \cos b = -2\sin \dfrac{a+b}{2} \cdot \sin \dfrac{a-b}{2}.$

$\tan a + \tan b = \dfrac{\sin(a+b)}{\cos a \cos b}.$

5. 积化和差公式

$\sin a \sin b = -\dfrac{1}{2}\left[\cos(a+b) - \cos(a-b)\right].$

$\cos a \cos b = \dfrac{1}{2}\left[\cos(a+b) + \cos(a-b)\right].$

$\sin a \cos b = \dfrac{1}{2}\left[\sin(a+b) + \sin(a-b)\right].$

$\cos a \sin b = \dfrac{1}{2}\left[\sin(a+b) - \sin(a-b)\right].$

6. 万能公式

$\sin a = \dfrac{2\tan \dfrac{a}{2}}{1 + \tan^2 \dfrac{a}{2}}.$

$\cos a = \dfrac{1 - \tan^2 \dfrac{a}{2}}{1 + \tan^2 \dfrac{a}{2}}.$

$\tan a = \dfrac{2\tan \dfrac{a}{2}}{1 - \tan^2 \dfrac{a}{2}}.$

7. 平方关系

$\sin^2 x + \cos^2 x = 1.$

$\sec^2 x - \tan^2 x = 1.$

$\csc^2 x - \cot^2 x = 1.$

8. 倒数关系

$\tan x \cdot \cot x = 1.$

$\sec x \cdot \cos x = 1.$

$\csc x \cdot \sin x = 1.$

9. 商数关系

$\tan x = \dfrac{\sin x}{\cos x}.$

$\cot x = \dfrac{\cos x}{\sin x}.$

10. 正弦定理

$\dfrac{a}{\sin A} = \dfrac{b}{\sin B} = \dfrac{c}{\sin C} = 2R.$

11. 余弦定理

$c^2 = a^2 + b^2 - 2ab\cos C.$

12. 反三角函数性质

$$\arcsin x = \frac{\pi}{2} - \arccos x. \qquad \arctan x = \frac{\pi}{2} - \mathrm{arccot}\, x.$$

四、特殊角的三角函数值

三角函数	特殊角的三角函数值				
	$0°$	$30°$	$45°$	$60°$	$90°$
$\sin a$	0	$\frac{1}{2}$	$\frac{\sqrt{2}}{2}$	$\frac{\sqrt{3}}{2}$	1
$\cos a$	1	$\frac{\sqrt{3}}{2}$	$\frac{\sqrt{2}}{2}$	$\frac{1}{2}$	0
$\tan a$	0	$\frac{\sqrt{3}}{3}$	1	$\sqrt{3}$	不存在
$\cot a$	不存在	$\sqrt{3}$	1	$\frac{\sqrt{3}}{3}$	0

五、诱导公式

三角函数	特殊角符号				
	$2\pi + a$	$\pi + a$	$-a$	$\pi - a$	$2\pi - a$
$\sin a$	$+$	$-$	$-$	$+$	$-$
$\cos a$	$+$	$-$	$+$	$-$	$+$
$\tan a$	$+$	$+$	$-$	$-$	$-$
$\cot a$	$+$	$+$	$-$	$-$	$-$

六、指数式与对数式的性质

指数式	$a^{-x} = \dfrac{1}{a^x}, \qquad a^{\frac{m}{n}} = \sqrt[n]{a^m} \ (a>0), \qquad a^m \cdot a^n = a^{m+n},$ $(a^m)^n = a^{mn}, \qquad (ab)^n = a^n b^n, \qquad \dfrac{a^m}{a^n} = a^{m-n}$
对数式	$\log_a 1 = 0, \qquad \log_a a = 1, \qquad \log_a b = \dfrac{\log_c b}{\log_c a},$ $\log_a mn = \log_a m + \log_a n, \qquad \log_a \dfrac{m}{n} = \log_a m - \log_a n, \qquad \log_a m^n = n\log_a m$
指数式与对数式的互化	$a^x = y \Leftrightarrow x = \log_a y$，由此可知 $a^{\log_a N} = N$，常用的关系式有 $y = \mathrm{e}^{\ln y}$，如 $y = x^x = \mathrm{e}^{x\ln x}$

参 考 文 献

[1] 刘艳,罗星海.高等数学[M].重庆:重庆大学出版社,2017.

[2] 尹光.新编高等数学[M].北京:北京邮电大学出版社,2018.

[3] 孔德斌,段学新.高等数学:全2册[M].武汉:华中师范大学出版社,2017.

[4] 斯彩英.应用高等数学(上册)[M].北京:人民交通出版社,2012.

[5] 罗柳容,何闰丰.应用高等数学[M].北京:机械工业出版社,2015.

[6] 余志坤.全国大学生数学竞赛真题解析与获奖名单(第11—15届)[M].北京:科学出版社,2024.

[7] 姜启源,谢金星,叶俊.数学模型[M].6版.北京:高等教育出版社,2024.